全国水文勘测技能培训系列教材

水文情报预报

水利部水文局　组织编写
　　　　黄红虎　主　编
邹冰玉　李正最　副主编
　　　　张建新　主　审

中国水利水电出版社
www.waterpub.com.cn
·北京·

内 容 提 要

本书是"全国水文勘测技能培训系列教材"的分册之一,主要介绍水情信息测报的内容、方式与方法;水情业务系统的概念、组成与功能;水文预报的基本原理、方法与实际应用时可能遇到的问题及解决方法。全书共分8章,内容包括:绪论、水情信息测报、河段洪水预报、流域降雨径流预报、水库水文预报、枯季径流预报、预报方案编制与作业预报、水情业务系统。各章均有小结、思考与练习。

本书力求体现职业培训特点,原理简明,循序渐进,深入浅出,图文并茂,示例丰富,宜教宜学。本书可作为水文职工技术技能培训用教材,也可供从事水利工作的技术人员及大中专学校相关专业师生参考。

图书在版编目（CIP）数据

水文情报预报 / 黄红虎主编；水利部水文局组织编写. -- 北京：中国水利水电出版社，2017.9(2025.4重印).
全国水文勘测技能培训系列教材
ISBN 978-7-5170-5928-8

Ⅰ.①水… Ⅱ.①黄… ②水… Ⅲ.①水文预报－技术培训－教材 Ⅳ.①P338

中国版本图书馆CIP数据核字(2017)第249279号

书 名	全国水文勘测技能培训系列教材 **水文情报预报** SHUIWEN QINGBAO YUBAO
作 者	水利部水文局　组织编写 主编　黄红虎　副主编　邹冰玉　李正最　主审　张建新
出版发行	中国水利水电出版社 （北京市海淀区玉渊潭南路1号D座　100038） 网址：www.waterpub.com.cn E - mail：sales@mwr.gov.cn 电话：（010）68545888（营销中心）
经 售	北京科水图书销售有限公司 电话：（010）68545874、63202643 全国各地新华书店和相关出版物销售网点
排 版	中国水利水电出版社微机排版中心
印 刷	北京印匠彩色印刷有限公司
规 格	184mm×260mm　16开本　15.5印张　368千字
版 次	2017年9月第1版　2025年4月第3次印刷
印 数	6001—8000册
定 价	**48.00元**

凡购买我社图书，如有缺页、倒页、脱页的，本社营销中心负责调换

版权所有·侵权必究

编委会

主　　任　　林祚顶　杨诚芳
副 主 任　　张建新　周济人
委　　员　　周国树　熊亚南　罗国平　黄红虎　朱春龙
　　　　　　周建康　王晓平　李　里　陈松生　宋政峰
　　　　　　马　倩　李正最　阴法章
办 公 室　　张海翎　李　帆　董秀颖　李　静　李　薇

主编单位

水利部水文局
扬州大学

致 谢 单 位

长江水利委员会水文局
黄河水利委员会水文局
淮河水利委员会水文局
珠江水利委员会水文局
太湖流域管理局水文局
天津市水文水资源勘测管理中心
辽宁省水文局
黑龙江省水文局
吉林省水文水资源局
上海市水文总站
江苏省水文水资源勘测局
浙江省水文局
安徽省水文局
河南省水文水资源局
湖北省水文水资源局
湖南省水文水资源勘测局
广西壮族自治区水文水资源局
贵州省水文局
陕西省水文局
甘肃省水文局
青海省水文局
水利部南京水利水文自动化研究所

序

为满足我国经济社会发展对水文的新要求,近年来水文服务范围不断扩大,水文现代化建设突飞猛进,水文监测能力不断提升,水文的基础作用和支撑能力明显增强,我国的水文事业取得了跨越式的发展。

水利部一直以来高度重视水文人才队伍建设,持续不断地开展人才培养和培训工作,不断提升水文队伍素质。近年来,随着水文事业不断发展,水文先进技术和仪器设备不断得以应用,在新形势、新需求下,水文人才培养尤为重要。为适应新时期水文事业的发展需求,2014年伊始,在水利部人事司的指导下,水利部水文局主持并启动了水文勘测技能培训系列教材的编撰工作。

为使该系列教材更有针对性,更具实用性,水利部水文局联合扬州大学在全国水文系统进行了广泛调研,又邀请了数十位专家、教授和技术能手,对水文勘测工作和任务进行了深入的分析和研究,参考借鉴了国际上流行的能力本位教育模式(Competency Based Education,简称CBE),按照我国人力资源和社会保障部组织制订的国家职业技能标准《水文勘测工》的有关要求,结合近年来水利部人事司、水利部水文局在扬州大学联合主办的水文职业技能培训情况和我国水文职工队伍现状,特别是根据新时期水文勘测工作所承担的职责和具体任务,编写了水文勘测技能培训教学的课程体系框架,以及各门课程教材的编写大纲。在此基础上,按计划编撰出版各门课程的教材。

这套培训教材体系完整,在阐述应知的理论知识基础上,突出实践与应用,突出新技术、新方法、新设备、新仪器的应用,针对性强,并具有一定的前瞻性,宜教宜学,紧密贴合水文勘测岗位情况,能满足新技术发展的要求,适用于水文行业职业教育和在职职工培训,也适用于大专院校相关专业师生学习参考,并可作为全国水文勘测技能竞赛培训教材。

希望这套培训教材的面世,能为全国水文职工培训和自学创造更好的条件,促进我国水文行业优秀人才不断涌现,推动我国水文事业不断发展。

编委会

2016年3月

前 言

《水文情报预报》是"全国水文勘测技能培训系列教材"的分册之一。本系列教材的编撰，以提高技术、技能为主旨，力图反映最新科技的发展，贯彻使用新的规范（标准），突出新技术、新方法、新设备、新仪器的应用；理论以必需、够用为度，突出实践与应用，适当拓展，具有一定的前瞻性；循序渐进，图文并茂，示例丰富，宜教宜学。

本教材与以往相关的水文情报预报教材相比，在内容上及编排上有很大的调整。一般的教材是将水文情报与水文预报分开编写，本分册编写时根据目前各单位水文工作的实际情况并结合职工培训特点，将上述内容合为一册并有机统一，强调了教材的实用性和对实际工作的指导性，有利于培训教学及从事水情工作的人员开展工作。

本分册共分8章。第1章绪论；第2章水情信息测报；第3章河段洪水预报；第4章流域降雨径流预报；第5章水库水文预报；第6章枯季径流预报；第7章预报方案编制与作业预报；第8章水情业务系统。每章均有小结、思考与练习。

本分册由扬州大学黄红虎任主编，长江水利委员会水文局邹冰玉、湖南省水文局李正最任副主编。扬州大学王景才、水利部水文局董秀颖、长江水利委员会水文局高珺参与编写。水利部水文局张建新担任主审。

本分册的编写得到多方指导、支持与帮助。水利部水文局和扬州大学水利与能源动力工程学院予以精心组织；水利部水文局张建新处长、王晓平教授，长江水利委员会水文局陈松生总工，辽宁省水文局李里，江苏省水文水资源勘测局马倩、江苏省水文水资源勘测局扬州分局王永东局长，上海市水文总站宋政峰总工等对教材的编写给予了详细指导和建议；江苏、上海、辽宁、陕西、贵州、甘肃、青海等省（直辖市）水文局（水文总站）提出了许多宝贵建议并提供第一手资料；扬州大学杨诚芳教授在教材编写的各个环节均给予了具体指导；中国水利水电出版社李亮分社长、刘佳宜编辑对分册的编辑和出版给予了大力支持。在此，一并表示诚挚感谢。

在本分册的编写中，参考和引用了一些专著、教材和技术文献，在书中参考文献中都尽量注明出处,但难免有遗漏,在此谨向所有原作者表示谢意。

由于编者水平所限,书中难免存在不妥之处,敬请专家和广大读者批评指正。

编者
2017 年 7 月

目 录

序
前言

第1章 绪论 ··· 1
  1.1 水文情报预报的基本概念 ··· 1
  1.2 水文情报预报的任务及作用 ··· 2
  1.3 水文情报预报的发展 ··· 4
  本章小结 ·· 7
  思考与练习 ··· 7

第2章 水情信息测报 ·· 8
  2.1 概述 ·· 8
  2.2 水情站网 ·· 11
  2.3 水情信息测报 ··· 17
  2.4 水情信息存储与交换 ··· 34
  2.5 水情信息质量 ··· 44
  2.6 水情信息与预警发布 ··· 46
  本章小结 ··· 49
  思考与练习 ·· 50

第3章 河段洪水预报 ·· 51
  3.1 洪水波概述 ·· 51
  3.2 相应水位（流量）法 ··· 54
  3.3 流量演算法 ·· 66
  本章小结 ··· 82
  思考与练习 ·· 83

第4章 流域降雨径流预报 ··· 85
  4.1 概述 ·· 85
  4.2 降雨产流量预报 ··· 85
  4.3 流域汇流过程预报 ·· 116
  4.4 流域水文模型 ·· 135
  本章小结 ·· 146
  思考与练习 ··· 147

第5章 水库水文预报 ... 151
5.1 概述 ... 151
5.2 建库后河道水力要素和水文特性的变化 ... 152
5.3 入库流量预报 ... 153
5.4 水库水位与出流量预报 ... 156
5.5 中小型水库的水文预报 ... 161
本章小结 ... 165
思考与练习 ... 165

第6章 枯季径流预报 ... 166
6.1 概述 ... 166
6.2 枯季径流的消退规律 ... 167
6.3 枯季径流预报方法 ... 168
本章小结 ... 172
思考与练习 ... 172

第7章 预报方案编制与作业预报 ... 173
7.1 概述 ... 173
7.2 预报方案编制 ... 173
7.3 实时作业预报 ... 189
7.4 预报精度评定 ... 194
本章小结 ... 198
思考与练习 ... 198

第8章 水情业务系统 ... 199
8.1 概述 ... 199
8.2 值班管理系统 ... 200
8.3 信息查询与监控系统 ... 206
8.4 洪水预报系统 ... 208
8.5 水情会商发布系统 ... 215
本章小结 ... 218
思考与练习 ... 218

附录Ⅰ 布阿松分布表 ... 219
附录Ⅱ 马斯京根法单位入流河槽汇流系数表 ... 220
附录Ⅲ 纳希瞬时单位线 $S(t)$ 曲线表 ... 225

参考文献 ... 235

第1章 绪　　论

我国幅员辽阔，河流水系众多，全国流域面积在 $1000 km^2$ 以上的大、中河流有 1500 多条。由于受季风与自然地理条件的影响，气候条件十分复杂，洪旱等自然灾害频繁。人类为了生存和发展，长期与自然灾害作不懈斗争，在不断总结经验和教训中逐步认识自然界的水文现象及其运动、变化规律，形成和发展了水文科学。利用水文科学理论，对已出现的水文情势进行分析，并预测未来可能发生的水文要素的变化，就是水文情报预报工作的核心内容。从事水文情报预报工作的水情工作者，较全面地熟悉和了解研究对象（江河、湖泊、渠道、水库等水体）的基本特性和存在的主要问题；较深刻地理解和认识防洪、抗旱、水资源综合利用与管理、水生态环境保护等众多领域的服务需求；较系统地了解水情行业的发展历史、背景及趋势；是十分必要的，也是一项基本要求。

1.1　水文情报预报的基本概念

水文情报预报是指对江河、湖泊、渠道、水库等水体的水文要素实时情况的报告以及未来情况的预测预报，水文要素实时情况的报告属于水文情报，对未来情况的预测预报属于水文预报，水文情报是水文预报的基础。

1.1.1　水文情报

情报是指带有机密性的信息，水文情报是指由水文测站观测获得的河流、湖泊、水库、渠道和其他水体水文要素的情势变化信息。水文情报包括水情信息和报告两层含义，不进行报告的信息不属于水文情报。

水文情报也专指为防汛、抗旱等特定任务需要而有选择地收集、发送的水文信息。从水文要素的范围和空间分布来看，水情信息只是根据需要方提出的需求由收集方在可能条件下从整个水文信息中选择的一部分，领导部门一般根据需要与可能统一安排所管理测区由哪些测站在什么条件下向哪些单位报告哪些水文项目（要素）。基层水文测验单位若发现突发水文事件，也可迅速报告直接领导机构。需要水文情报的单位部门安排专门岗位或人员负责接受情报。水情报告和传递必须迅速、准确、保密（向社会公众发布的水文信息不保密），以能及时为防洪、防凌、抗旱和充分利用水资源决策提供信息。

1.1.2　水文预报

水文预报是现代水文学科的一个分支，是建立在充分掌握客观水文规律的基础上，预报未来水文现象的一门应用科学技术。同时，它又是适应自然，减免损失的非常重要的防洪非工程措施，直接为防汛抗旱抢险、水资源合理利用与保护、水利工程建设和调度运用、发展工农业生产服务。

水文预报是根据水文现象的客观规律，利用前期和现时的水文、气象等信息，对某一水体、地区或测站未来一定时段内的水文情势变化情况做出定性或定量的预报。水文要素的预测、趋势分析和展望均属于预报的范畴。水文预报成果包含预报预见期和相应预报值两方面的内容，预报预见期是指发布预报与预报要素出现的时间间隔。

按水体在地球上所处空间位置的不同，水文预报可分为海洋水文预报和陆地水文预报。而陆地水文预报按预报对象的不同，可分为径流预报、冰情预报、沙情预报、水质预报、风暴潮预报以及与农业生产有关的土壤墒情预报等，其中径流预报又可分洪水预报和枯水预报。预报项目包括水位、洪峰流量、洪水过程，洪峰出现时间，次洪水总量，年、月、旬、日平均水量等；冰情预报主要是根据前期气象因子预报河流冰冻及开冻的日期、冰盖的厚度等；沙情预报是根据河流的水沙关系及流域降雨和下垫面等因素预报河流中的含沙量及其变化；水质预报是根据水体水力因素、污染物的迁移转化规律及水体边界条件等要素预报水体的水质变化；风暴潮预报是根据风力、风向、气压等气象要素变化，预报沿海高潮位接近、达到或超过当地警戒潮位的情况；墒情预报是根据土壤含水量及气象、水文信息，预报农作物根系层中未来的土壤含水量的消退、增长、垂直分布及其对农作物生长的影响。

按预报预见期的不同，水文预报可分为短期水文预报和中长期水文预报。对于短期水文预报和中长期水文预报，目前没有严格的划分。通常，习惯上把一次洪水过程或洪水过程要素作为预报对象的预报，以及根据河段或流域枯季退水规律做出的枯季流量预报称为短期水文预报，预见期一般在2~5天之间。通常把预见期超过2~5天，最多15天的预报称为中期水文预报，15天以上一年以内的预报称为长期水文预报，一年以上的预报则称为超长期水文预报。中长期水文预报一般以旬平均流量、月平均流量、年平均流量作为预报对象。

1.2 水文情报预报的任务及作用

1.2.1 水文情报预报的任务

水文预报是建立在充分掌握水文规律的基础上，预报未来水文规律变化的一门应用科学技术，同时它又是适应自然、减免损失的非常重要的防洪非工程措施，直接为防汛抗旱、应急抢险、水资源合理利用和保护、水利工程建设和调度运用管理、发展工农业生产服务。水文情报预报的主要任务是根据防汛抗旱等工作的要求，加强水情、雨情以及工情等信息的监测，利用水文情报预报技术，向社会有关部门提供准确、及时的水文情报预报信息。

1.2.2 水文情报预报的作用

我国是洪灾频繁发生的国家，洪灾问题历来是中华民族的心腹之患。多年来，洪水预报作为防洪的重要非工程措施，为防洪减灾作出了巨大贡献。新时期的治水新思路要求水文情报预报工作逐步从重点为防汛服务，转变为在继续做好防汛工作的同时，不断拓宽服务领域，为抗旱、调水、水资源管理、山地灾害防治、水环境治理及水利工程优化调度等提供更加全面优质技术服务，主要体现在以下几个方面。

(1) 水文情报预报是防汛抗旱指挥调度、洪水管理和防灾减灾的基石。水文预报在防洪斗争中起着尖兵与耳目作用，准确及时的水文预报，为正确作出防汛决策提供科学依据。洪水来临之前，水文部门根据天气与气象演变信息，及时作出水文预报，供水利工程（水库、闸坝）管理部门作出泄洪、拦洪、削减洪峰、与下游洪水错峰等调度方案；根据水文预报，可以事先利用分蓄洪区拦蓄超额洪水，以牺牲局部来保护全局；根据水文预报，可以事先组织群众逃洪避险，保障人民的生命财产安全；根据水文预报，可以事先开展防洪抢险行动，加高加固堤防，防止堤防的溃决和漫溢。

(2) 水文情报预报是防御山洪灾害的耳目。山洪灾害所造成的人员伤亡是最严重的，约占洪灾伤亡的70%，因此，山洪灾害的防治是当前防汛工作面临的最为紧迫的任务之一。在山洪、泥石流灾害较为严重的地区，水文部门加强了山洪灾害的监测，为山洪预警和人员转移提供了及时快速的水文信息服务。

(3) 水文情报预报是应对突发公共水事件、应急抢险救灾的前哨。近年来，我国突发性重大水事件频繁发生，给人民生命财产安全带来严重威胁。如在2008年"5·12"四川汶川大地震后堰塞湖处置、2015年监利沉船事件救灾中，水文部门迅速启动应急机制，开展了非常规的水文测报和水情预测分析工作，提供及时准确的雨水情信息、预报和预测分析成果，为抢险救灾提供了有力的支撑。

(4) 水文情报预报是水利工程施工和管理各阶段的参谋。在水利工程施工阶段，根据水文预报，保障施工安全顺利进行，减少损失，节约投资；在管理运用阶段，及时准确的水文预报，为科学调度的决策提供重要依据，使水利工程的运用能较好地处理防洪和兴利的矛盾，获取最佳综合效益。

(5) 水文情报预报是农业、交通、水资源管理、水生态保护等方面的支撑。枯水预报、水质预报也是水文预报的重要内容。枯水流量和水质对灌溉、航运、供水以及水质管理等方面起到关键性作用，根据水文预报，可及时对水资源进行合理安排，优化配置，使水资源得到充分的利用和保护。水文部门充分利用自身水文站网和人员优势，积极开展水质、藻类监测和分析评价，为保护和修复水生态系统，保障水生态环境安全做了大量基础性工作。

(6) 水文情报预报是服务经济社会发展和人民生产生活的保障。水文部门通过水情报表、网络查询、汇报会商、紧急报告、手机短信等方式，由政府部门发布危险水情或灾害的预警、预测、预报信息，提供旱涝趋势分析、水文情势专题分析和承担各方面水情咨询等服务。在涉水旅游区进行河流湖泊水位、流量、水质等信息的监测和预报，使水文服务更多地融入人民群众生活，为提高公众生活质量当好参谋。跨界河流水文报汛、水文资料交换、水文预报业务交流与合作已成为我国同周边国家水领域合作的重要内容，为维护国家利益和促进睦邻友好做出了积极贡献。

由此可见，水文预报在生产上的应用领域十分广泛，目前开展得比较多的项目有：流域或区域性洪水与旱情预测，河道、水库、湖泊等水体的封冻、开冻状况及冰凌等冰情预测、积雪、冰川的径流预报，水利工程施工期的施工预报，供水工程水源区来水预测，河道航运沿程水位变化预报，生态调度水文预报，水库减淤调度水文预报，水电站汛期水位动态运行水文预报等。

1.3 水文情报预报的发展

水文情报预报工作的基础任务是实现水情信息采集、传输、处理、分析、预报、服务等全过程，围绕提高水文情报质量和水文预测预报精度，不断研究和发展各项技术，水情站网较大程度地扩充和优化，水情信息测报技术及水文预报技术逐渐走向现代化。

1.3.1 水情站网

1949年，我国仅有水文测站353处，其中报汛站更少，长江流域只有20余处，海河流域仅有28处。1950年，全国报汛站有386处，其中向水利部报汛的站有78处。随着社会和国民经济的发展，报汛站逐年增加。新中国成立60多年来，我国水情站网迅速恢复和发展。截至2008年，我国已建成各类水文站点3万余处，其中报汛站达11397处，直接向水利部报汛的站有3301处。报送的水文信息，也由最初的雨量、水位、流量，逐步增加到水库蓄水量、沙情、冰情、蒸发、地下水位、水质等内容。与20世纪50年代初期相比，全国水文站点增加了80多倍，其中报汛站增加了20倍以上，向水利部报汛的站增加了40倍，基本形成测报项目比较齐全、布局较为合理的水情报汛站网。

1.3.2 水情信息测报

1. 水情信息采集

水情信息采集是水文工作的基础，主要通过驻守观测、巡回测验、水文勘测调查等方式收集各项水文要素资料，为研究各种水文现象的变化规律，防汛抗旱、水资源利用、水利工程建设等服务。新中国建立初期，水情信息的采集基本采用人工观测方式。20世纪50年代后期开始研制生产水位、雨量自记设备，经长期摸索与改进，至20世纪80年代起逐步开始较大规模的推广应用，但也仅限于自动采集，模拟记录。20世纪90年代，随着信息技术的进步，水情信息的数字化采集技术开始发展并快速成长，进入21世纪时，已日臻完善。从2002年开始，大规模开展水情信息数字化采集技术的建设与应用。目前，雨量、水位信息的采集基本上已实现自动方式。

2. 水情信息报送

新中国成立后，我国建立了较完整的报汛站网，制定了全国统一的水情报文编码标准，水情报汛工作逐步走入正规化。但至20世纪80年代末期，我国水情报汛仍然沿用传统的人工报汛方式，由人工观测或从自记设备上读取水雨情信息，查读相应流量或整理实测流量，观测人员按水情情报预报拍报办法编制水情报文，报文经校核人员校对，然后通过上述各类传输通道，将水雨情信息传送至相关防汛指挥、决策部门。

20世纪90年代后，自动测报技术逐渐研究并应用，至2002年后，全国范围内水位、雨量要素已全部实现了自动测报。

3. 水情网络

全国水情报汛网络随着网络技术的发展逐渐建立起来。1993 年，"全国实时水情计算机广域网系统"项目开始实施，这是我国水利史上第一次实现水利信息通过网络方式传输，系统于 1999 年项目建成，覆盖了国家防总、7 个流域机构、31 个省（自治区、直辖市），并在此基础上逐年扩充到地市一级。广域网主干链路租用电信运营商的 X.25 线路。通过这一网络系统彻底改变了自 20 世纪 60 年代一直沿用的电报报汛方式，极大地提高了水情信息的时效性和可靠性，是我国水情信息领域的一次革命。2001 年，依托国家防汛抗旱指挥系统工程，水利信息网骨干网开始建设，建成了覆盖水利部机关、7 个流域机构、31 省（自治区、直辖市）及新疆生产建设兵团的水利信息网骨干网，实现了水利部网络中心和流域、省（自治区、直辖市）、新疆生产建设兵团网络中心之间互连的广域网络系统，整个网络呈星型结构。

连接水利部、流域机构和省（自治区、直辖市）、地市三级水利部门的水利信息网形成并发挥显著效益，为实现语音、数据、图像网络传输与共享等各类应用奠定了坚实基础。各级水情报汛部门以此为契机，逐渐实现了从原有的 64Kbps 窄带的 X.25 线路向 2Mbps 宽带的 SDH 线路的转变，使全国水情报汛信息水平达到了一个新阶段，极大地提高了水情报汛的实效性，为丰富水情报汛业务提供了条件。

1.3.3 水文预报

水文预报的发展主要体现在洪水预报技术的发展上，大致可分为 3 个阶段。

1. 古代洪水预报技术

20 世纪 30 年代以前的洪水预报技术称之为古代洪水预报技术。该时期的洪水预报以经验方法进行定性预估为主，也就是根据洪水实际出现的涨落趋势对未来水情进行预估，其实质是依据洪水过程的涨落率对未来水情做出预估。

2. 近代洪水预报技术

20 世纪 30 年代至 70 年代的水文预报技术称之为近代洪水预报技术。其主要特征为人工水情观测的应用。该时期的水文预报方案以单一河段，单一流域为主，主要通过手工作业进行计算，电话、电报进行信息传递。作业预报以手工作业结合简单实时校正为主，计算机程序为辅。主要技术手段包括：经验相关图、谢尔曼单位线、马斯京根流量演算、瞬时单位线、流域水文模型以及线性系统模型。其中，经验相关图、谢尔曼单位线、马斯京根流量演算在水文界被为"老三篇"。

以上这些实用的水文预报方案是中国水文预报人员长期实践工作经验的总结和凝练，是行之有效的作业预报方法。目前，全国七大流域基本上都汇编有比较完善的实用水文预报方案，全国 600 多个水文预报站共拥有近 1000 套预报方案。

如基于相关图法的实用水文预报方案既有一定的理论依据，又有大量实测资料为基础，能充分结合本流域的特征，一般具有较高的预报精度。特别是在水位流量关系复杂、水利工程影响较大的流域和河段，基于相关图法的实用水文预报方案仍然能发挥重要的作用。相关图水文预报方案以图表形式汇编，计算简单，操作方便，运用灵活，并能够随时根据实际发生的情况进行修订。

3. 现代洪水预报技术

现代洪水预报技术是指上世纪 70 年代中期以来，随着计算机技术、通信技术、信息处理技术的快速发展而发展起来的水文预报技术。该阶段洪水预报技术主要特征体现在以下 3 个方面：

(1) 水情自动测报。雨情自动采集方面以遥测雨量计、雷达测雨技术、气象卫星、GPS 气象技术和气象数值预报产品在水文预报上的应用为主要表现；水情自动采集方面，遥测水位计，遥测流量仪得到了广泛应用；通信技术方面，短波通信、卫星通信、超短波通信和移动通信技术取代了传统的电话电报技术；同时，数据库技术和互联网的广泛应用使得水雨情数据的处理、存储、检索、信息共享实现了快速自动化。

水情信息的自动化快速采集、传输、处理使预报预见期的损失几乎为零。高速计算机等的大量使用，使水情、雨情信息的传递处理实现了快速化、自动化，也使预报方案的编制时间和进行预报所需的时间大大缩短。可视化编程实现了图形交互式预报界面。

(2) 预报模型与方法。自 20 世纪 70 年代中期以来，水文预报大量使用水文模型，实用的预报模型仍以各种传统模型为主。我国所采用的水文预报模型主要有自行研制的新安江模型、双超产流模型、河北雨洪模型、姜湾径流模型、双衰减曲线模型等；从国外引进的水箱模型、萨克拉门托模型、NAM 模型和 SMAR 模型等；以及改进的国外模型，如连续 API 模型、SCLS 模型等。我国常用的水文预报模型见表 1.1。

表 1.1 常用水文预报模型

序号	水文模型	类别	序号	水文模型	类别
1	连续 API 模型	降雨径流计算	14	滞后演算法	流域、河道汇流计算
2	Tank 模型	降雨径流计算	15	马斯京根法	河道汇流计算
3	新安江模型	降雨径流计算	16	经验单位线	流域、河道汇流计算
4	NAM 模型	降雨径流计算	17	Nash 模型	流域、河道汇流计算
5	陕北模型	降雨径流计算	18	涨落差法	河道汇流计算
6	半干旱地区新安江模型	降雨径流计算	19	线性扩散波模型	河道汇流计算
7	辽宁模型	降雨径流计算	20	指数退水方法	退水计算
8	萨克拉门托模型	降雨径流计算	21	退水曲线方法	退水计算
9	SMAR 模型	降雨径流计算	22	SCLS 模型	产流和汇流计算
10	双超产流模型	降雨径流计算	23	多输入单输出模型	产流和汇流计算
11	河北雨洪模型	降雨径流计算	24	大湖演算法	河湖汇流计算
12	姜湾径流模型	降雨径流计算	25	动力波数学模型	河道汇流计算
13	双衰减曲线模型	降雨径流计算	26	水库调洪计算	水库调度计算

预报方法也由单一河段、单一流域的预报方法向多河段、多流域的预报系统发展。随着计算机技术的飞速发展，在模型参数的人机交互式率定、预报误差的自动跟踪与自动校正（递推最小二乘法、衰减最小二乘法、卡尔曼滤波等自动化领域的技术被引进水文预报）、洪水预报系统的构建等方面也有了较大进展。GIS 技术的引入极大地方便了预报方案的建立过程，提高了预报模型参数提取效率，为分布式模型的应用提供了必要的技术

基础。

（3）作业预报系统。洪水作业预报系统是当前水文预报领域最具有代表性的先进技术，研制进展较快。目前运行的洪水预报系统在计算机网络、水文数据库、地图技术等支持下运行，具有以下技术特点：系统功能全面；适用于多种水文模型和方法；具有强大实用的人机交互式功能；采用双重系统结构、分布式的运行和部署、降雨洪水耦合预测技术、信息处理和数据管理技术以及 GIS 技术。

本 章 小 结

情报是指带有机密性的信息。水文情报是指由水文测站观测获得的河流、湖泊、水库、渠道和其他水体水文要素的情势变化信息。水文情报包括水情信息和报告两层含义，不进行报告的信息不属于水文情报。

水文预报是根据水文现象的客观规律，利用前期和现时的水文、气象等信息，对某一水体、地区或测站未来一定时段内的水文情势变化情况做出定性或定量的预报。水文预报成果包含预报预见期和相应预报值两方面的内容，预报预见期是指发布预报与预报要素出现的时间间隔。按预报预见期的不同，水文预报可分为短期水文预报和中长期水文预报。

水文情报预报的主要任务是根据防汛抗旱等工作的要求，加强水情、雨情以及工情等信息的监测，利用水文情报预报技术，向社会有关部门提供准确、及时的水文情报预报信息。

新时期的治水新思路要求水文情报预报工作逐步从重点为防汛服务，转变为在继续做好防汛工作的同时，不断拓宽服务领域，为抗旱、调水、水资源管理、山地灾害防治、水环境治理及水利工程优化调度等提供更加全面优质技术服务。

水文情报预报工作的基础任务是实现水情信息采集、传输、处理、分析、预报、服务等全过程，围绕提高水文情报质量和水文预测预报精度，不断研究和发展各项技术，水情站网较大程度地扩充和优化，水情信息测报技术及水文预报技术逐渐走向现代化。

思 考 与 练 习

1.1 何谓情报、水文情报、水文预报？水文预报成果包含哪两方面的内容？
1.2 何谓预报预见期？按预见期的不同，水文预报可分为哪些类型？
1.3 水文情报预报的主要任务是什么？
1.4 新时期的治水新思路对水文情报预报工作有什么要求？
1.5 水文情报预报的作用主要体现在哪些方面？
1.6 水文情报预报的发展体现在哪些方面？

第 2 章 水情信息测报

2.1 概 述

2.1.1 水情信息的内容

江河湖库的水文情况，包括水源的补给，径流在空间和时程上的变化，洪水的形成和运动，枯水特性，河流的冻结情况及河流泥沙运动情况等，统称为水情。我国幅员辽阔，河流众多，各地的气候条件和下垫面条件不同，影响水情变化的因素有所差别，使各地的水情呈现出千差万别的多样性，非常复杂。但就某一特定的流域或区域而言，总会显现出某些特性，有一定规律可循。长期以来，分析研究水文现象及其规律，需要通过水情站网采集大量水情信息。水情站网是水文站网的重要组成部分。

从广义的角度理解，所有反映水文要素状况和变化的信息都属于水情信息，但是目前都还是从狭义的角度理解，即认为水情信息专指为防汛、抗旱等特定任务的需要而有选择地收集、发送的水文信息，是反映江河、湖泊、水库、地下水和其他水体与上述任务有关的水文要素过去、现在及未来的客观状态及变化特征的数据，包括雨情、水情、土壤墒情（旱情）、冰情、沙情、地下水情以及水质等方面的信息，其中的水情包括河道水情、水库（湖泊）水情、闸坝水情、泵站水情、潮汐水情等，各类水情信息均以可监测的相关水文要素表征。

水文情势的各种变量和水文现象称为水文要素，其中可监测的水文要素称为水文观测项目，也可简称为观测项目。目前，通过水文测验可监测的项目主要有降水量、蒸发量、水位、流量、沙情、冰凌、水质、土壤墒情和地下水等。各观测项目组成水情信息内容。

1. 降水量

降水量是指在一定时段内，从大气降落到地面上的液态或固态（经融化后）水，未经蒸发、渗透、流失，而在地平面上积聚的水层深度，以毫米（mm）数表示。因此，降水量指的是某一时段内降水的累计值，即该时段的总降水量。

降水量观测的时段一般指数小时或 1 日，根据需要也可将时段取到分钟。以 8 时为日分界，8 时至次日 8 时降水量的总和，称为日降水量。时段或日降水量是更长时段如旬、月、年雨量统计计算的基础。

水文工作中所说的雨情实际上是泛指降水情况，主要包括降雨和降雪。降雪情况通过观测积雪深度来表示。

降水产生径流，是区域洪水的直接因素，故它是非常重要的水情要素。无论是洪水还是枯水的预报方案，都需要以降水作为重要的影响因子，所以，降水量观测站在水文站网里密度最大。有关降水的特征等知识，可参见《水文学概论》分册的有关章节。

2. 蒸发量

蒸发量指在一定时段内，液态水和固态水变成气态水逸入大气的量，通常用蒸发掉的水层深度的毫米（mm）数表示。蒸发是水库、湖泊等水体和陆面水量损失的主要部分，是水文预报方案研制和进行作业预报所必需的水文要素。流域蒸发量由流域内的江河湖库等水体的水面蒸发和陆地部分的陆面蒸发组成，一般情况下，自然水面的面积在流域内所占的比例很小，故流域蒸发主要取决由土壤蒸发和植物散发组成的陆面蒸发，陆面蒸发无法直接观测得到，通常根据蒸发能力间接地计算。蒸发能力是指在充分供水条件下由地表向大气中逸散的水分数量，通常用陆上水面蒸发器所观测到的水面蒸发来代替。有关内容可参考《水文学概论》教材中有关章节。

3. 水位

水位是指河流、湖泊、水库、海洋等水体的自由水面在某一指定基面以上的高程。水位单位以米（m）表示。表达水位所用基面通常有两种：一种是绝对基面，一种是测站基面（假设基面）。有关概念在《水文测验》分册第6章中有详细的阐述。

4. 流量

流量是最重要的水情要素，通常是水文预报的对象，它是指单位时间内通过河、湖、渠、闸或管道等某一断面的水流体积，常以立方米每秒（m^3/s）表示。流量是河流、人工河渠、闸坝、水库、湖泊等径流过程的瞬时特征，是推算河段上下游、湖库水体入出水量以及水情变化趋势的依据。流量过程是区域（流域）下垫面对降水调节或河段对上游径流过程调节后的综合响应结果。

5. 沙情

在水土流失严重的地区，河道中水流的含沙量很高，会对水工程的安全运行造成严重的影响，如造成河床游移变迁和水库、湖泊、渠道的淤积等等，因此，有些地区需要做沙情预报。含沙量是表示河流沙情的重要指标，一般是指单位体积的水中所含的干沙的质量。资料表明，河流泥沙的季节变化与降水径流的季节变化密切相关。

6. 冰凌

在我国北方地区的寒冷季节，江河常出现结冰、封冻和解冻过程的一系列现象，在水文系统，通常以冰凌加以描述。冰凌是冬季的一种水文现象，具有复杂的发生、发展及消失的过程。

7. 土壤墒情

土壤墒情与植物生长状态关系密切，墒是指土壤适宜植物生长发育的湿度。土壤墒情，指土壤的干湿程度情况，即土壤的实际含水量，可用土壤含水量占烘干土重的百分数表示：

$$土壤含水量＝水分重/烘干土重×100\%。$$

也可以土壤含水量相当于田间持水量的百分比，或相对于饱和水量的百分比等相对含水量表示。

土壤墒情是农业、牧业、茶业、林业干旱程度的衡量指标，是旱情监测与发布的依据。同时土壤墒情与降水、蒸发、地表径流和地下水位关系密切，是推算前期影响土壤蓄水进而建立旱情预报模型的基础。开展土壤墒情监测工作，是为了探索土壤含水量在不同地区、不同土壤质地和时间上的变化规律。配合墒情监测辅助观测植物生长状态，是掌握特定土体不同植物不同生长时期维系植物正常生长适宜含水量的依据。

8. 水质

水质是水体质量的统称，指水体的物理（如色度、浊度、臭味等）、化学（无机物和有机物的含量）和生物（细菌、微生物、浮游生物、底栖生物）的特性及其组成的状况，包括化学需氧量、高锰酸盐指数、五日生化需氧量等指标和氰化物、汞、砷、氨氮等有毒有害物质含量以及水温、悬浮物、电导率物理指标等，根据不同水体的具体情况选定水质指标。

2.1.2 水情报汛的含义

1. 汛、汛期和防汛

江河定期涨水的现象称为汛，即由于降雨、融雪、融冰等，使江河水域在一定的季节呈周期性的涨水现象。

汛期是指江河等流域在一年中连续涨水的时期，通常也称防汛期。由于地理位置、气候条件等差异，各河流降水季节不同，汛期迟早不一，长短不一，即使是同一条河流的汛期，各年情况也不尽相同，有早有迟。每年进入汛期的开始日期即入汛日期，需要综合考虑暴雨、洪水两方面因素，再根据各江河的入汛标准确定。

汛期常以出现的季节或形成的原因命名，按季节的不同分四汛，即春汛、伏汛（夏汛）、秋汛、凌汛。其中，伏汛和秋汛最大。通常我们所说的汛期主要指这两个时期。春汛是指春季在我国南方一些江河发生的明显涨水现象，恰值桃花盛开的季节，故也称桃汛。北方河流因开春后气温升高，流域内冰雪急速融化、汇流，形成春汛。伏汛在全国各大江河均易发生，如1998年在长江、嫩江及松花江发生的大洪水或特大洪水。秋汛常在江淮流域发生，通常所说的巴山夜雨就出现在这个时期内。1983年10月汉江发生的大洪水，1996年汉江、淮河发生的洪水均属于秋汛。凌汛是冬春期间江河水流受下游某个河段冰凌阻塞，而引起的明显涨水现象，常在我们国家北方的黄河、松花江和黑龙江发生。在我国沿江滨海地区，也会因海水周期性上涨而形成潮汛。

在一个汛期内，不同时段的来水量可能相差很大，变化过程也是千差万别。整个汛期不同阶段发生洪水的频次也差异较大，故又分主汛期和前汛期、后汛期。主汛期是极易产生洪水的时期。7月下旬至8月上旬（通常称为"七下八上"），我国南北温差不大，水汽条件较好，各大江河均可能发生洪水。因此，"七下八上"常被认为是防汛的关键时期。

防汛的含义是为防止或减轻洪水灾害，在汛期进行的防御洪水的工作，其目的是保证江河湖库、堤坊、闸坝等水利工程及其下游地区的安全。防汛水情工作主要是跟踪雨水情变化，及时做好水文情报预报及预警服务等相关工作。

2. 报汛

各级政府防汛工作的成败，首先取决于是否准确及时有效地掌握汛情，因此，水文部门必须按照有关规定进行报汛。"汛情"就是指汛期洪水涨落情况。水情"报汛"是防汛水情工作中常用的专用术语，原来是专指"传递"或"报送"江河、湖泊、水库等水体"汛情"的一种特定方式或过程，水情报汛的内容主要包括各类水情信息的测报，以及汛情报告等。随着国民经济和社会的发展，以及科学技术的进步，水情报汛的含义被泛指所有为防汛服务的水情信息的报送，即利用各种通信手段及时准确地向有关部门和地区报送水情信息，为防汛抢险服务。

2.2 水情站网

2.2.1 水情站网分类

水情站是根据水文气象特性并考虑防汛抗旱等任务要求而设立的，实现报汛的水文测站和气象站的统称，观测并报告江河、湖泊、水库、渠道和其他水体水位、流量、蓄水量以及降水、蒸发、墒情、潮汐等水文要素。因此，水情站除作为一般水文测站具备的功能外，还要满足水情报汛的各项要求。按照各水情站的功能和设站目的，可将水情站分为不同类别。

1. 按测报时间、标准和要求分类

按测报时间、标准和要求，水情站分为常年水情站、汛期水情站和辅助水情站。

常年水情站是指全年按规定编报水情信息的站；汛期水情站指只在汛期按规定编报水情信息的站；辅助水情站指当水情达到一定标准时才编报水情或因临时需要，指定在一定时期内编报水情信息的站。

2. 按水情信息报送对象分类

按照报送水情信息的对象，水情站可分为中央报汛站（含流域机构报汛站）、流域/省级报汛站和地方报汛站（含工程单位）等。中央报汛站指向国家和流域机构防汛抗旱部门报汛的水情站，主要是基本水文站；省级报汛站指向省级防汛抗旱部门报汛的水情站；地方报汛站指向市（县）级等防汛抗旱部门报汛的水情站。

3. 按水情信息测报方式分类

按照水情信息测报的方式，水情站分人工和自动两种类型。自动观测并报送水情信息的站称为自动站，也称遥测站。

4. 按水文观测项目分类

按功能和水文观测项目，水情站分为雨量（降水量）站、蒸发站、水位站、水文（流量）站、墒情站、水质站等。

（1）雨量站。在选定的固定观测场进行降水量观测的水文测站。

1）雨量站的分类。按照所承担的功能和所起的作用，雨量站分为面雨量控制站、预报依据、城市防洪和山洪预警雨量站。

面雨量控制站是指控制大范围内降水量和暴雨特征值以及分布规律，站点相对稳定，常年测报的雨量站。预报依据雨量站，是以满足流域产流预报、流域水文预报模型、区域旱情预报计算所需降水量的雨量站。这一类雨量站根据作业预报要求，按不同时段测报降水过程。城市防洪雨量站，是指监测城市区域内降水量分布，为城市防洪和排涝服务为目的的雨量站。山洪预警雨量站，是指主要测报山区降雨分布和降雨强度，对可能发生的山洪、泥石流、滑坡等自然灾害进行预警的雨量站。

2) 雨量站测报的内容。雨量站的测报内容，在正常情况下，报送时段和日降水量、短时段暴雨加报，以及旬、月、年累计降水量等，同时还要根据报汛的任务和要求进行。首先是测报时间要求，雨量站按测报时间分为常年站和汛期站。常年站是以面雨量站为主，全年报降水量。汛期站包括配套雨量站，主要为洪水预报、城市防洪、山洪预警和防汛所需汛期测报雨量。其次是降水量测报的项目，一般只报降雨、降雪、降雹的水量。有的站还会根据需要测报积雪深度、积雪密度、冰雹直径。关于降水量的测报精度，降水量记至0.1mm。每日降水量以8时为分界，从本日8时至次日8时的降水量为本日的日降水量。时段降水采用定时分段次测报。

(2) 蒸发站。蒸发观测站，都在进行水面蒸发观测的水文测站中选定。正常情况下，汛期每日定时报送蒸发量。若春季或秋季发生旱情以及有特殊要求，可提前或延长蒸发量的报送时间。一般冬季可停止蒸发量的报送。

1) 蒸发站分类。蒸发站按需求功能分为面控制站、区域代表站和预报依据站。

面控制站是指控制大范围内面上蒸发量的时空分布的蒸发站。区域站是指在面控制站的基础上，要有平原区、山丘区和水网区代表性的蒸发站，掌握不同区域的蒸散发能力变化过程的蒸发站。预报依据站是指为流域水文预报模型和旱情预报所需蒸发量的测站，在大流域和大区域要有蒸发站，满足洪水预报模型和旱情预报的计算需要。

2) 蒸发站测报内容。日蒸发量和蒸发器（皿）型号；旬、月、年累计蒸发量。每日蒸发量以8时为日分界，从本日8时至次日8时为本日的日蒸发量。

(3) 水位站。主要为掌握河流、湖泊、水库、人工河渠、受潮汐影响和水工程附近河段的水位变化过程设立的，观测水体自由水面高程的水文测站，包括河道、水库（湖泊）、闸坝、蓄滞洪区、潮位站等，以水位监测为主，包括河道水位、水库和闸坝上下水位、蓄滞洪区内外水位、潮位站高低潮水位等，还可兼测降水量、水面蒸发等项目。

在防汛系统，水位站需要根据河道、湖泊、潮位防洪规划和堤防、大坝现状，确定堤防的一系列防汛特征水位和水库汛限水位。防汛特征水位有设防水位、警戒水位和保证水位。设防水位是指考虑堤基和滩区设施的安全，当水位漫滩以后，堤防开始临水时所对应的水位。各类设施防洪标准提高后，设防水位已不再使用。警戒水位是指可能造成防洪工程或防护区出现险情的水位。根据堤防质量、渗流现象以及历年防汛情况，一般把有可能出现险情的水位确定为警戒水位。保证水位指能保证防洪工程或防护区安全运行的最高水位。一般将堤防设计水位或历史上防御过或出现过的最高水位作为保证水位。

对于水库水位站，还设有汛限水位，它是指防汛期间，考虑水库大坝的质量和防洪安全，限制水库的上限蓄水位。在主汛期，当水库超过汛限水位时，开启有关设施泄水，使水位降低至汛限水位以下，以期保证水库的安全度汛。

(4) 水文站（流量站）。水文站是在河流、湖泊、水库、人工河渠、潮汐影响和水工程附近河段上设立的，监测水位和流量为主的水文测站，根据需要还可兼测降水、蒸发、泥沙、水质等有关项目。一般来水说，水文站的功能较齐全。

1) 水文站分类。水文站按测报水体类型分为河道、闸坝、水库（湖泊）、潮流和泵站水文站。各类水文站的基本特征和主要任务，可参考《水文测验》分册的第2章，不再赘述。

2）水文站的测报内容。河道站的测报内容，主要为水位、流量、水势状态、水流特征等。报送的流量有相应流量和实测流量。相应流量是按测站建立的水位流量关系推求出的流量，实测流量是利用测验设备测算出的断面流量。根据需要，实测流量需报送断面面积、断面流速、风力、风向和浪高等有关内容。

闸坝站的测报内容，除按河道站的测报内容外，还需同时测报闸上、闸下水位，闸门开启孔数和开启高度。其相应流量一般是根据水工建筑物出流的水力因素，再判别出流的状态后，查用经率定的流量系数，利用水力学公式推算的流量。

水库（湖泊）站测报的内容，在河道站的基础上，还需报送时段平均入库流量；库内水位，水势状态，水流特征，相应蓄水量；各种泄水设施的开启孔（洞）数和开启高度或出库流量。时段平均入库流量计算方法采用水量平衡法推求。在报送出库流量时，具有监测各泄水设施流量的需分别报流量，无法监测分设施流量，只需报水库总出库控制断面流量。

潮流站的测报，每月在大潮、小潮和寻常潮期必须进行。在洪水影响显著而潮汐现象基本消失时，按河道站要求进行测报。潮流站报送内容同河道站。

泵站水文站的测报，只在抽、排水期进行，关机时停止。测报内容为泵站站上（出水口）水位、站下（进水口）水位和水势状态、水流特征；开机台数；抽水流量、抽水量和抽水历时等。抽水流量测算一般根据泵站装机功率的设计抽水流量编报，具有抽水流量测验条件的泵站，还需报实测流量过程。

(5) 墒情站。即监测田间和牧场等土壤墒情的水文测站，主要监测土壤含水率。

1）墒情站的分类。按布设目的和作用分为基本墒情站和临时墒情站两类。

基本墒情站，是统一规划和建设用于长期连续收集固定地块墒情信息的监测站。站点位置一经确定不应随意改变，以保持墒情资料的一致性和连续性。

临时墒情站，是根据抗旱工作需要，临时布设在非固定地块、不连续观测的墒情监测站，也称土壤墒情应急监测站。它是对基本站的补充，当旱情在不断发展的过程中，为有效掌握区域干旱程度和干旱范围，需要临时增加墒情监测信息。

墒情站的监测位置，需要根据代表性的优劣和避免受到干扰的原则确定。如山丘区代表性地块，其面积应大于1亩，墒情站应设在坡面比降较小而面积较大的地块中，不应设在沟底和坡度大的地块。平原区代表性地块，其面积应大于10亩，墒情站应设在地势平整且不易积水地块。采样点应距代表性地块边缘、路边10m以上，且同沟漕和供水渠道保持20m以上距离，避免侧渗对土壤含水量产生影响。

2）墒情站的测报内容。墒情站的测报内容主要有土壤含水率，可根据需要同时进行旱象信息采集和旱情调查。

旱象信息采集项目包括实地拍摄反映土壤干旱、作物旱情情景图像，录制土壤干旱、作物旱情视频情景等。旱情调查可包括调查现场作物种类、走访当地农民了解旱情轻重等级与历史旱情对比和对作物生长水分状况等旱象的描述，以及实地对监测地块灌溉时间、灌溉水及耕作层封冻、积水状况、表土情况以及发生时间等的调查。

(6) 水质站。水质站是为掌握水质动态变化，收集和积累水体的物理、化学和生物等监测信息进行采样和现场测定而设置的水文测站，也称水质监测站。

(7) 泥沙站。泥沙站是测验河流含沙量、输沙率或颗粒级配的水文测站。因为输沙率测验一般需要流量数据作为支撑,所以泥沙站通常建立在流量站的基础上,也有少数只进行悬移质含沙量、泥沙颗粒、推移质观测的泥沙站。

2.2.2 水情站网布设

1. 水情站网组成

由一个流域或一个地区面上的水情站组成的站点群称为水情站网。如前所述,按测报时间、标准和要求,水情站分为常年水情站网、汛期水情站网和辅助水情站网;如果按水情信息报送对象,又可分为中央报汛站网、流域/省级报汛站网、地方报汛站网等。

2. 水情站网布设原则

水情站网主要是根据区域水文情报预报的要求来布设的。布设水情站网总的原则是以最经济的测站数达到能控制和掌握对象流域的水文情势变化,满足水情服务需要的目的。具体而言,水情站的布设,应从掌握水情出发,使站网具有代表性和控制性,能满足水文作业预报的需要,满足防汛抗旱,水利工程建设和管理运用以及其他国民经济建设对水情的需要,并具备水文要素可监测、可传递的基础条件。

(1) 雨量站。

1) 面上分布力求均匀。在大范围内布设雨量站,要求分布均匀,以便能掌控面上降水空间变化规律,满足面上平均降水量的计算和有关水情业务系统的需要。面雨量站的站网密度,以采用 $300km^2$/站为宜,在荒僻地区还可放宽站网密度。

2) 能发挥区域控制性作用。在重点区域,特别是大暴雨发生频繁的地点,暴雨移动路径,都必须布设,以便在这些重要的节点上获得具有控制性的降水量资料,使面平均雨量的计算成果更加具有代表性。

3) 站网密度。按布设目的,考虑平原水网区和山洪易发区的区域降水特点,不同区域布设雨量站密度要有所区别。

在平原水网区,面雨量站的密度可采用 $250km^2$/站,代表片内的雨量站数布设可参照表 2.1。

表 2.1　　　　　　　　　面积和雨量站数查数表

面积/km^2	<10	20	50	100	200	500	1000	1500	2000	2500	3000
雨量站数	2	2~3	3~4	4~5	5~7	7~9	8~12	9~13	10~14	11~15	12~16

在山洪易发区,引发山洪的主要原因来自于降雨,监测暴雨区实时降水信息成为山洪防御和预报预警的关键因素。按暴雨的情况不同,山洪易发区划分主暴雨区、次暴雨区和一般暴雨区,它们的布站密度可有所差别:主暴雨区及地质灾害多发区采用 $20\sim30km^2$/站;次暴雨区及地质灾害发生区,采用 $50\sim100km^2$/站;一般暴雨区采用 $100\sim200km^2$/站。

在中型水库流域,考虑水库洪水预报和调度需要,雨量站网密度为:小于 $50km^2$ 设 1 个站;$50\sim100km^2$ 设 2 个站;大于 $100\sim200km^2$ 设 2~3 个站。

(2) 蒸发站。

1) 面上分布力求均匀。在大范围内蒸发站布设分布均匀,满足面上流域蒸发计算的需要和控制区域蒸发空间变化规律研究。有利于蒸发量等值线绘制和流域水文预报模型计算。

2）能发挥区域代表性作用。考虑不同区域蒸发散发能力差别，易旱区、山区和平原水网要有区域代表蒸发站。

3）蒸发站网的密度。一般区域 2500~5000km^2 设一个站。易旱区和平原水网区可采用 1500km^2 设一个站。

（3）水位站。

1）满足防汛抗旱、分洪滞洪、引水排水、航运和水工程运行管理以及其他有关部门对水位的需要。

2）满足防汛预案、洪水风险图、预警预报、水面线变化过程等水情业务系统的需要。

3）优先考虑人口较为密集的城镇、经济发达区、重要交通枢纽和能源基地等防洪需要布设水位站。

（4）水文站。

1）具有控制性，大河干流、大支流、分洪河道、蓄洪区和水库、湖泊等，选择布设流量报汛站，要能够控制流域径流过程。国际河流入、出国境处和河道入海口处布设流量站。省（自治区、直辖市）交界处适当考虑流量站的布设。

2）满足防汛抗旱、水资源调度与水权管理、水工程运行管理以及共他有关部门的需要。

3）满足实时作业预报和流域水量平衡计算需要。

（5）墒情站。

1）面上分布比较均匀。满足控制区域土壤墒情分析计算需要和墒情空间变化规律研究。有利于土壤含水率等值线的绘制。

2）区域代表性。以县行政区划为单位布设墒情站网，重点易旱县和一般县站网密度要有区别

3）下垫面代表性。土壤墒情变化除受气象因素影响外，应考虑土壤类别、灌区与非灌区、农作物的种类等布设具有代表性的墒情站。

4）布设墒情站尽可能与降水、蒸发、地下水位等站相结合，实现一站多项测报功能的目的。

5）墒情站网密度。重点易旱县设 4 个站。一般县设 2 个站。墒情试验站每地市设 1 个。水稻区旱情试验站每地市设 1 个。

（6）水质站和泥沙站。目前水质和泥沙预报工作开展的相对较少，为水情和预报服务的水质站和泥沙站多半与水文站网结合，尚未就有关要求提出专门意见，其设站原则可参考《水文测验》教材第 2 章"水文测站"的有关内容。

3. 水情站网布设步骤

水情站网布设应满足经济社会、防汛抗旱和其他部门行业的需要。由于水情站网主要以现有水文站网为依托，从中筛选部分能满足水情预报作业需求的测站组成水情站网，故在选择和布设时，首先要全面了解水文站网的现状；其次根据防洪抗旱对水情站的需求进行分析；再选择和布设，形成水情站网。

(1) 站网现状普查。现有水文站网是布设水情站网的基础，只有全面掌握了水文站网现状，才能有效地布设水情站，也为今后水情站网调整提供基础信息数据库。水文站网普查内容主要包括：水文测站的类型、水文测站的所属部门、水文测站数量、水文测站的观测项目等。

水文测站的基础条件也是调查的重要内容，如水文测站所处地点的通信和交通条件，以便为水情站信息传输方式和信道设计、水文自动测报站的维护和管理提供基础信息。除此而外，还要对河流的情况，如水文测站对河流的控制程度进行必要的调查。除干流和较大支流外，重点对流域面积 $1000km^2$ 以下的防洪重点区域和山洪河流水文测站设置情况进行调查，评估能否满足中小河流防洪的需要。

(2) 测报需求分析。水情站网规划时主要以满足防洪抗旱需要为目标。在水情站网布设中，如果站点偏少不能有效控制流域或区域降水时空分布及水位和流量过程，达不到全面服务于防洪和抗旱的需求；而站点过多，现有水文站网可能难以满足。因此，必须平衡需求与可能的矛盾，有针对性地选择布设水情站网。

1) 防洪的需求分析。防洪主要关注降水和河流、水库、湖泊和潮位等水情。为了满足防洪对降水量测报工作的要求，首先，需对辖区内多年期间的降水资料进行统计分析，掌握面上降水分布、多发暴雨区位置以及暴雨移动路径，不能遗漏经常出现极大值的地点；其次，了解现有站网密度，分析并确定不同区域的雨量站的布设密度，尽可能满足防洪对降水需求。

水位、流量是反映河流、水库、湖泊等洪水量级的直接指标，也是防洪和洪水调度的依据。防洪的首要任务是确保大江大河、重要湖泊、大中型水库、大中城市和有关重要城镇的安全，以及中小河流安全度汛。随着国家和地方经济实力的增强，加大了河道、湖泊的治理和大中型水库的除险加固力度，防洪标准逐步提高，现有的水位、流量控制站已基本满足防洪需要。随着防洪任务的不断扩大，中小型水库和中小河流防洪已成为各级政府和防汛部门的重点。目前主要的问题是中小型水库年久失修，多数为病险库，防洪标准低，中小河流过洪能力低，又得不到有效治理，一旦发生流域性或区域性暴雨洪水，有可能出现垮坝和决堤等情况，给当地人民群众带来灭顶之灾。为了满足防洪重点的需求，应对辖区内中型水库的数量和分布，特别是处于城镇上游的防洪重点中型水库要全面了解，所有中型水库应尽量布设水情站。小型水库点多面广，根据各地的经济发展情况和防洪的要求，有条件可考虑分期分批布设报汛站点。中小河流条数众多，不可能每条河流上都布设水情站，尤其是小河流需要开展防洪需求调查，调查的重点是中小河流域内现有县城、乡镇、工矿区和大型圩垸等情况，通过调查对防洪重点的河流增设专用水情站。

2) 抗旱的需求分析。旱情的发展是一个渐变过程，长时期的降水量偏少可能使区域干旱发展为持久性的干旱。在农作物生长关键时期降水偏少而形成的旱情为季节性干旱。不论是长期或季节性干旱，抗旱的需求是掌握水资源和墒情面上分布特征，因此，分析的重点是降水量、蒸发量、土壤缺墒程度、地下水位变化过程，以及河道、水库、湖泊等可用抗旱蓄水量情况，了解雨量站、蒸发站、土壤墒情站和地下水测井站的布设是否满足均匀分布原则，不同区域是否有代表站，有关定时水文测报项目是否需要增加测报次数，等。

3) 水工程运行的需求分析。各类河道、渠道、湖泊节制闸和水库等水工程,在防洪中承担拦蓄洪水错峰、排泄洪水和分洪等防洪任务。抗旱期间,利用蓄水抗旱和航运等。不论是已建或在建水工程,水情信息是工程调度运行管理的依据。因此,为了充分发挥工程的作用,对水情测报也有一定的要求,应通过调查,了解区域内水工程的主要目的和作用、调度运用方案、工程的规模和安全性、各种率定曲线和出流的经验公式等等。其次,这一些水利工程在发挥防汛抗洪的同时本身也处于洪水的威胁之下。因此,出于自身安全的考虑也需要及时了解汛情,对水情测报站网的布设提出要求。

4) 水文预报的需求分析。水文预报是防汛抗旱调度决策的依据。为了满足水文预报所需的水情站,首先要明确辖区内所要进行预报的流域、河段、水库和湖泊等情况,重点是了解水文预报的控制站、控制断面。其次还要调查了解各预报控制站所采用的预报方法,包括产汇流预报、水文模型、河道汇流和与之相关的方法等,从中分析出水文预报对水情测报站网设置的要求。

(3) 水情站的设置。在上述调研分析的基础上,根据有关水文站网规划、建设的规定,结合现有的水文站网以及各项具体需求,即可设置水情站网。

2.3 水情信息测报

2.3.1 水情信息采集

水情信息采集是指通过自动或人工的方式在基层站完成各类水情观测项目原始信息采集并存储,主要项目有降水量、蒸发量、水位、流量、沙情、土壤墒情、水质等信息。原始水情信息的观测精度,应该在调研采集技术现状和实际应用场景的前提下,结合仪器选型后合理确定。

1. 降水量、蒸发量、水位、流量、泥沙观测

这些项目的观测仪器设备以及具体方法,在《水文测验》分册的第4~第8章中均有详细介绍,此处不再赘述。

2. 土壤墒情采集

土壤墒情是指田间土壤含水量及其对应的作物水分状态。土壤含水量垂向测点布设应根据监测目的、水文地质条件及土层厚度确定监测站的数目及测点深度,详见表2.2。墒情监测站网的基本监测站采样应采用三点法。临时墒情站推荐选用三点法进行监测,但可根据作物生长发育期根系情况选用两点或一点法进行监测;尚未播种的地块,可只在10cm土层深度进行监测。

表2.2 土壤含水量垂向测点数目及采样深度表

测点数	测点深度/cm
一点法	10 或 20
二点法	10、20 或 20、40
三点法	10、20、40

根据测量的物理量不同,墒情监测仪器可以大致分为两类:一类仪器直接测量土壤含水量,另一类仪器测量土壤水的水势值。采用直接测量土壤含水量仪器的方法有烘干法、中子水分仪法、时域反射法和频域法等。烘干法是公认的标准方法,但要取土样,

再经人工烘干称重,不能自动测量。中子法、时域反射法和频域法是测量与土壤含水量有关的某一参数,将这一被测参数(慢中子数、土壤介电常数)转换成土壤含水量的工作由仪器自动完成,因此也不完全是直接测量。土水势测量方法有张力计法、压膜法等。

由于土壤墒情的变化比较缓慢,因此其测报时间不需要像河道水位那样频繁,对于人工测报墒情站,正常情况下每月的1日、11日、21日测报一次土壤墒情,干旱期间或农作物生长发育期,每月测报6次即1日、6日、11日、16日、21日、26日。但是,当发生严重或特大干旱,根据抗旱需要和掌握有效灌溉情况,每天或两天测报一次。除此而外,还有一些具体的规定,如测报日若遇降雨或灌溉时,需在地面积水消失24小时后测报。墒情测报站采样时间为早8时,当天完成土壤样品的处理和编报。自动测报墒情站,正常情况下,每日编报一次,干旱期间和农作物生长发育期从早8时开始每间隔6小时编报一次。冬季稳定封冻期可停止土壤墒情测报。

2.3.2 水情信息编码

水情信息采集完成后,必须将采集到的各类水文要素信息按照信息报送传输方式约定的统一标准生成水情报文,再经过信息报送通信途径进行水情信息报送。水情信息编码分自动和人工编码两种模式。

水文自动测报系统实际上是一个水文参数数据采集、数据传输以及数据处理、存储等技术的集成,因此在自动测报系统中水情信息的采集、编码、传输等均由系统自动完成,水文信息编码由系统按《水文监测数据通信规约》(SL 651—2014)的规定自动生成,不需人工干预。

人工编码主要应用于非自动测报的水文信息编码。这种处理方式则需按照统一标准编制水情报文,并利用报汛网络,实现各联网单位之间实时水情信息的相互交换,根据设定的校验和传输规则进行处理、转发报文,从而实现水情信息传输、汇集、交换、共享的目的。为了统一水情信息传输的人工编码标准,实现科学管理,水利部于2005年颁布了《水情信息编码标准》(SL 330—2005),经试用后于2011年修订形成《水情信息编码标准》(SL 330—2011)。

由于自动编码是由自动测报系统的遥测终端(RTU)直接按《水文监测数据通信规约》(SL 651—2014)的要求生成的数据文件报送的,因此对此本节不作介绍。本节重点介绍人工编码依据的《水情信息编码标准》(SL 330—2011)的主要编码原则和基本要求。

1. 编码格式

水情信息编码由编码分类码、水情站码、观测时间码、要素标识符、要素标识符对应的数据、结束符"NN"6个部分组成,各部分由空格分隔,不应缺漏。水文要素标识符与其数据应成对编列,标识符编列在前,数据紧列其后。水情信息编码格式的基本组成如图2.1所示。

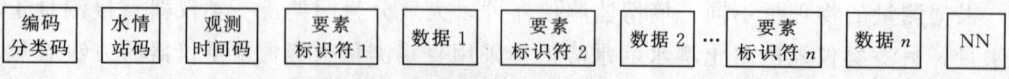

图 2.1 水情信息编码的基本格式

在一份编码中，可编列多个水文要素的信息。要素标识符与其数据应成对编列，标识符在前，数据紧列其后。

编列同一观测时间的水情信息时，观测时间码可只编列一次。

在同一编码中编报不同观测时间的水情信息时，可由时间引导标识符"TT"引导后续各时间码，"TT"和观测时间码之间用空格分隔。不同观测时间水情信息的编码格式如图 2.2 所示。

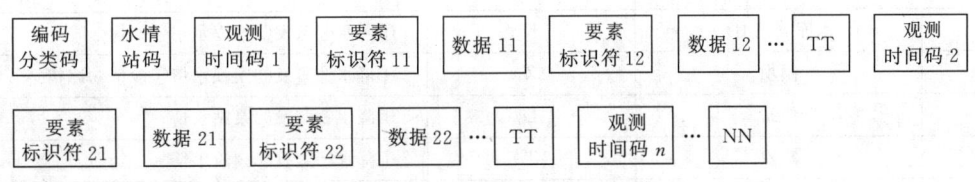

图 2.2　不同观测时间编码格式

同时编报多个水情站的信息时，可重复编写水情站码、观测时间、要素标识符和数据。从第 2 个水情站开始，前面由水情站码引导符"ST"引导，中间由空格分隔。多个水情站编码型式如图 2.3 所示。

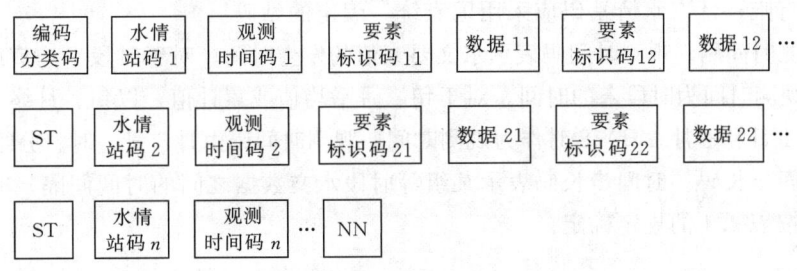

图 2.3　多个水情站水情信息编码格式

需要在一条编码中按等时间间隔顺序编报一个水情站的序列数据时，可使用等距时间序列格式。等距时间序列格式由编码格式标识符、水情站码、观测时间码、时间步长码、要素标识符组、数据组和结束符"NN"组成。等距时间序列编码格式如图 2.4 所示。

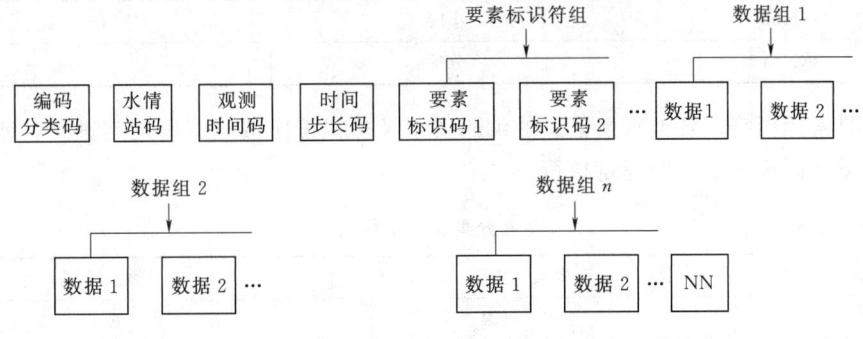

图 2.4　等距时间序列编码格式

2. 编码规定

（1）水情信息编码分类码。根据水情信息的特性，水情信息编码可分为降水、河道、水库（湖泊）、闸坝、泵站、潮汐、土壤墒情、地下水、水文预报等 9 类。编码分类码、可编报的水情信息及编列顺序见表 2.3。

表 2.3　　　　　　　　　编码分类码、可编报的水情信息及编列顺序

序号	水情信息编码类别	编码分类码	可编报的水情信息及编列顺序
1	降水	P	①降水②蒸发
2	河道	H	①降水②蒸发③河道水情④沙情⑤冰情
3	水库（湖泊）	K	①降水②蒸发③水库水情④冰情
4	闸坝	Z	①降水②蒸发③闸坝水情④沙情⑤冰情
5	泵站	D	①降水②蒸发③泵站水情
6	潮汐	T	①降水②蒸发③潮汐水情
7	土壤墒情	M	①降水②蒸发③土壤墒情
8	地下水情	G	①降水②蒸发③地下水情
9	水文预报	F	水文预报

（2）水情站码。水情站码（简称站码或站号）是水情站的标识。水情站与其站码应一一对应，具有唯一性。水情站码应采用国家统一编定的站码。

（3）观测时间码。观测时间码表示水文要素值的发生时间。对于时段平均值或时段累计值，对应的观测时间为时段末的时间。对于旬、月平均值或累计值，以旬、月终了后的次日（即 11 日、21 日和下月 1 日）8 时作为观测时间。观测时间码由月、日、时、分组成。

（4）时间步长码。时间步长码表示某组等时段水文数据之间的时间间隔。时间步长码取值范围应按表 2.4 的规定确定。

表 2.4　　　　　　　　　时间步长码取值范围

代　码	单　位	NN 范围
DRMnn	月	01～12
DRXnn	旬	01～03
DRDnn	日	01～31
DRHnn	小时	01～23
DRNnn	分钟	01～59

（5）要素标识符。各类水情信息的编码要素及标识符应按照编码规定进行。水文要素分类及其类型码按表 2.5 的规定执行。

表 2.5　　　　　　　　　要素分类及其类型码

序号	要素分类	类型码
1	面积、气温	A
2	水温	C
3	密度	D
4	蒸发量	E

2.3 水情信息测报

续表

序号	要素分类	类型码
5	气压	F
6	水深	H
7	距离、长度	L
8	土壤含水量	M
9	降水量	P
10	流量	Q
11	径流深	R
12	含沙量	S
13	时间、历时	T
14	流速、速度	V
15	水（径流）量	W
16	水位、潮位	Z

副代码是对所要表示的水文要素主代码作补充说明，包括水文要素具有的方位属性等。部分要素及其副代码应按表2.6的规定执行。

表2.6　　　　　　　　　部分要素及其副代码

序号	要　素	副代码
1	（闸、坝）上	U
2	（闸、坝）下	B
3	左	L
4	右	R
5	入流	I
6	出流	G

属性码用于表示水文要素的最高（或最低）、最（或极）大（或最小、极小）等特征属性。水文要素的最（极）大（最高）、最（极）小（最低）等属性分别用代码"M""N"表示。要素标识符与相应水文要素观测（或计算）值关联编码，不应单独出现在信息编码中。

（6）数据（值）编码。在水情信息编码中，数据（值）应采用实测值或计算值。基面以下的水位值或零度以下的温度值可用负值表示。数据（值）的单位和有效位数以《水情信息编码标准》（SL 330—2011）的规定为准；未做规定的，可按国家有关标准规定执行。

（7）降水量编码。降水信息编码基本格式，如图2.5所示。

（8）蒸发量编码。蒸发信息编码基本格式，如图2.5所示。

编码分类码	水情站码	观测时间码	降水信息类	蒸发信息类	NN

图2.5　降水信息编码基本格式

(9) 河道水情编码。河道水情编码基本格式，如图 2.6 所示。

| 编码分类码 | 水情站码 | 观测时间码 | 降水信息类 | 蒸发信息类 | 河道水情类 | 沙情信息类 | 冰情信息类 | NN |

图 2.6 河道水情编码基本格式

(10) 水库（湖泊）水情编码。水库信息编码基本格式，如图 2.7 所示。

| 编码分类码 | 水情站码 | 观测时间码 | 降水信息类 | 蒸发信息类 | 水库水情类 | 冰情信息类 | NN |

图 2.7 水库信息编码基本格式

(11) 闸坝水情编码。闸坝水情编码基本格式，如图 2.8 所示。

| 编码分类码 | 水情站码 | 观测时间码 | 降水信息类 | 蒸发信息类 | 闸坝水情类 | 沙情信息类 | 冰情信息类 | NN |

图 2.8 闸坝水情编码基本格式

(12) 泵站水情编码。在泵站水情信息编码中，可编报降水、蒸发、泵站水情等 3 类信息。泵站水情编码基本格式，如图 2.9 所示。

| 编码分类码 | 水情站码 | 观测时间码 | 降水信息类 | 蒸发信息类 | 泵站信息类 | NN |

图 2.9 泵站水情编码基本格式

(13) 潮汐水情编码。潮汐水情编码基本格式，如图 2.10 所示。

| 编码分类码 | 水情站码 | 观测时间码 | 降水信息类 | 蒸发信息类 | 潮汐信息类 | NN |

图 2.10 潮汐水情编码基本格式

(14) 其他信息水情编码。沙情、冰清、土壤墒情、地下水情、水文预报等编码格式，按照《水情信息编码标准》(SL 330—2011) 规定执行。

2.3.3 水情信息传输

水情信息通过自动或人工编码生成水情报文，利用水情信息传输系统，通过电话、网络、通讯卫星等多种报汛通信途径进入水情报汛网络，经信息接收处理后存储，完成水情信息的报送过程。

1. 水情信息通信方式

水情信息报送常用程控电话（PSTN）、超短波、短消息、GPRS、海事卫星 C、北斗卫星等通信方式，各通信方式均具有各自特点、适用范围及组网方案。

(1) 程控电话。电话信道是目前为止应用最为普及、建设投资比较少的通信信道。对已被程控电话网（PSTN）覆盖地区的报汛站，采用 PSTN 信道进行数据传输是一种较为适宜的选择。

1) 组网结构。利用电路交换的 PSTN 进行数据通信如图 2.11 所示，通过 MODEM 将由数据终端的数据经 PSTN、用电路交换方式连接至别的用户终端或计算机。

利用 PSTN 进行数据传输必须经过调制解调。水情信息采集、存贮、处理都是采用数字信号，而电话线路传输的是一定频宽的模拟信号，需要经过调制解调才能传输数据。调制的任务是把数字信号变换成适合电话线路传输的模拟信号，反之为解调。调制解调器（MODEM）就是实现数据终端设备和电话线路之间互联的设备。

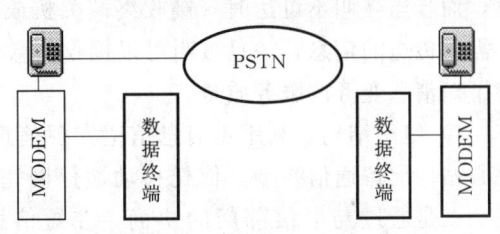

图 2.11 PSTN 信道数据传输结构示意图

2) 主要优缺点。PSTN 组网不仅技术成熟、设备简单、价格低廉，而且还有许多优点。首先是适用范围广，我国大部分报汛站（包括一些偏远测站）已安装程控电话；其次是传输速率高，没有无线通信中经常遇到的同频干扰问题，传输质量也较高，非常方便使用于大批量数据的下载，而且采用专门的调制解调器后，电路的响应速度快，在正常接通情况下一个报汛站的数据通信在 5s 内即可完成。

但是，PSTN 组网也有缺点。首先，由于 PSTN 采用电路交换方式进行通信，作为交换机，建立通信要花费 30s 左右的时间，故在系统容量较大、且采用通用调制解调器的条件下，传输时效不甚理想。其次，当采用通用的调制解调器时，其功耗相当大，使用中必须采取节电措施，例如不工作时，设计为休眠状态；在需要发送数据时，通过终端设备或电话振铃信号上电工作。第三，PSTN 属有线通信信道，防雷避雷问题格外重要，若解决措施不得力，电话会构成引雷设备，极易造成设备因雷击而毁坏。

3) 适用范围。由上述优缺点可知，PSTN 信道适用于已被程控电话网覆盖地区的报汛站进行数据传输通信。选用 PSTN 信道进行水情数据传输时，应注意电话线路为数字程控交换线路才适用，且从交换机到用户端的电话线路连接要可靠，最好采用双绞线。

(2) 超短波通信。超短波是指工作于 VHF/UHF 频段的信道，超短波通信的传播机理是对流层内的视距传播与绕射传播。视距传播损耗小，受环境的影响也小，接收信号稳定。但是，由于传播距离较短，常常需要建设中继站进行接力。

1) 组网结构。超短波通信系统主要由测站、中继站和中心站组成，其组网结构一般有 3 种：星形网、树形网和链形网。星形网一般适用于不需中继的小规模水情自动测报系统，树形网和链形网适用于需要中继的大中型水库及中小流域的水情自动测报系统。但在设计超短波通信网时应尽量减少中继的级数，一般不宜超过三级中继。

2) 主要优缺点。VHF 信道通信质量稳定，基本不受天气影响，技术成熟，设备简单且易于配套，建设周期短，实时性能好。但在选用时需要注意下列问题：其一，在用户拥挤的地区（多为经济发达地区），同频干扰日趋严重。其二，山区及远距离的超短波通信需在野外高处建中继站，雷击是一个突出问题，建设投资、维护管理、设备防盗也是值得考虑的问题。

3) 适用范围。超短波（UHF/VHF）通信适用范围为平原和起伏不大的小山区和丘陵地区。

(3) 短信（短消息）通信。短消息业务是为移动用户提供的一种能够使用手机或通信模块接收和发送文本消息的服务。短消息传输采用信令信道传输，不必建立专用的传输通道，而且当被叫不可达时（接收终端关机或离开基站的服务范围），短消息业务中心可保存需要传送的信息，一旦被叫可以接收信息时，短信服务中心就能自动重发信息，从而改善了短消息业务的服务质量。

1) 组网结构。利用短消息信道实现信息传输，可采用两种方案：一是报汛站、接收中心站均配备通信终端，依托移动通信网完成测站至接收中心的点对点的水雨情数据传输。二是通过与电信部门的协商，在短信中心配置专用服务器，再通过数字数据网（DDN）、或非对称数字用户环路（ADSL）等数字电路完成向接收中心的数据转发。建设时需根据系统的实际情况选用。

目前可利用的短信通信有中国移动及中国联通的 GSM 短信和中国电信的 CDMA 短信。适用于 GSM 网或 CDMA 网所能覆盖的地区的报汛站进行数据传输。用短消息通信方式组成数据传输网，在测站需配置短信通信终端及天线、SIM 卡、电源系统。接收中心配置短信通信终端及天线或者配置短信专用服务器及专线等，组网结构如图 2.12 所示。

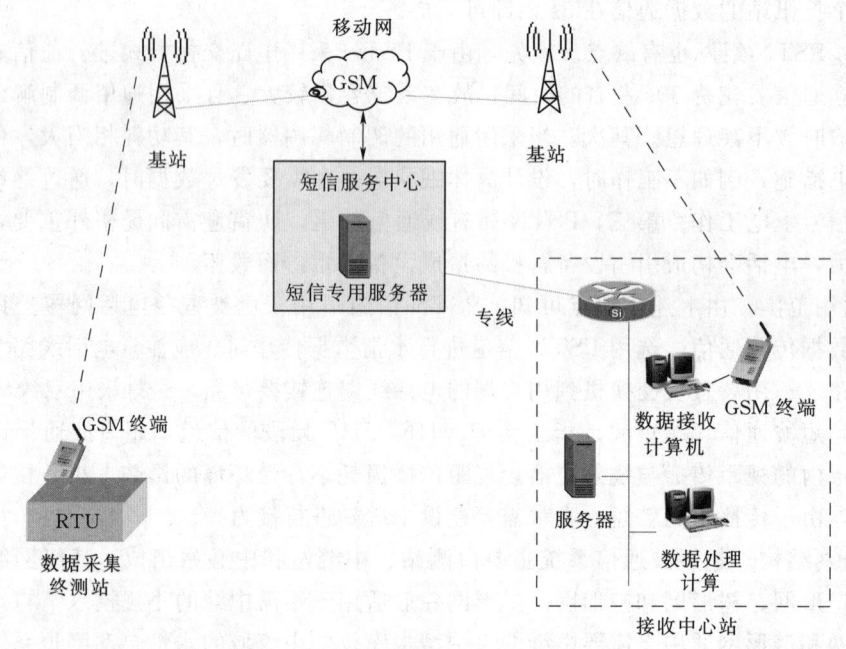

图 2.12 GSM 通信组网结构示意图

2) 特点。短消息通信具有以下特点：第一，在进行短消息信道设计时，必须进行测站与移动基站间的电路测试（估测）。第二，在报汛站通信采用由终端机控制的工作模式时，推荐采用直读模式，以避免在 SIM 卡完成数据存储之后再读数据时影响下一条短信息接收的问题。第三，为节约电源消耗，测站短信通信终端宜采用在不发数据时处于休眠状态，发信息时上电启动，短信息发送成功取得确认后恢复休眠状态；接收中心的通信终端需长期处于开机值守状态，并注意在数据到来时随时读取。第四，以短消

2.3 水情信息测报

息进行数据通信在传输过程中存在时延，对数据实时性要求比较高的数据通信系统，时延就是个必须考虑的因素。第五，当网络用户量非常大时，或在公共节假日期间，公共短信息平台可能发生信息拥塞，最有效的解决办法就是设置专用服务器，再通过 DDN 等信道完成数据转发。

(4) GPRS 通信。GPRS（General Packet Radio Service）是一种基于 GSM 的移动分组数据业务，不仅提供点对点、而且提供广域的无限 IP 连接，是一项高速数据处理的技术。GPRS 采用与 GSM 同样的无线调制标准、同样的频带、同样的突发结构、同样的跳频规则以及同样的 TDMA 帧结构，因此在现有的基站子系统（BSS）增加功能插板和升级相关软件就可提供全面的 GPRS 覆盖。

1）组网结构。采用 GPRS 通信信道组建水情自动测报系统在中心站根据系统的特点选择适用的接入方式实现 GPRS 接入，同时配置 1 台 GPRS/GSM 兼容模块为备用通信机，以防专线传输线路或 Internet 网络故障。测站配置 GPRS/GSM 通信终端。系统数据传输网络结构示意如图 2.13 所示。

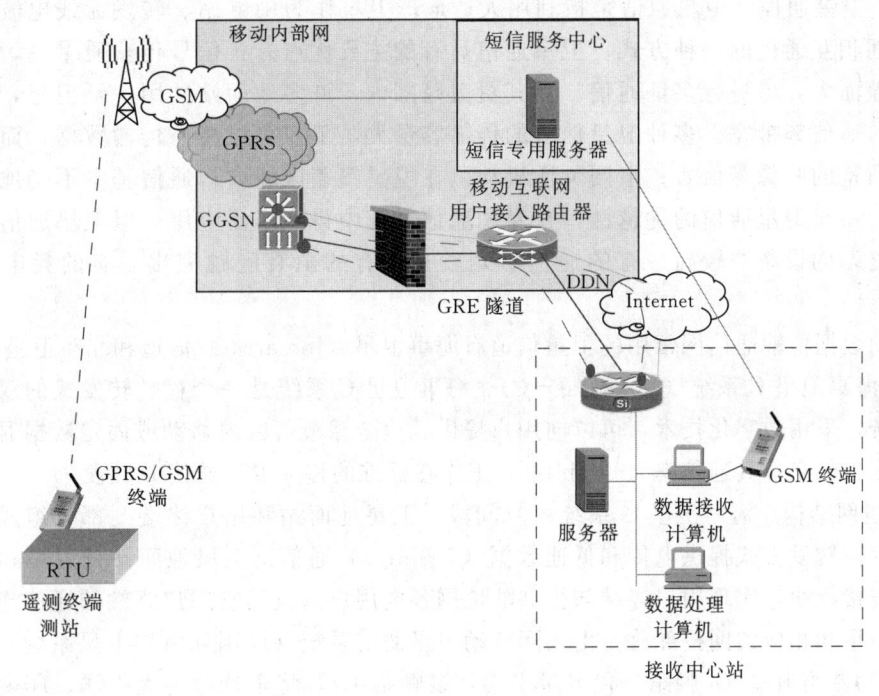

图 2.13 GPRS 通信组网络结构示意图

遥测终端（RTU）生成的数据文件，通过串口传至 GPRS DTU 上，DTU 把数据封装成 TCP/IP 数据包，然后通过 GPRS 网络把数据发送到中国移动的内部网（CMNET）特定的 GPRS 网关服务节点（GGSN）上，通过 GGSN 和水情分中心路由器之间建立到 GRE 隧道，传输到中心站计算机网络中，数据接收计算机通过数据接收软件将数据接收后进行解密、解压把数据还原成原始数据，存入本机实时数据库。同时亦可实现数据的反向传输。整个数据传输通道使用 TCP/IP 协议进行数据通信。在正常情况下，数据传输速率可以达到 28kbps/s 以上。GPRS 网络和接收中心站内部网络之间通过防火墙进行隔离。

2) 特点。GPRS采用分组交换技术,每个用户可同时占用多个无线信道,同一无线信道又可以由多个用户共享,资源被有效的利用。实际不发送或接收数据包的用户仅占很小一部分网络资源。GPRS通信具有如下特点:一是Internet识别。GPRS是无线分组数据系统,只要用户一打开GPRS终端,就已经附着到GPRS网络上,用户通过GPRS系统的网关GGSN连接到互联网,GGSN还提供相应的动态地址分配、路由、名称解析、安全和计费等互联网功能。二是永远在线。GPRS不像传统拨号上网那样,断线后需重新拨号。用户随时都与网络保持联系,即使没有数据传送时,用户仍然在网上与网络之间还保持一种连接。三是快速登录,连接时间很快。GPRS无线终端一开机,就已经与GPRS网络建立了连接,每次登录互联网,只需要一个激活过程,一般仅需1~3s。四是高速传输。由于GPRS网络采取了先进的分组交换技术,数据传输最高理论值可达171.2kbps/s。五是按量收费。GPRS网络按照客户接收和发送数据包的数量来收取费用,没有数据流量的传递时,客户即使在线,也不收费。

(5) 卫星通信。卫星通信是指利用人造地球卫星作为中继站、转发无线电波实现地球站之间相互通信的一种方式。卫星通信具有的主要优点有:信号传输质量高,通信可靠;覆盖面大,可进行多址通信。在其覆盖范围内,许多地面站共用一颗卫星,实现多址通信;通信频带宽。多种卫星信道的传输容量大,不仅可以高速传输数据,而且能够传输高质量的图像等信号;组网灵活机动。在卫星覆盖区域内,通信基本不受地形条件的限制。由于卫星通信的优越性,在专用通信系统中得到广泛应用。但卫星通信存在有些卫星终端的设备费较高、有的通信时延较长、有的雨衰问题突出、有的耗电较大等缺点。

当前数据传输通信网常用的卫星信道有海事卫星(Inmarsat)信道和北斗卫星信道。

1) 海事卫星C系统(Inmarsat-C)。海事卫星C系统是一个存贮转发式的双向卫星通信系统,采用数字化技术,可以向用户提供卫星全球覆盖区内移动或固定数据通信和传输定位报告信息,其通信率为600bit/s,工作在标准的移动卫星通信L频段。

a. 组网结构。海事卫星C系统由空间段、卫星地面站和用户终端3部分组成。用户终端以存储转发方式提供电传和低速数据(600bit/s)通信。卫星地面站是卫星和陆地网之间的连接枢纽,实现用户终端与公共陆地网各类用户以及其它用户终端的通信连接。空间段即卫星和相应的网控部分,由国际移动卫星通信系统(原国际海事卫星系统)Inmarsat自己的专用卫星(4颗第三代卫星主用,多颗备用),将全球分为太平洋、印度洋、大西洋东、大西洋西四大洋区,重叠覆盖。卫星与地面站之间以C波段通信,卫星与移动终端之间使用L频段通信,卫星带宽34MHz。

海事卫星C系统通信方式在水情自动测报系统应用中的组网结构如图2.14所示。

采用海事卫星C通信系统传输水情数据,遥测站和中心站需配置的主要通信设备是海事卫星C终端及天馈线。选用的卫星是Inmarsat系统中印度洋区(IOR)和太平洋区(POR)的卫星;网络协调站选用印度洋区网络协调站;地面站选用北京地面站(BEIJIN)。

在海事卫星C水情自动测报系统中,当到规定的测报时间(如每天8时)或水位、雨量发生变化时,测站采集到的水雨情数据经海事卫星C收发射机,传到卫星,再经地面

2.3 水情信息测报

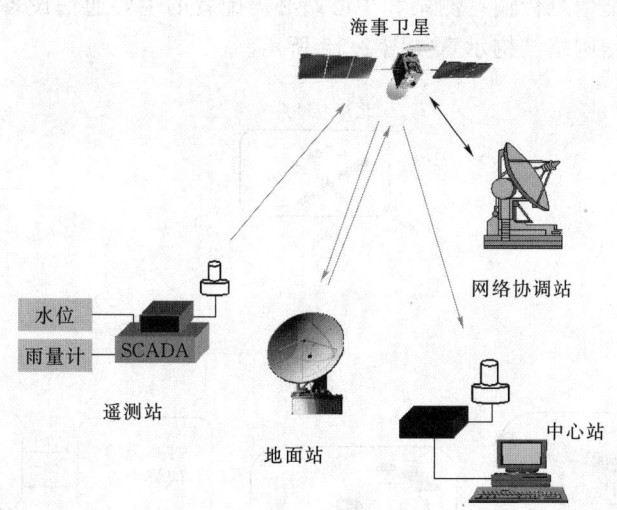

图 2.14 海事卫星 C 通信水情自动测报系统组网结构示意图

站,将数据中转给数据接收中心站。而中心站对测站的控制过程,就是上述传输过程的反过程。测站海事卫星 C 从站处于掉电状态,中心站的海事卫星 C 主站处于守候状态。

b. 优缺点。采用海事卫星 C 通信组网的水情数据传输系统具有如下主要优点：第一,星源有保障。在同步轨道上运行着 11 颗 Inmarsat 卫星,其中 4 颗为主卫星,其他为备用星,每颗卫星都有全球波束,运行在太平洋、印度洋、大西洋东区和大西洋西区 4 个区域,因此星源有保障。第二,海事卫星 C 系统用户终端的收发频率为 L 波段的 1.5/1.6GHz 频段,通信几乎不受雨雪的影响,在恶劣天气条件下可以保证通信畅通。第三,通信费用合理。短数据报告方式以包传输数据,通信费用按每次发送的包计费,不需申请专用信道,不发不收费,而且做到一发多收,这适合水情信息数据量小、信道利用率低的特点。第四,具有双向性,中心站可对各测站进行远地编程、巡测和召测。第五,系统具有正规的技术保障。第六,具有点波束,使得卫星站设备的体积和功耗大大减小,成本下降。第七,系统通信不受距离和地形条件的限制,适用于距离长、多高山阻挡地形复杂的区域组网。第八,系统设备功耗低（值守功耗为 50mW,休眠状态）,可采用太阳能浮充蓄电池供电。

但在选用时应注意：每次发送的信息量最多为 32 个字节,不适用于数据较多的报汛站的数据通信；运行费用相对较高；海事卫星 C 系统的数据传输采用时隙 ALOHA (S-ALOHA),发生碰撞后经随机延时后重传。这种方式用于水雨情的随机报很适合,其容量是很大的。然而,海事卫星 C 系统点对点的"短数据报告"按包收费,不发不收,这样使得用户因考虑运行费用而采用定时或定时加报方式工作,由此就会减少信道的畅通率。特别是水文报汛要求每天 8 时的数据必报,大家几乎都在同一时间发送,随着系统内的测站增加,畅通率就会下降。

2) 北斗卫星通信。北斗卫星通信系统是由我国"北斗导航卫星"建立起来的民用卫星导航定位通信服务系统,能够全天候、全天时地为中国及周边国家提供卫星定位、导航和通信服务。

a. 组网结构。北斗卫星通信系统由卫星及网管中心、移动终端站（测站）、用户中心站组成。应用于水情信息传输，测站和中心站必需配置的主要通信设备为北斗卫星用户终端及天馈线。其通信网络结构示意如图2.15所示。

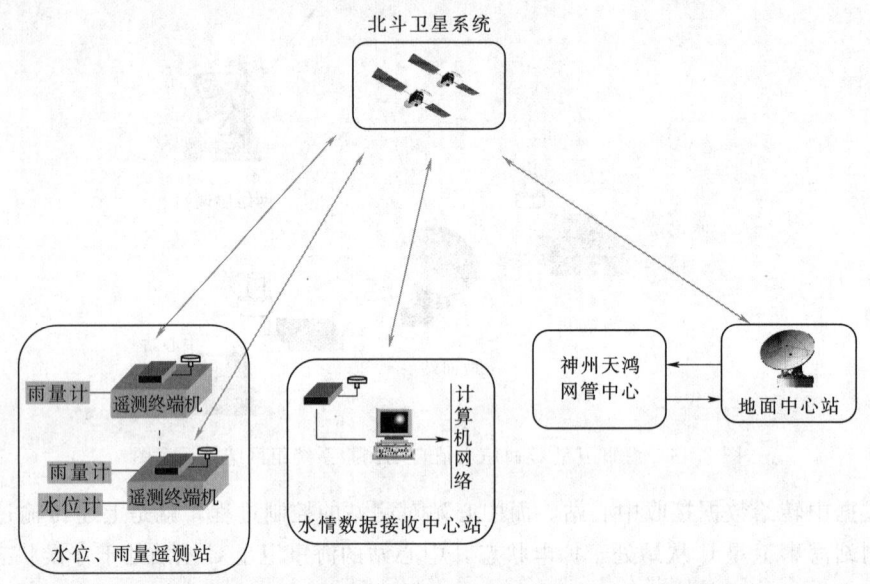

图2.15 北斗卫星通信水情自动测报系统组网结构示意图

遥测站遥测终端将自动采集的数据传送给北斗卫星终端，北斗卫星终端通过卫星转发将数据传送给北京地面站，北京地面站将数据传送给中心站卫星接收终端后将数据传送给数据接收计算机进行处理。

b. 优缺点。北斗卫星通信具有的优点：第一，大容量、数据传输时效快，系统上下链路每秒钟可同时处理200个不同用户的不同业务或请求，有支持大容量、多点用户业务并发的能力，传输延时小，可在3s内将用户（测站）的数据发送到用户数据中心。第二，系统采用码分多址直序扩频通信体制，抗干扰能力强，并在一定程度上保证了数据的保密性，满足水文气象数据传输对可靠性、保密性的要求。第三，具有多重通信确认机制，测站终端在发送信息时，可以从网管中心或用户接收中心卫星站获得发送或接收状态的确认回执，在本次通信失败的情况下及时重发数据，从而保证了关键业务数据的完整、可靠传输。第四，使用L/S波段通信，与Ku波段通信相比，基本不受雨雪的影响；卫星通信设备集成度高，天线尺寸小，安装简单，可缩短建设周期。第五，系统设备功耗低，可用蓄电池和太阳能浮充供电。第六，双向通信。第七，系统播发时钟同步信号。第八，通信费用按每次发送的帧计费，不需申请专用信道，适合水情信息数据量小、信道利用率低的特点。第九，系统可提供两种通信"确认"方式，数据传输可靠性高。

选用时应注意：需进行细致的信道测试工作，确定测站和接收中心的最佳通信波束。

（6）短波。短波通信是指使用无线电通信频段中3M～30MHz频段的高频通信。短波通信有两种传输模式：一种是地波传播，只适用于近距离通信；另一种天波传播是经过电离层的反射实现的，可进行中、远距离的通信。

1) 优缺点。短波通信的优点为：短波通信可建立长距离通信链路，且基本不受地形

2.3 水情信息测报

影响;与超短波通信相比,可节省中继站的投资,不易受雷击,维护比较方便;设备比较简单,体积小、重量轻,组网方便灵活,建设周期也较短。存在的缺点有:由于可供短波通信使用的频段仅有 28.4MHz(按 1.6M~30MHz 计算),容量较小,加上工作频率较低,外噪声也大,因此同频干扰问题严重;短波天波靠电离层反射,由于电离层不稳定以及天波传播过程中存在衰落、多普勒频移、极化面旋转、非相干散射等效应,使得天波信道很不稳定,这是限制短波通信作为报汛通信信道的主要因素。国家防汛指挥系统水情分中心示范区的实践表明,短波信道组网的通信畅通率比其他信道要低。

2) 适用范围。短波通信适用于下列报汛站进行数据传输:电信公网不能覆盖地区的报汛站;地形复杂、视距传播受阻挡而无法通达地区的报汛站;报汛站距分中心很远,若建超短波信道需建 2 级以上中继地区的报汛站。

2. 水情信息传输流程与网络

(1) 水情信息传输流程。根据国家防汛指挥系统的总体设计,水情信息按照"水情报汛站→水情分中心(集合转发站)→省(流域)水情中心→国家水情中心"的路径进行传输。

1) 水情报汛站(测站)的主要工作是完成实时水情信息的自动采集或人工观测后,按信息编码规则将信息编码后传送给水情分中心。

2) 水情分中心在接收所属测站采集的水情信息后,立即进行信息的汇集、处理以及向上级水情中心的转发。

3) 省(流域)水情中心则完成所属水情分中心信息的汇集处理、与其他省(直辖市)水情部门的信息交换、向国家水情中心转发所属测站水情信息。

4) 国家水情中心完成全国水情信息的汇集和处理工作。

测站到水情分中心的信息传输主要通过 PSTN、微波、卫星、短信等方式;水情分中心到省(流域)水情中心信息传输主要通过网络、PSTN、帧中继等方式进行;省(流域)级水情中心之间及与国家水情中心之间通过全国水情广域网进行传输。

省(流域)级水情中心以及国家水情中心接收到实时水情信息后,分发给相应的水情译电系统,完成报文的解码校验,并将数据存入实时水情信息数据库。水情信息传输流程示意图如图 2.16 所示。

但在实际上,也还存在另外两种水情信息传输流程:第一种传输流程是水情报汛站按照预先设定的运行方式将实时信息传输到省(或流域)水情中心,省(流域)水情中心接收处理后再分发送到水情分中心,并同步传送到国家水情中心。第二种传输流程是水情报汛站按照预先设定的运行方式将实时信息传输同时发送到水情分中心和省(或流域)水情中心,省(流域)水情中心接收处理后再传送到国家水情中心。

(2) 水情信息传输网络。水情信息传输早期应用邮局电报、专用电台、电话等手段,主要依靠信息传输公共网络。随着网络技术发展和国家防汛抗旱指挥系统工程的建设,全国水情报汛网络开始建设,2001 年建成了连接水利部、流域机构和省(自治区、直辖市)、地市三级水利部门之间互连的广域网络系统,称水利信息骨干网。该网络作为实时水情传输处理系统的基础网络,实现了水利部网络中心(一级网络节点)和流域、省(自治区、直辖市)、新疆生产建设兵团网络中心(二级网络节点)之间互连的广域网络系统,整个网络呈星型结构,以水利部网络中心作为中心节点,网络结构如图 2.17 所示。

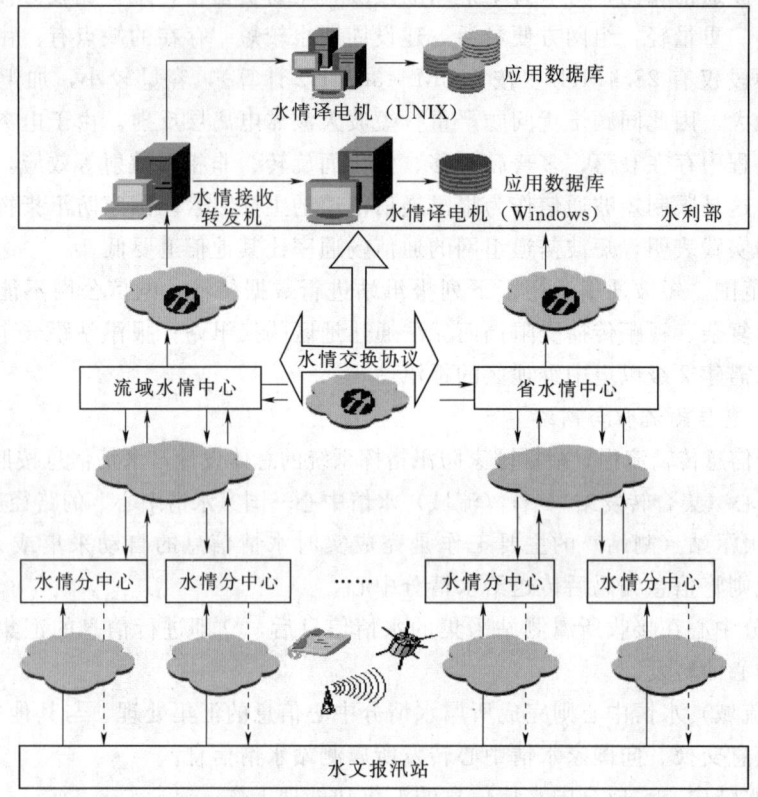

图2.16 水情信息传输流程示意图

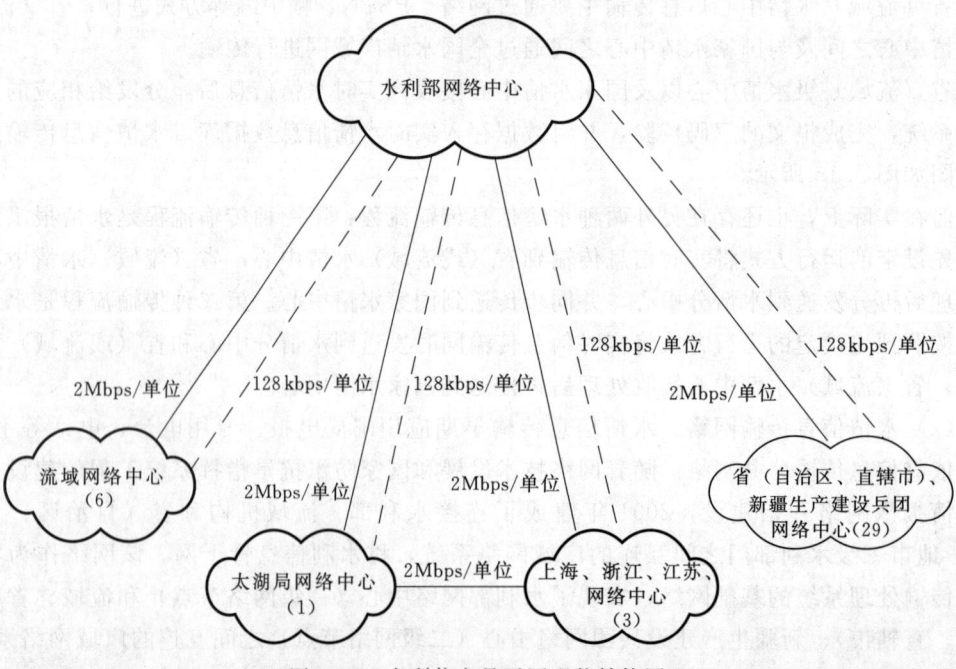

图2.17 水利信息骨干网现状结构图

2.3.4 水情自动测报

随着我国经济社会的全面发展，社会对水情信息的需求越来越高，计算机网络、通信和信息技术的发展以及在水情工作中的应用，使得水情信息的采集、传输、处理方式发生了根本变化，水文自动测报系统正逐步成为水情信息采集的主要手段。

水情自动测报是水雨情信息的自动采集、水情报文自动合成、信息自动传输至水情信息分中心并经由其自动接收、整合与转发全过程自动化的总称，是水文现代化的标志之一。实施水情自动测报极大地减少水文信息采集、资料整理与报汛工作中的人力和物力，其主要优点是可以提高水情信息采集与传输的及时性、可靠性，使水文职工从繁重的水文测报工作中解脱出来；而且能提高水情信息的时效性，增长洪水预报预见期，为防汛调度决策赢得时间。建设水情自动测报系统，是实现水情报汛自动化的重要途径。

1. 系统组成

水情自动测报系统是应用遥测、通信、计算机技术，完成流域或测区内固定及移动站点的降水量、水位、流量、蒸发量、含沙量和水质等水文要素以及闸门开度等数据的采集、传输和处理，系统组成由具体功能确定。

水情自动测报系统由若干个遥测站和中心站组成。遥测站负责数据采集、存贮和发送，中心站负责数据接收和处理，并对系统的运行进行监控。对于采用超短波通信方式组网的系统，根据地形条件，在传输信道不理想时，为改善信号的传输将设置中继站，用于改善超短波通信电路质量，转发满足数据传输要求的信号。

大型水文自动测报系统，如国家防汛抗旱指挥系统工程信息采集系统，由遥测站、集合转发站、水情分中心和水情中心组成。水情分中心主要完成所辖报汛站的水情信息接收、处理、存贮，建立水情信息数据库，以供水情信息的查询服务，完成编报，通过计算机广域网将水情信息转发至流域（省、直辖市）水情中心。

2. 工作体制

水情自动测报常用的工作体制有自报式、应答式和混合式3种。

（1）自报式。自报式可分为随机自报和定时自报。在自报式系统中，测站按规定时间或被测参数发生一个规定变化时，自动向中心站发送实时的水雨情数据。其优点为：实时性强，测站发出的数据是连续变化的；设备工作在掉电状态功耗低；系统结构简单，组网方便；通信为单方向，设备简单，造价低，维修方便。缺点是：中心站不能随时查询测站数据和工作状态。

（2）应答式。测站响应中心站查询，再将采集到的数据向中心站发送。其优点为：中心站可随机或定时查询测站数据；可根据需要改变测站的工作状态，控制性能好。缺点是：测站设备处于值守状态功耗大；通信为双向，设备复杂；实时性低于自报式。

（3）混合式。混合式方式兼有自报式和应答式的优点，实时性和可控性高，为水情自动测报系统的主要工作方式，具有现地和远地编程控制功能的定时自报或事件自报（参数变化达到加报标准的加报）功能，并具有查询应答功能。运行方式为：测站由预先设定的定时间隔或参数变化加报标准定时或定量启动通信设备，向水文数据接收中心发送水文数据；测站可接收中心站的查询召测指令，将当前值或将过去的存贮数据按指定的路径和指定的信道发送；并可接收中心站的各种控制命令，完成对时、改变定时自报间隔、改变加报标准等工作。

3. 自动测报站

水情自动测报站以数据遥测终端为核心，集自动测报技术、现代通信技术和远地编程技术于一体，实现雨量、水位等水文要素的自动采集、现场固态存贮、自动发送；采用多种通信方式传输数据，以保证测站至测控中心数据传输的畅通；可现地或远程对测站进行编程，改变测站设备的运行参数，实现水情信息测、报、控一体化。

测报控一体化水情自动测报站由数据采集终端、传感器、通信终端、电源系统、人工置数等组成，结构如图 2.18 所示。

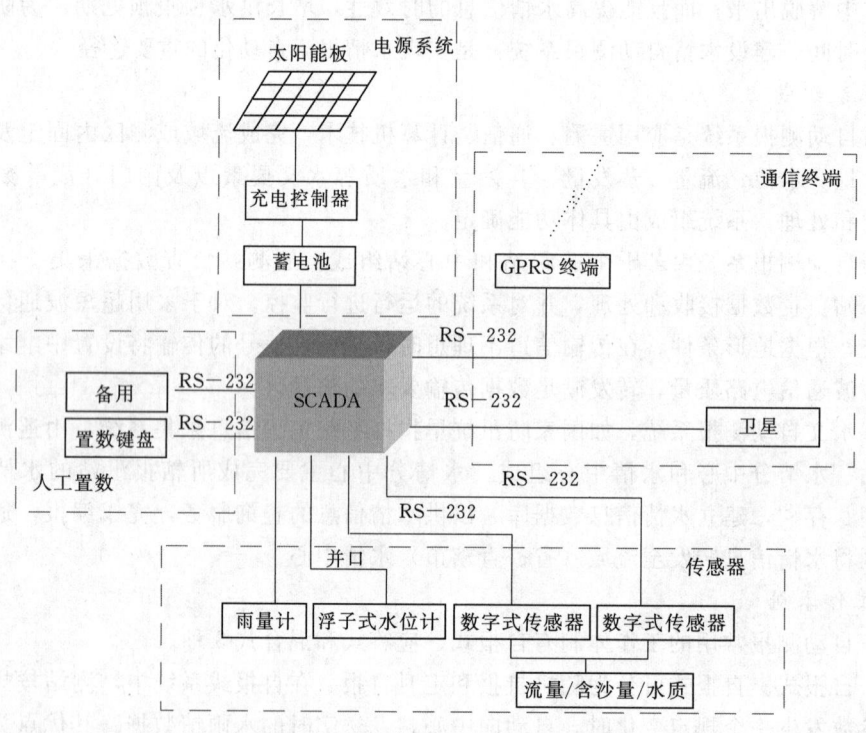

图 2.18 测站测报控一体化结构图

为解决水位观测点距离测站站房距离较远（大于 200m）的数据传输问题，可采用超短波通信方式传输至站房，实现测站水位数据无线近距离传输至站房的功能。无线近距离传输遥测站的组成结构如图 2.19 所示。

遥测终端是水情自动测报站的核心设备，它具有以下功能：

（1）具有事件自报、定时自报、随机应答等工作方式。

（2）可携带翻斗式雨量计和浮子式、气泡式、超声式水位计，且可同时携带两个不同类型的水位传感器工作。

（3）能按水文资料整编规范要求，采集水位、雨量数据，应能自动采集到 1.0cm 的水位变化值和 0.5mm 的降雨量；采样间隔可编程。采集的水位、雨量应现场带时标按水文资料整编规范要求存储，存储间隔（雨量存储间隔为 5min 及 5min 的整倍数，最小间隔为

2.3 水情信息测报

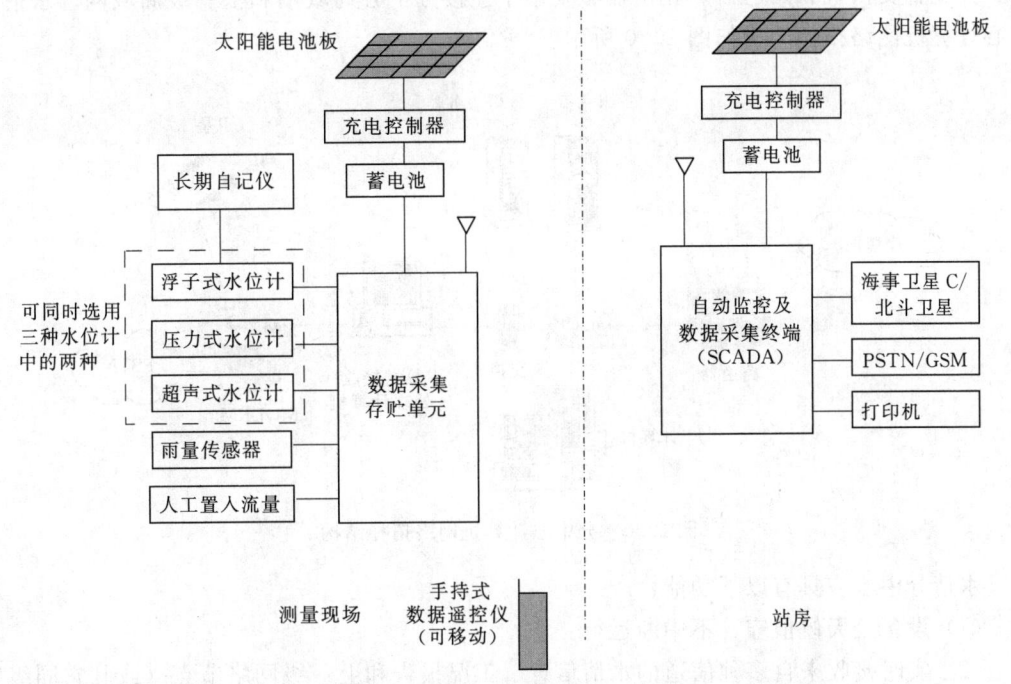

图 2.19 无线近距离传输自动测报站设备集成结构示意图

5min；水位存贮间隔为 6min 及 6min 的整倍数，最小间隔为 6min）可编程，存储容量应能存储水位、雨量数据 1 年以上。可提供现场或远程查询、下载。

（4）支持卫星、程控电话（PSTN）、超短波、GSM 短信、GPRS 等多种传输信道，具有多信道切换功能，当主信道通信失败时，自动实现主备信道的切换。

（5）在定时时刻或事件变化时，能自动启动设定的信道发送数据。具有"加报"功能，在定时间隔内，当水位变化或雨量变化超过设定值时主动启动通信链路发送。

（6）具有可编程功能，可在现场和远程读取和设置传感器类型、传感器参数、水位雨量基值、数据采样时间、定时自报段次、定时自报时间及主备信道。

（7）具有人工置数功能，可在现地发送实测流量和人工水位。

（8）具有近距离传输功能，将水位雨量数据无线传输至站房。

（9）可响应召测，接收来自本地或远程的召测命令，根据命令要求将当前值、过去的记录值或所有存储的数据通过指定的信道或路径发送。

（10）具有硬件"看门狗（watchdog）"。

4. 水情分中心（数据接收中心站）

水情分中心主要完成本辖区内报汛站的水情信息接收、处理、存贮；建立水情信息数据库，以供水情信息的查询服务；通过计算机广域网将水情信息转发至流域水情中心。水情分中心系统由水情数据接收处理系统（包括报汛通信设备及软件）和计算机局域网系统组成。

水情分中心计算机局域网作为防汛计算机广域网的一级节点。为了提高系统的可靠性和系统数据的安全，水情分中心计算机网络系统配置两台服务器，组成双机系统实现冷备份，并配置交换机和路由器。路由器主要用于连接分中心局域网和上一级局域网。水情分中心计算机网络拓扑结构如图 2.20 所示。

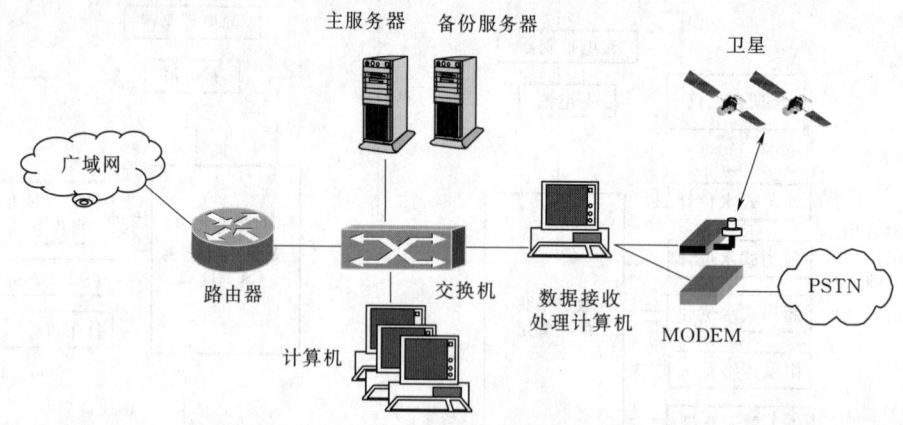

图 2.20 分中心计算机网络拓扑结构

水情分中心应具有以下功能：
（1）设备全天候值守，不中断运行。
（2）实时接收来自多种信道的水情信息、工况报告和上一级网络节点（或其它同级网络节点）发送的查询信息。
（3）可对所辖的报汛站进行远地编程、修改和设置运行参数。
（4）可对所辖的报汛站进行召测，读取各种参数，批量传输存储在固态存贮器中的水情数据。
（5）存贮和管理接收到的原始信息，建立实时数据库。
（6）应建立通信过程的轨迹文件。

2.4 水情信息存储与交换

2.4.1 水情信息存储

自新中国成立至 20 世纪 80 年代，水情信息的存储均为手工方式，1985—1993 年，计算机逐渐取代人工，电报由计算机接收、译码后，保存在索引文件中。1994 年迄今，随着多种大型关系数据库发展，水情数据逐步开始使用数据库进行存储，同时配套使用的实时雨水情数据库表结构也历经了数次建设改造。目前《实时雨水情数据库表结构与标识符标准》(SL 323—2011) 已在全国水利行业推广实施，为实时雨水情数据库水利行业标准，确定了降水、蒸发、河道、水库、闸坝、泵站、潮汐、沙情、冰情、地下水、墒情、特殊水情、水文预报等 13 大类实时雨水情数据的存储结构。

1. 实时雨水情数据库

实时雨水情数据库一共有 77 个表，分为 6 大类，除了用于存储交换信息及字典信息的 8 个表外，其余用于存储包括降水、蒸发、河道、水库、闸坝、泵站、潮汐、沙情、冰情、地下水、墒情、特殊水情和水文预报等雨水情数据，以及水文测站基本信息和与防汛抗旱工作密切相关的一些基础水文数据和防汛抗旱任务等信息的表有69个，这些表被按照数据的内容、来源和更新频度等因素划分为基本信息、实时信息、预报信息和统计信息四类。

2. 基本信息类表

基本信息类表共15个，存储与实际应用密切相关的、描述水文测站基本信息和统计信息，以及防汛抗旱特征信息等。这15个表的表名及标识符见表2.7。

表 2.7 基本信息类表清单

表编号	表　名	表标识符
ST_001_0001	测站基本属性表	ST_STBPRP_B
ST_001_0002	测站报送任务表	ST_STMTASK_B
ST_001_0003	库（湖）站关系表	ST_RSVRSTRL_B
ST_001_0004	堰闸站关系表	ST_WASRL_B
ST_001_0005	河道站防洪指标表	ST_RVFCCH_B
ST_001_0006	库（湖）站防洪指标表	ST_RSVRFCCH_B
ST_001_0007	库（湖）站汛限水位表	ST_RSVRFSR_B
ST_001_0008	土壤墒情特征值表	ST_SOILCH_B
ST_001_0009	洪水传播时间表	ST_FSDR_B
ST_001_0010	水位流量关系曲线表	ST_ZQRL_B
ST_001_0011	库（湖）容曲线表	ST_ZVARL_B
ST_001_0012	洪水频率分析参数表	ST_FRAPAR_B
ST_001_0013	洪水频率分析成果表	ST_ZQFRAR_B
ST_001_0014	大断面测验成果表	ST_RVSECT_B
ST_001_0015	单位名称编码表	ST_INSTCD_B

（1）测站基本信息表。测站基本信息表用于存储每个水文测站的基本信息，是实时雨水情数据库中最重要的基础信息表。测站基本属性表存储水文测站的站名、地理位置、报汛信息等基本属性，是实时雨水情数据库中最重要、最基础的一个表。库（湖）站关系表和堰闸站关系表存储水文测站与水库（湖泊）之间，水文测站与堰闸之间，以及不同堰闸站之间的位置拓扑关系。河道站防洪指标表、库（湖）站防洪指标表和库（湖）站汛限水位表存储了水文测站和水库（湖泊）的防汛抗旱任务特征指标和历史水文特征值等重要基础资料。土壤墒情特征值表存放土壤墒情基本信息和土壤含水量特征值。洪水传播时间表、水位流量关系表、库（湖）容曲线表和大断面测验成果表存储水文测站的断面特性、洪水传播特性等基础资料。洪水频率分析参数表和洪水频率分析成果表存储水文测站的频率分析成果，这些资料是洪水量级分析的重要参考资料。单位编码表是记录水文预报发布单位基本信息的基础代码表。

该表中的数据通常是数据库建设时一次性录入的，在数据库运行期间一般变化较少。表中只存储水文测站的最新基本信息，而水文测站发生迁站、更名，或其他基本信息的变化信息是不能存储的。当水文测站的这些基本信息发生变化时,要及时更新该表中相应的数据。

测站基本信息表以测站编码作为主键,该表结构比较简单,但内容较多,字段数多达27个。该表结构不满足第三范式的要求,数据的存储是存在一定的冗余的,如河流名称、水系名称、流域名称、基面名称、管理机构等字段。这是为了减少查询时的表链接数目。

(2) 库(湖)站关系表和堰闸站关系表。这两个表的存储内容是水文测站之间的位置拓扑关系,其中库(湖)站关系表存储水文测站与水库(湖泊)之间的关系,堰闸站关系表存储水文测站与堰闸站之间以及不同堰闸站之间的位置拓扑关系。

这两个表的结构相似,每个表3个字段,分别由相关联的两测站编码和表示关联关系的编码字段组成,3个字段都是主键的组成部分,不能取空值。这意味着两个测站之间的关系允许有多种,例如,一个水文站可能既是一个湖泊的入库站,又是它的水位代表站。但实际上大多数水文测站之间的关系只能是一种,从出入库标志和关系标志字段的允许取值范围可以看出,某些取值是相互矛盾的,例如,一个水文测站不能既是水库的入库站,又是水库的出库站;一个堰闸站的闸下站也不可能同时是该堰闸站的闸上站。然而,这些约束关系不能在表结构的设计中加以实现,只能依靠在数据库的管理维护过程中人为地或通过编程来检查这些约束关系,保证数据库中存储数据的合理性。

(3) 河道站防洪指标表。用于记录河道水文站测验断面在汛期对制定防洪计划和洪水调度决策具有至关重要作用的防洪指标,以及防洪能力、历史最高水位和最大流量等信息。

此表中内容可分为两组,一组是河道水文站的防洪特征指标,另一组是水文站的水文特征极值。在原数据库表结构中它们分别被存储于河道站防洪任务和河道站历史最大值两个表中。根据多年的实际应用情况,这两表中信息往往是需要在一个查询中一起完成,因此《实时雨水情数据库表结构与标识符标准》(SL 323—2011)中将它们合并到一个表中。

(4) 库(湖)站防洪指标表。该表用于存储水库除汛限水位以外的水库基本特征和防洪特征指标,以及防御过的历史最大洪水等特征资料。与河道站防洪指标表类似,该表中内容也可分为水库特征指标和水库历史最大水文特征两组。

(5) 库(湖)站汛限水位表。水库的汛限水位是针对不同汛期阶段确定的水库安全运行限制水位,是水库的重要防洪指标,但因为其数据结构特殊,不能存储于库(湖)站防洪指标表中,故单独设表存储。

每一汛期阶段的汛限水位信息通常包括起始日期、结束日期和限制水位3个数据,但此表的结构稍微复杂一些。除了上述3个基本信息以外,还使用启用年份和汛期类别两个字段来记录附加信息。启用年份记录该汛限水位是何年开始使用的。虽然水库的汛限水位是根据防洪要求、水文特性和水库运用等计算出来的,相对而言变化不大。但实际上,由于各种因素的改变,部分水库的汛限水位也会发生更改。如果仅仅将原来的汛限水位资料更新,那么当需要统计往年的水库超汛限情况时就无法进行了。这种需要虽然不多,但的确有。为此,必须保留以前的汛限水位资料,从而增加了启用年份字段。该字段的增加使得查询水库当前汛限水位变得复杂一些。

汛期类型字段补充说明开始月日和结束月日所限定的汛期阶段是主汛期、过渡期、后汛期等，记录这些信息可以方便某些应用程序中的应用。

库（湖）站汛限水位表由测站编码、启用年份和开始月日三字段组成组合主键。因为汛期各阶段的划分绝不会重叠，故不必将结束月日也作为主键。汛期各阶段不重叠的约束是不能够在表结构设计中实现，要保证表中数据的正确性，还需要额外的方法，如触发器检查等。

（6）水位流量关系曲线表。用于存储河道水文站的水位流量关系。根据水文观测的工作实践，水位流量关系为一段时间内施测的（通常跨越多次洪水过程，可以是一年或若干年的施测成果整理而来的）水位流量关系。主要用于洪水预报中参考推求流量或水位和水文测验中用插线法推求流量。采用测站编码字段和一个表示时间的字段作为主键来区别不同水文测站的若干条水位流量关系曲线，表中采用年份来标记曲线，年份可以是组成该曲线的测次所在年份，或曲线整理完成的年份（对资料跨年份的情况）。表中的所有字段均不允许有空值。

（7）库（湖）容曲线表。该表用于存储水库（湖泊）的水位和蓄水量以及水面面积之间的关系。与水位流量关系不同，库容曲线表一般是单调的，因此该表中不需要点序号字段。由于水库运行期间一般会不断因泥沙淤积，减少有效库容，因此隔一定时间需要重新施测。为记录不同时期的库容曲线，表中设置了施测时间字段来区别不同时期的库容曲线。

表中水面面积字段采用整数，并且单位是平方千米（km^2），因此，该表可能不能满足一些中小型水库存储水位面积关系的需求。

（8）洪水频率分析参数表和洪水频率分析成果表。这两个表存储水文测站的频率分析成果。其中洪水频率分析参数表存储频率分析成果的控制参数（平均值、离差系数和偏差系数）以及水文系列的基本信息（起、止年份，样本数量等）；水位（流量）频率分析成果表存储计算结果，用于频率分析结果的速查。

需要说明的是这两个表中都包含典型年字段。各个地区的洪水特性各有不同，对于有些地区，例如黄河中下游，其洪水特性随着洪水来源组成、产流产沙等因素的不同而有很大差异，因此在进行洪水频率分析的时候，如果按照通常的方法将这些特性差别较大的洪水全部作为一个系列，得出的结果可能不能反映该区域的洪水频率特性的实际情况。实际工作中，往往是根据洪水的来源组成情况将洪水资料区分为不同的系列，分别进行频率计算。为了要区别各种不同类型的洪水，需要添加一个典型年字段。对于那些洪水特性相对一致，不需要区分洪水类型的频率分析成果来说，典型年字段不重要，可挑选系列中一场典型洪水的年份作为典型年，或简单地用成果分析完成的年份作为典型年。

3. 实时信息类表

实时信息类表共有38个表，存储来自各个报汛站通过水情信息传输网络报送的降水、蒸发、河道、水库、闸坝、泵站、潮汐、沙情、冰情、地下水、墒情、特殊水情、12大类实时雨水情信息，是实时雨水情数据库的核心内容。

按照数据与观测（统计）时间的关系，实时雨水情信息可分为瞬时值、平均和统计值、统计极值3类。瞬时值一般与一个时间相关联，该时间表明数据的观测时间或发生时间但是需要说明，雨量计所观测到的降水量都是一段时间的累计值，不属于瞬时值，但是它与上面提到的统计值有所不同，因为它是直接根据雨量计的观测记录读（测）出，不是经过统计分析加工得到的数据，故习惯上是把它当作瞬时观测值来对待的。此外，基于类似理由，日蒸发量也归入此类。

降水量和蒸发量的平均和统计值，一般与某个统计时段相关联，需要用两个时间要素来描述这个统计时段，一是描述时段的起始或结束时间，二是时段的长度。

统计极值则与一个统计时段和一个发生时间相关联。

根据上述这 3 种数据的分类时间，实时信息类表分为瞬时值类表、平均和统计值类表、极值类表 3 类。

(1) 瞬时值类表。瞬时值类表包括实时信息类表前 19 个表中除地下水开采量表外的 18 个表，见表 2.8。

这类表结构的共同特征就是以测站编码和时间字段为主键来标识水文数据，其中闸门启闭情况表、定性冰情表、定量冰情表、土壤墒情表和特殊水情表是例外，它们除了测站编码和时间字段外，根据实际需要还补充了一个额外的主键字段来标识水文数据。

表 2.8　　　　　　　　　　瞬时值类表清单

表编号	表 名	表标识符
ST_002_0001	降水量表	ST_PPTN_R
ST_002_0002	降雪表	ST_SNOW_R
ST_002_0003	冰雹表	ST_HAIL_R
ST_002_0004	日蒸发表	ST_DAYEV_R
ST_002_0005	河道水情表	ST_RIVER_R
ST_002_0006	水库水情表	ST_RSVR_R
ST_002_0007	堰闸水情表	ST_WAS_R
ST_002_0008	闸门启闭情况表	ST_GATE_R
ST_002_0009	泵站水情表	ST_PUMP_R
ST_002_0010	潮汐水情表	ST_TIDE_R
ST_002_0011	风浪信息表	ST_WDWV_R
ST_002_0012	含沙量表	ST_SED_R
ST_002_0013	气温水温表	ST_TMP_R
ST_002_0014	定性冰情表	ST_QLICEINF_R
ST_002_0015	定量冰情表	ST_QTICEINF_R
ST_002_0016	土壤墒情表	ST_SOIL_R
ST_002_0017	地下水情表	ST_GRW_R
ST_002_0019	暴雨加报表	ST_STORM_R

(2) 平均和统计值类表。平均和统计值类表包括表名中 6 个多日均值表、4 个统计值表，以及堰闸（泵）站时段均值表和输沙输水总量表共计 12 个表，这类表的结构相对比较简单，详见表 2.9。

2.4 水情信息存储与交换

表 2.9 平均和统计值类表清单

表编号	表 名	表标识符
ST_002_0020	堰闸（泵）站时段均值表	ST_WSPAVSD_R
ST_002_0021	河道水情多日均值表	ST_RVAV_R
ST_002_0022	水库水情多日均值表	ST_RSVRAV_R
ST_002_0023	堰闸（泵）水情多日均值表	ST_WASAV_R
ST_002_0024	潮汐水情多日均值表	ST_TIDEAV_R
ST_002_0025	气温水温多日均值表	ST_TMPAV_R
ST_002_0026	地下水情多日均值表	ST_GRWAV_R
ST_002_0027	蒸发量统计表	ST_ESTAT_R
ST_002_0028	降水量统计表	ST_PSTAT_R
ST_002_0029	引排水量统计表	ST_WDPSTAT_R
ST_002_0030	输沙输水总量表	ST_SEDRF_R
ST_002_0031	地下水开采量统计表	ST_WGRWSTAT_R

这里"统计值"实际上是指在一定时段内水文要素的累计量，它们与平均值的区别在于是否作时段平均。水文数据的统计一般是按照固定的自然时段进行的，如日、旬、月等，因此这类表中对时段的描述方法是采用固定代码来表示固定时段长度，而采用一个时间类型数据来标记时段在时间轴上的位置。代表时段长度的字段称为统计时段标志。记录标记时段的时间的字段称为标志时间，通常代表统计时段的截止时间或统计值的报汛时间。采用截止时间或报汛时间来确定时段的原因是这样可以直接把报汛信息中的编码时间直接入库而不需要转换。

除堰闸（泵）站时段均值表外，这类表结构的共同特征是以测站编码、标志时间和统计时段标志作为主键来标识水文数据。堰闸（泵）站时段均值表中采用的统计时段可能不在标准的统计时段中，因此该表直接采用记录时段长度的方法，没有采用统计时段标志字段。

（3）极值类表。极值类表的结构也很简单，包括实时信息类表的最后 7 个表，详见表 2.10。

表 2.10 极值类表清单

表编号	表 名	表标识符
ST_002_0032	河道水情极值表	ST_RVEVS_R
ST_002_0033	水库水情极值表	ST_RSVREVS_R
ST_002_0034	堰闸水情极值表	ST_WASEVS_R
ST_002_0035	泵站水情极值表	ST_PMEVS_R
ST_002_0036	潮汐水情极值表	ST_TIDEEVS_R
ST_002_0037	气温水温极值表	ST_TMPEVS_R
ST_002_0038	地下水水情极值表	ST_GRWEVS_R

极值类表结构的共同特征与统计值类表相同,以测站编码、标志时间和统计时段标志作为主键,不过在存储内容上,这类表中存储的是一定时段内的统计极值,实质上是瞬时值,因此对表中存储的每一个水文要素,都有一个对应的出现时间字段记录极值的发生时间。

4. 预报信息类表

预报信息类表共7个,除第一个水情成果注释表外,其他6个表主要用于存储水情、调度、潮汐、泥沙、冰情等方面的水文预报信息,详见表2.11。

表2.11　　　　　　　　　　预报信息类表清单

表编号	表名	表标识符
ST_003_0001	水情预报成果注释表	ST_FORECASTC_F
ST_003_0002	水情预报成果表	ST_FORECAST_F
ST_003_0003	调度预报成果表	ST_REGLAT_F
ST_003_0004	潮位预报成果表	ST_TDFR_R
ST_003_0005	天文潮预报成果表	ST_ASTROTD_F
ST_003_0006	含沙量预报表	ST_SENDFR_F
ST_003_0007	冰情预报表	ST_ICEFR_R

预报信息类表表结构都以测站编码、发生时间、发布时间和发布单位代码作为主键标识预报水情信息,这4个字段是所有预报水情的共同特征。其中冰情预报表还增加了扩展关键字字段作为主键。

根据时间是指进行水文作业预报时所依据资料的发生时间(对水位、流量等瞬时值)或截止时间(对降雨量等与一定时段相关的水文要素)。

5. 统计值类表

统计值类表包括主要用于存储水文测站的统计及特征值信息,共计9个表,详见表2.12。

表2.12　　　　　　　　　　统计值类表清单

表编号	表名	表标识符
ST_004_0001	日降水量均值表	ST_PDDMYAV_S
ST_004_0002	旬月降水量系列表	ST_PDMMYSQ_S
ST_004_0003	旬月降水量均值表	ST_PDMMYAV_S
ST_004_0004	水位流量多年日平均统计表	ST_RVDAYMYAV_S
ST_004_0005	水位流量旬月均值系列表	ST_RVDNNYSQ_S
ST_004_0006	水位流量多年旬月平均统计表	ST_RVDMMYAV_S
ST_004_0007	水位流量旬月极值系列表	ST_RVDMEVSQ_S
ST_004_0008	水位流量年极值系列表	ST_RVYEVSQ_S
ST_004_0009	库(湖)蓄水量多年日均值统计表	ST_RSVRMYAV_S

统计值类表基本采用测站编码、年份、月份、日期或者旬月表示符等几类信息组合作为主键标识。在存储内容上,这类表中存储的是长时间段内的统计均值或者极值,因此与

实时信息类表中平均和统计值类表不同。表中存储的每一个水文要素不会对应具体的字段记录发生时间,而是一段时间内的统计信息。

2.4.2 水情信息交换

水情信息人工编报时期,水情信息传输系统汇集信息后,按《实时水情交换协议》(SL/Z 388—2007)传输分发。人工进行水情信息编码工作量大,而且影响水情报送时效,对水情信息传输系统进行了升级换代,使用由水利部统一下发的水情信息交换系统(以下简称水情交换系统),水情传输自动完成,不需人工干预。系统已在全国各分中心、省(自治区、直辖市)中心、流域、水利部多级部署。

1. 水情信息交换流程

水情信息交换系统充分发挥水情数据库的功能,利用实时雨水情数据库,实现水情信息通过数据库直接交换的功能。水情交换系统数据传输过程如图2.21所示。

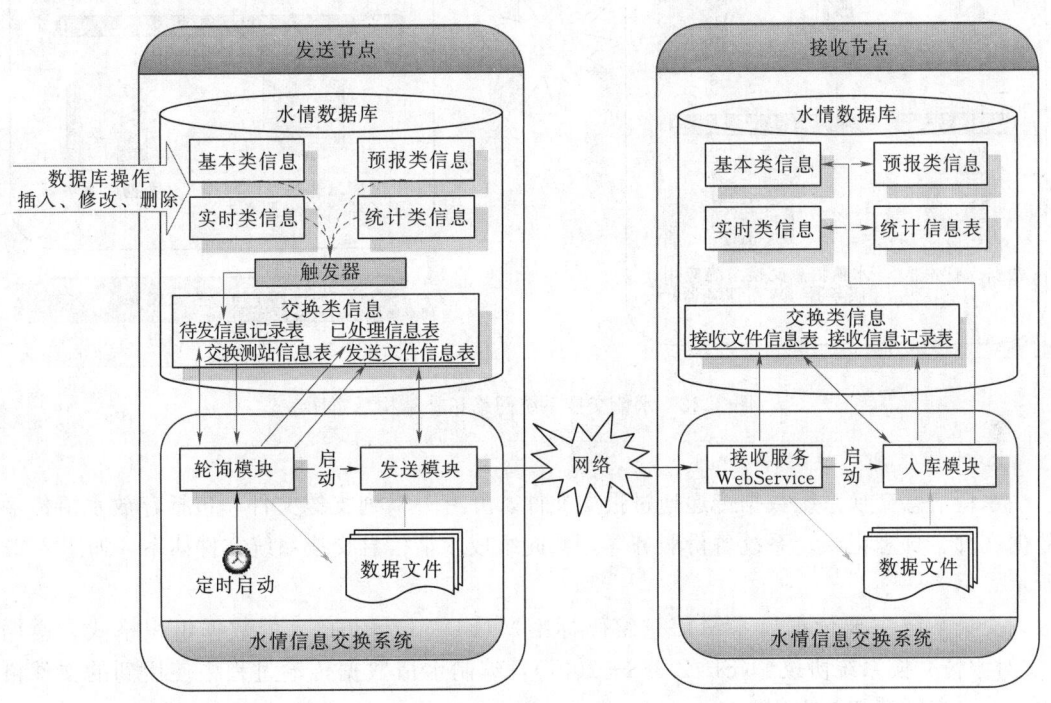

图2.21 水情数据交换处理过程示意图

水情交换系统信息交换流程如下:

(1)外部系统对发送节点实时雨水情数据库中基本信息类、实时信息类、预报信息类、统计信息类的数据进行插入(修改、删除)操作时,启动数据库表的触发器。

(2)触发器将发生变动的数据记录保存到待交换信息记录表中。

(3)系统定时对待交换信息记录表进行轮询检查,发现有待发送数据后,根据系统设置的转发关系,为各接收单位生成相应的数据文件,并启动发送模块。

(4)发送模块负责把数据文件,分别发送给各接收节点。

(5)接收节点通过Web服务接口,接收上传的文件,并启动入库模块;入库模块负责解读数据文件,并把数据记录插入到已接收信息记录表中,同时插入(修改、删除)相应的基本类、实时类、预报类和统计类信息。

2. 水情信息交换网络结构

水情交换系统运行环境的网络设备主要由水情信息交换系统应用服务器、数据库服务器、监控终端组成。系统应用服务器在运行数据轮询程序时,可同时通过 IIS 提供数据接收 Web 服务。通过软件的配置,信息交换节点可以同时作为发送节点和接收节点,其网络拓扑结构如图 2.22 所示。

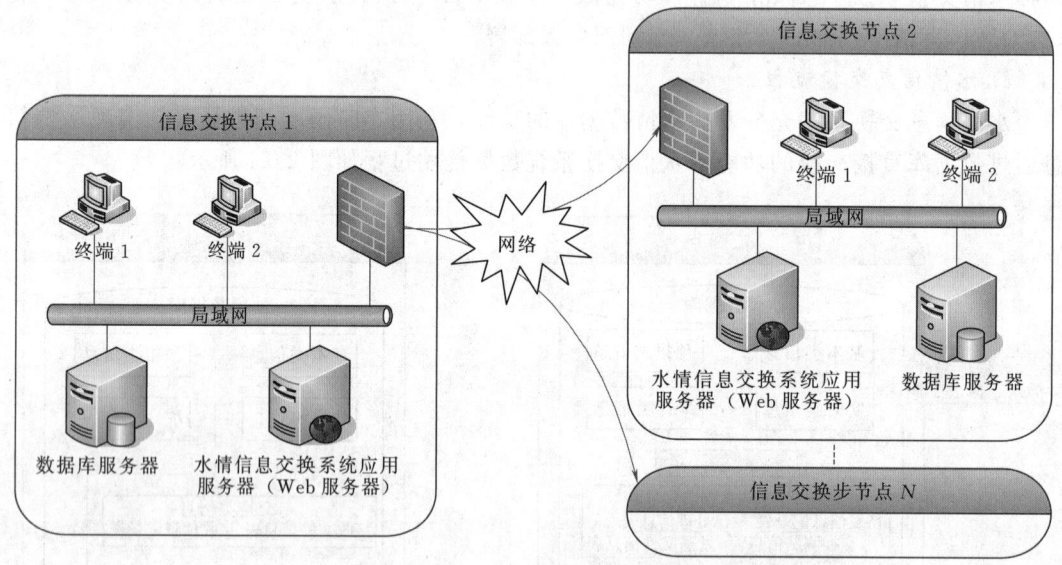

图 2.22　水情交换系统网络拓扑结构示意图

3. 水情信息交换文件

水情信息交换系统数据传递通过报文文件,并有一系列支撑文件,包括存放水情传输数据文件、日志记录、系统备份服务等,共同组成水情信息交换系统文件体系,如图 2.23 所示。

交换系统主要依据《水情信息编码标准》(SL 330—2011) 的数据组织格式,遵循《实时水情交换系统协议》(SL/Z 388—2007),编制水情数据传输过程中使用到的文件格式、命名规则等相关内容。

(1) 文件数据格式。文件中每行数据对应一条【待交换信息表】的记录,每行数据的格式如下:

发送流水号,测站编码,表标识,数据时间(YYYYMMDDHHMMSS),扩展关键字,操作类型,交换信息

(2) 发送文件名命名规则。发送文件名命名规则统一按照 SEND_YYYYMMDDHHMMSS_＃＃＃.TXT 格式进行,其中:"SEND_"为固定前缀;"YYYYMMDDHHMMSS"为文件生成时间;"＃＃＃"为分割文件编号。根据系统设置,每个数据文件中存放数据记录有条数限制,其范围为 1～5000 条,超过限制条数时,重新生成一个数据文件。例如,用户在交换系统中设置发送数据文件存放记录为 2500 条,则在 2017 年 4 月

2.4 水情信息存储与交换

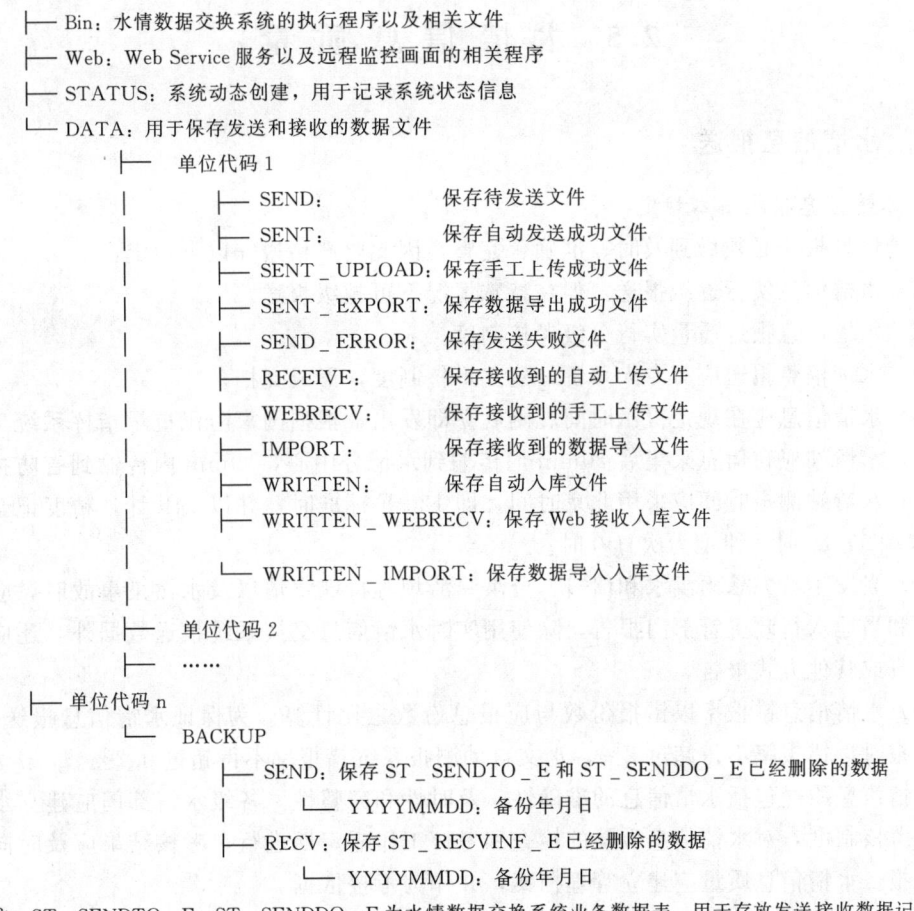

（注：ST_SENDTO_E、ST_SENDDO_E 为水情数据交换系统业务数据表，用于存放发送接收数据记录）

图 2.23 水情信息交换系统文件体系示意图

6 日 12 时 20 分 30 秒等待发送的数据条数有 4500 条，则系统将自动生成的 2 个发送文件，自动命名为 SEND_20170406122030_001.TXT，其中包含的数据条数为 2500 条；SEND_20170406122030_002.TXT，其中包含的数据条数为 2000 条。

（3）数据导出文件名命名规则。数据导出文件名命名规则按照 FROM_本单位名称_TO_信息发往单位_YYYYMMDDHHMMSS.rar 格式进行，其中"FROM_"为固定前缀；"本单位名称"为系统参数设置中的信息管理单位名称；"_TO_"为固定分割；"信息发往单位"为系统参数设置中的信息发往单位名称；"YYYYMMDDHHMMSS"为导出时间戳。

（4）接收自动上传文件名命名规则。接收自动上传文件名命名规则按照 RECEIVE_发送单位代码_上传文件名.TXT 格式进行，其中："RECEIVE_"为固定前缀；"上传文件名"为发送方本地的文件名称，由系统自动生成，所以不会重复。

（5）数据导入文件名命名规则。数据导入文件名命名规则按照 FROM_发送单位代码_上传文件名.TXT 格式进行，其中"FROM_"为固定前缀；"上传文件名"为数据导入时，压缩包中的文件名。

2.5 水情信息质量

2.5.1 水情信息报送

1. 水情信息报送基本规定

水情信息报送必须做到及时、准确、完整,因此要严格遵守以下规定:

(1) 水情信息实行逐级报送,但在特殊情况下可越级报送。

(2) 水情信息报送质量实行分级考核制度。

(3) 水情信息报送应有专人负责,建立审核制度,形成文档。

(4) 水情信息应在规定报汛时间观测后立即发出,根据国家防汛抗旱指挥系统工程建设要求,水情站应在信息采集后 20min 内传输到水情分中心,30min 内传输到省防指和国家防总;水情站测报时间应采用北京时间,即 120°E 标准时,并以 24h 计,精度记至分钟(min),午夜 12 时一律记为次日 0 时。

(5) 当发生特大暴雨洪水和溃口、分洪、溃坝等特殊水情以及水污染事故时,应及时向上级和当地水行政主管部门报告,除使用实时水情信息交换系统报送数据外,还应以电话、传真或其他方式报告。

(6) 水情信息错报率以错报份数与应报总份数之比计算。为保证水情信息报送质量,人工编报时,错报率不得超过 2%,水文自动测报系统错报率不得超过 0.2%。

水情信息质量包括水情信息的准确性、及时性和完整性。各级水情部门应建立水情信息质量考核制度,对水情信息质量的检查和考核工作应定期进行,考核结果应及时向报送单位通报。水情信息质量应建立管理档案,并作为考核依据。

2. 水情信息报送内容

水情信息分水文基础信息和实时水情信息两类。

(1) 水文基础信息。包括:报汛站所在流域、河流水系、流域面积、位置等考证资料;报汛站大断面资料、水位流量关系等成果;报汛站水文要素历史最大值,历史最小值,年极值系列,不同时段均值系列等特征值;报汛站所在断面的防汛特征值(河道警戒水位、保证水位和水库汛限水位等)。

(2) 实时水情信息。包括:降水量、蒸发量、河道水情、水库(湖泊)水情、闸坝水情、泵站水情、潮汐水情、沙情、冰情、土壤墒情、地下水情以及水质等方面的实时信息。

水文基础信息的校核、补充、更新工作应于每年汛前完成;水文要素多年均值系列应五年更新一次。

2.5.2 水情信息质量考核

为保障水情信息报送质量,需对报送的水情信息的准确性、及时性和完整性进行监控,并实施定期考核。

实时水情信息报送质量考核内容包括报文数量、报送时效性、错报数量(含格式错报及数据错报)及更正数量等,并依据到报率、错报率、更正报率划分的优秀、良好、合格、不合格 4 个等级进行考核。

水情信息报送质量考核主要实行分级考核制度。

（1）国务院水行政主管部门直属的水文机构负责考核流域管理机构、省级水文机构中央报汛站水情信息报送质量。

（2）流域管理机构、省级水文机构负责考核所属（所辖、所管理）地（市）水文机构及非水文机构中承担水情信息报送任务单位的水情信息报送质量。

（3）地（市）水文机构负责考核所属报汛站的水情信息报送质量。

实时水情信息报送质量考核内容包括报文数量、报送时效性、错报数量（主要为数据错报）及更正数量等。

2.5.3 水情信息质量控制

水情信息的报送严格按照标准规范进行，水情站和水情分中心严格按照上级防汛指挥部门每年下发的报汛任务要求进行发送和转报。

（1）测站人员对规定观测的实测水文数据及时发出，遥测水文数据按照设定的参数及时发出。

（2）水情分中心水情信息接收和处理系统接收到测站数据后及时处理，水情信息转发系统按照报汛任务书要求进行转发。

（3）省（流域）水情中心的水情信息交换系统做到随收随发，保证国家防总和其他流域、其他省市防汛部门能及时接收到有关的雨水情信息。

（4）测站、水情分中心以及省（流域）水情中心在传输过程中线路或设备出现故障时，转入备用线路或备用设备，确保水情信息能及时送到有关防汛单位。同时通过监视系统发出报警，提醒维护人员及时修复线路、设备，排除故障，恢复正常的传输功能。

（5）为控制错报率和误码率，各水情分中心和省（流域）水情中心应建立相关制度，加强水情管理工作，对数据合理性进行监视、检查和分析，确保水情信息的准确性和及时性。

（6）按照国家标准，报送水情信息段次一般分为 6 级，其中，一级为 1 段 1 次，每天只在 8 时报送一次；二级为 2 段 2 次，每隔 12 小时报送一次，每天报送 2 次；三级为 4 段 4 次，每隔 6 小时报送一次，每天报送 4 次；四级为 8 段 8 次，每隔 3 小时报送一次，全天共报送 8 次；五级为 12 段 12 次，每隔 2 小时报送一次，每天报送 12 次；六级为 24 段 24 次，每隔 1 小时报送一次，每天报送 24 次。各水情分中心按照任务书的要求，统一安排所属测站的报汛段次。

（7）水情站的报送任务和标准，由省（流域）水情中心根据本地区的暴雨洪水特性、防汛工作的需求等实际情况制定，下达测站任务书、水情任务书或文件加以规定；各水情分中心严格按照上级下发的测站任务书或其他文件规定的要求及时报送水情信息。在大洪水或特大洪水期间根据防汛的需要，水情站根据情况加密报送段次。

2.5.4 水情信息质量评定

水情信息质量采用时效性、错报率、更正报率进行评定。

水情信息报送时效性用到报率表示，即各类实时水情信息在规定报送时间内，到达各级水文机构的正确报文数量占报文总数量的百分数。

错报率指错误数据数量占报文总数量的百分数。由于信息报送采用水情信息交换系统进行数据传输，因此错报主要为数据错误。

更正数据指超过规定报送时间之外采用修正数据或删除数据的信息。更正报率指更正报文数量占错报信息总数量的百分率。

水情信息报送质量按优秀、良好、合格、不合格4个等级考核。水情信息报送质量等级考核标准详见表2.13。

表 2.13　　　　　　　　水情信息报送质量等级考核标准表　　　　　　　　　　　%

考核等级	到报率	错报率	更正报率	水文基础数据	其 他
优秀（符合全部条件）	≥90	<0.5，其中数据错报率<0.05	≥98	准确	
良好（符合全部条件）	≥80	<1，其中数据错报率<0.1	≥95	准确	
准确合格（符合全部条件）	≥70	<2，其中数据错报率<0.2	≥90	准确	
不合格（符合条件之一者）	<70	>2，其中数据错报率>0.2	<90	出现严重错误，并造成严重影响	因报汛工作失误造成不良影响

2.6　水情信息与预警发布

2.6.1　水情信息发布

1. 水情信息报告发布的原则

（1）统一发布。水文情报预报信息由水文部门负责发布，重要洪水预报或灾害性洪水预报由县级以上人民政府防汛抗旱指挥机构、水行政主管部门或者水文机构按照规定权限向社会统一发布。禁止任何其他单位和个人向社会发布水文情报预报信息。广播、电视、报纸和网络等新闻媒体，应当按照国家有关规定和防汛抗旱要求，及时播发、刊登水文情报预报信息，并标明发布机构和发布时间。

（2）分级负责。根据水文信息发布管理规定，各级水文机构对辖区内的水文情报预报信息实行分级发布，并承担相应的责任。

（3）发布审查。各级水文机构在正式提供水文情报预报成果前须严格履行审核、签发程序。

2. 水情信息报告发布内容

当辖区内发生较大汛情、旱情及冰情、凌情、风暴潮等水事件时，各级水文机构向当地政府防汛抗旱指挥部门提供相应的水情信息报告，供发布使用。水情信息报告一般应包括如下内容：

（1）概述。对区域内发生的暴雨洪水、旱情及冰情、凌情、风暴潮等水文事件的成因和主要特点进行简要概述。

（2）江河湖库暴雨洪水。江河湖库洪峰编号，暴雨发生时间、时段、数值、范围、量级、重现期。水位（流量）超警超保、超历史最高（最大）、重现期或其他特殊情况。

（3）水文事件。冰情、凌情、风暴潮、旱情等水文事件，相对应的水文要素实时信息、历史比较、分析结论。

（4）重大事件水文信息。提供重大事件的水文信息，为纠正和澄清水事件问题提供的水文信息。

3. 水情信息报告发布形式

随着信息技术的发展，水情信息或水情报告发布的形式已经发生了很大变化。当前主要包括以下几种形式：

（1）采用纸质文字图表方式向各级防汛抗旱指挥部和水行政主管部门发布。

（2）建立水情查询系统，在局域网上向防汛抗旱指挥部和水行政主管部门领导或工作人员发布。

（3）利用水文情报预报成果发布共享平台，及时发布水情成果。

（4）通过互联网向社会公众公布有关水文信息。

（5）指定有关人员统一向新闻界和社会公众发布水文信息。

2.6.2 水情预警发布

为防御和减轻水旱灾害，水文部门持续跟踪监视水雨情变化，遇到特殊水雨情除向各级防汛抗旱机构报告外，还应及时向社会公众发布水情预警信号。近年来的实践证明及时准确的水情预警信息不仅为防汛抗旱减灾工作提供了技术支持，同时能有效提高人民群众防灾减灾意识。

水情预警是指向社会公众发布的洪水、枯水等预警信息，一般包括发布单位、发布时间、水情预警信号、预警内容等。水情预警信号分为洪水、枯水两类，依据洪水量级、枯水程度及其发展态势，由低至高分为4个等级，依次用蓝色、黄色、橙色、红色表示。水情预警信号由预警等级、图标、标准3部分组成。

1. 洪水预警信号

（1）洪水蓝色预警信号。

图标：

发布标准：满足下列条件之一。

1）水位（流量）接近警戒水位（流量）。

2）洪水要素重现期接近5年。

（2）洪水黄色预警信号。

图标：

发布标准：满足下列条件之一。

1）水位（流量）达到或超过警戒水位（流量）。

2）洪水要素重现期达到或超过5年。

（3）洪水橙色预警信号。

图标：

发布标准：满足下列条件之一。

1）水位（流量）达到或超过保证位（流量）。

2）洪水要素重现期达到或超过20年。

（4）洪水红色预警信号。

图标：

发布标准：满足下列条件之一。

1）水位（流量）达到或超过历史最高水位（最大流量）。

2）洪水要素重现期达到或超过50年。

2. 枯水预警信号

（1）枯水蓝色预警信号。

图标：

发布标准：满足下列条件之一。

1）水位（流量）接近旱警（限）水位（流量）。

2）30d来水量比常年同期偏少4成以上。

（2）枯水黄色预警信号。

图标：

发布标准：满足下列条件之一。

1）水位（流量）降至或低于旱警（限）水位（流量）。

2）30d来水量比常年同期偏少6成以上。

（3）枯水橙色预警信号。

图标：

发布标准：满足下列条件之一。

1) 水位（流量）降至或低于常年同期最低（小）。
2) 30d 来水量比常年同期偏少 7.5 成以上。
(4) 枯水红色预警信号。

图标：

发布标准：满足下列条件之一。
1) 水位（流量）降至或低于历史最低（小）。
2) 30d 来水量比常年同期偏少 9 成以上。

3. 预警发布

按照国家防汛抗旱总指挥部《水情预警发布管理办法》的规定，水情预警应由水文机构按照管理权限向社会统一发布。全国涉及多流域（片）的水情预警发布工作由水利部水文局负责；流域（片）内涉及多省（自治区、直辖市）的水情预警发布工作由流域水文机构负责；省（自治区、直辖市）辖区内的水情预警发布工作由省级水文机构负责。水情预警可以根据实时水情情况发布，也可以根据水文预报结果发布。为切实做好水情预警信息统一发布工作，水利部水文情报预报中心开发了全国水情预警公共服务系统，以实现水情预警信息的统一汇集和对外发布，并提供水情预警信息订阅等服务。

本 章 小 结

广义理解所有反映水文要素状况和变化的信息都属于水情信息，但从狭义上一般认为水情信息专指为防汛、抗旱等特定任务的需要而有选择地收集、发送的水文信息，包括雨情、水情、土壤墒情（旱情）、冰情、沙情、地下水情以及水质等。

水情信息通过水情站网由各种水文测验方式采集并按规则编码后，利用电话、网络、通信卫星等多种报汛方式进入水情报汛网络，经信息接收处理后存储，完成水情信息测报的全过程。随着经济社会的发展，特别是计算机网络、通信和信息技术等在水情业务中的广泛应用，使得水情信息的采集、传输、处理方式发生了根本变化，水文自动测报系统已成为水情信息测报的主要手段。实施水情自动测报，极大地减少水文信息采集、资料整理与报汛工作中的人力和物力，极大地提高了水情信息采集与传输的时效性和可靠性。

水情信息的传输有多种传输流程，目前主要的传输流程是按照"水情报汛站→水情分中心（集合转发站）→省（流域）水情中心→国家水情中心"的路径进行传输的。但在实际工作中也还存在另外两种水情信息传输流程，即：由水情报汛站按照预先设定的运行方式将实时信息传输到省（或流域）水情中心，省（流域）水情中心接收处理后再分发到水情分中心，并同步传送到国家水情中心；或是水情报汛站按照预先设定的运行方式将实时信息传输同时发送到水情分中心和省（或流域）水情中心，省（流域）水情中心接收处理后再传送到国家水情中心。水情分中心、省（流域）水情中心与国家水情中心之间的水情信息交换是通过数据库直接交换完成的。

目前全国水文系统基本都按照统一的技术标准建立了实时雨水情数据库，存储了包括降水、蒸发、河道、水库、闸坝、泵站、潮汐、沙情、冰情、地下水、墒情、特殊水情和水文预报等雨水情数据，以及水文测站基本信息和与防汛抗旱工作密切相关的一些基础水文数据以及防汛抗旱任务等信息。水情信息的报送应严格按照技术标准进行质量控制，并采用时效性、错报率、更正报率等指标评定信息质量。

水文情报预报信息和预警信息由水文部门负责发布，重要洪（枯）水或灾害性洪（枯）水预报和预警信息由县级以上人民政府防汛抗旱指挥机构、水行政主管部门或者水文机构按照规定权限向社会统一发布。

思 考 与 练 习

2.1 简述水情信息的含义及其所包含的主要内容。

2.2 什么是报汛？什么是防汛？试述二者之间的关系。

2.3 什么是水情站网？水情站网有哪几种分类方式，各如何分类？

2.4 试述水情站网中雨量站的布设原则。

2.5 水情站网布设时需进行哪几个方面的需求分析？

2.6 简述水情信息编码基本格式及不同观测时间水情信息编码格式。若同时编报多个水情站的信息时，应如何编码？当需要在一条编码中按等时间间隔顺序编报一个水情站的序列数据时，使用什么格式编码？

2.7 水情信息通讯有哪几种方式，各有哪些主要优缺点？

2.8 水情信息有哪几种传输流程？

2.9 水情自动测报系统由哪几部分组成？

2.10 水情自动测报系统常用工作体制有几种？各自的工作方式是怎样的？

2.11 实时雨水情数据库主要存储哪几类信息？

2.12 水情信息交换系统的作用是什么？简述水情信息交换系统的信息交换流程。

2.13 水情信息报送质量如何考核？

2.14 水情信息发布的原则是什么？

2.15 什么是水情预警？水情预警包括哪些内容？

2.16 水情预警分几级？预警信息由几部分组成？

第3章 河段洪水预报

本章叙述的是以洪水波在河道中运动的规律为依据的各种河段洪水预报方法。所谓河段洪水预报是指在洪水发生过程中，根据河段上游断面刚刚出现的洪水情况来预报下游断面将要出现的洪水情况。河段洪水预报常用的方法有相应水位（流量）法和流量演算法。

3.1 洪水波概述

3.1.1 洪水波的形成与运动

1. 洪水波及其要素

降雨后，流域内产生的径流向河网汇集，流域各处的降雨和产流通常是不均匀的，注入河网的水量也不相同。在径流大量集中的河段，河槽内水量迅速增加形成洪水波，增加的水量向下游传播，称为洪水波的运动。河槽中的洪水波运动是河槽汇流的实质，河流的基本组成单元是河段，所以河段就是被研究的对象。河段的洪水波如图3.1所示。首先介绍洪水波的一些常用术语。

（1）波体：在原稳定流水面上增加（附加）的水体 $asca$。

（2）波峰：波体轮廓线上的最高点（水深最大的点）s。

（3）波高：波体轮廓线上的波峰相对于稳定流水面的高度 h。

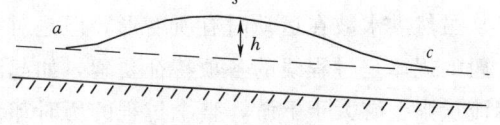

图 3.1 洪水波要素示意图

（4）波前：以波峰为界，波峰之前的水体称为波前。

（5）波后：以波峰为界，波峰之后的水体称为波后。

（6）波长：波体与稳定流水面交界的水流方向的长度 ac 称为洪水波波长。

（7）附加比降 i_Δ：洪水波水面相对于稳定流水面的比降。附加比降可近似地用洪水波的水面比降和稳定流水面比降的差值来表示。即 $i_\Delta \approx i - i_0$，从图3.1上可以看出，附加比降可正可负，涨洪时，即对于波前，附加比降为正；落洪时，即对于波后，附加比降为负。

（8）位相：洪水波轮廓线上的每一点都占据一定的相对位置，这就是洪水波位相的概念。例如波峰占据轮廓线上的最高点，因此波峰就是一个位相。

（9）相应流量（传播流量）：由水力学可知，洪水波的每一个位相都相应于一定的流量，这种相应于一定位相的流量称为相应流量，又称传播流量。相应流量，虽然其所对应的位相在洪水波运动过程中是不变的，但数值一般并非固定。随着洪水波从上游向下游传播，相应流量是有所变化的。如果减少，则相应流量衰减；相反，则相应流量增强。

（10）波速：洪水波波体上某一位相点沿河道的运动速度称为该位相点的波速，或者说相应流量沿河道的运动速度即为波速。如果只考虑一维水流的情况，并用 x 表示洪水波运动方向上的坐标，则洪水波上某一位相点在任一时刻 t 的位置可用 $x(t)$ 表示，因此波速可表达为

$$C_k = \frac{\mathrm{d}x}{\mathrm{d}t}$$

特别地，洪峰沿河道传播的速度称为洪峰波速。一般说来，洪水波上各位相点的波速是不相同的，正因为这样，洪水波并不完全是平移运动。

2. 洪水波的运动

洪水波流经测站断面时，首先通过断面的是波前部分，此时断面水位持续上升，至波峰到达断面出现洪峰水位为止，接着是波后部分通过，水位逐渐下降，在测站断面处可测到一个从涨到落的洪水过程。洪水波的波前部分相当于过程线的涨洪段，波后部分相当于落洪段，波峰通过时出现洪峰。因此测站的实测水位（流量）过程线的形状可以大体反映在河段中传进的洪水波形状。

洪水波沿河传进一方面受水流本身的水力特性支配，另一方面又受河槽边界条件的约束，在传进过程中沿河旁侧还不断有径流汇入，有时又有漫溢或分流，若下游有较大支流汇入或沿海河口有潮波上溯还会受到顶托影响。因此，洪水波运动是受着多种因素制约的复杂现象，它使洪水波的形状在传进过程中不断发生变化，这个过程就是洪水波的变形。

虽然洪水波在运动时有所变形，但是对照沿河各测站同一次洪水的过程线，可以发现一般的规律是过程线的各项特征要素，如起涨和峰现时间是上游先于下游，洪峰高度及洪峰流量则上游大于下游，整个过程的历时却是下游大于上游。这些现象表明在河段上下游测得的洪水过程线虽不相同，但一般是相应的。虽然在不同河段或同一河段不同次洪水其上下游过程的相应程度各有差异，但只要是由同一洪水波传进所形成的过程，总是有规律可循的。这就提供了根据河段上断面水情预报下断面水情的可能。

3.1.2 洪水波变形的原因

在河道内传进的洪水波，其变形的原因主要有以下3个方面。

1. 洪水波本身的水力特性（或水流自身的水力特性）

洪水波本身的水力特性是内因。由于在流域各处汇入河槽形成洪水波的径流是随时间不断变化的，洪水波属于非恒定水流。波体水面线上各位相的水力要素如过水面积 A、水面比降 i、水深 d、波速 c 等不仅沿程各不相同，并且随时间而变化。波前及波峰的水面比降大于波后，使波前部分水流质点的波速大于波后部分，于是波长在传进过程中逐渐拉长，又因波体体积（总水量）不变，所以波高就逐渐降低，整个波形也就展开（坦化）了。同时，波峰处的水深最大，其水流质点的波速也大，使波峰在传进时不断超前，波前长度逐渐缩短，波形发生扭曲甚至倾覆破碎。所以展开和扭曲是洪水波变形的两种现象，

3.1 洪水波概述

它们是同时发生的。

事实上,从水量上看,虽然洪水波在传进的过程中波体的总水量不变,但因洪水波断面上的流速分布是不均匀的,波前的洪水波断面中一些流速相对较小的水流会滞后,使波前的部分水量在传进的过程中转移到波后,这种现象就相当于河段对洪水波起了调节作用。

2. 洪水波传进的边界条件

边界条件是指河底比降、河床糙率、过水断面的形态及其沿程变化、沿岸地形、土壤性质及水文地质条件。这是造成洪水波变形的外因,它使出现在不同河段的洪水波变形呈现各自的特点。若河段沿岸有较大的滩地,洪水出槽漫滩后过水断面增宽、糙率加大,使流速减缓,波形展开更加明显。这时如果有部分水量充填河滩洼地或受人为滞蓄不再返回河槽,洪水波的体积就减小了。有的河岸土质疏松地下水位低于河水位,河槽涨水时部分水量渗入河岸,落水时再回归河槽,使洪水波受到了河岸的调节。天然河道河床一般是愈向下游愈宽阔,使洪水波也愈向下游愈展开,但遇有峡谷或人工束水措施的河段也可能出现反常现象。

在实际工作中,常将河段上下游测站观测到的洪水过程相应而不相同的变化,称为河槽对洪水的调节或调蓄作用,通过研究预报河段河槽调节作用的特性来说明上下游洪水过程线变化的规律。由以上分析可知,这种特性是洪水波自身水力特性与边界条件综合作用的结果。有的河段洪水波由内因造成的变形并不显著,变形主要是河段特性造成的。除了少数冲淤变化剧烈、主流摆动频繁的河流外,对一个指定的河段来说,河段及沿岸特性的变化是十分缓慢的,在一定时期内若无人工措施或漫堤决口、裁弯取直等突发性的河道变化,还可以看成是不变的。

在边界条件中,在洪水到来前的河槽底水的高低则是个变动的影响因素。一般情况下,底水高流速也大,在这样的底水上传进的洪水波其水力特性也与底水低的有差别。

3. 河段旁侧的入流

来自区间集水面积的河段旁测入流,也是造成洪水波变形的一个重要因素。区间径流沿程加入,总是使洪水波的体积愈向下游愈增大。干流洪水波的形状随着区间来水量的大小,汇入干流的时间及干、支流洪水相互顶托的情况而变。如果区间来水多并且到达下断面的时间比上游洪水波到达的早,这不但加大了干流的底水抬高了下游的洪水位,也影响着干流洪水波的传进速度。当河段有较大的支流汇入,支流的洪水波又先到达干流下游站,还会使下游的洪峰出现早于上游。

区间入流是个十分不稳定的因素。若在区间汇入的支流上设有测站,且测站又能控制大部分区间集水面积的来水,就可以利用支流测站的观测资料估算区间入流过程。当支流没有水文站,或支流站以下尚有较大面积上产生的径流要进行估算时,就要用区间集水面积上的降雨或融雪量进行产流和汇流计算,具体方法见第 4 章。能否正确预估区间来水是直接关系到河段洪水预报精度的不可忽视的问题。

除了以上 3 方面的原因以外,当河段内有引水或分洪,河段下游有回水或潮波顶托等,都会造成洪水波的变形。因此,只有充分了解通过预报河段的洪水波特性及各种外界条件的影响,才能认识具体河段的洪水波变形规律。

3.1.3 洪水波运动的基本方程与洪水波的分类

关于洪水波运动的基本方程与洪水波的分类，在《水文学概论》分册中已经介绍过，故这里只作简单的提示。

在无旁侧入流的河段，洪水波的演进与变形可以用圣维南方程组描述。关于洪水波的分类主要是依据动力方程中各项作用力的对比关系。可将洪水波分为 4 类：运动波、扩散波、惯性波以及动力波。

1. 运动波

即忽略惯性项以及附加比降项的洪水波。其水位流量关系为单值关系，其相应流量在传播过程中不发生衰减，即不发生坦化变形，但会发生扭曲变形。这种洪水波通常发生在河流上游和河底比降较大的山区性河流。

2. 扩散波

即忽略惯性项的洪水波。其水位流量关系为绳套曲线，其相应流量在传播过程中发生衰减，即有坦化变形，又有扭曲变形。它是一般河流中常见的洪水波形式。

3. 惯性波（又称重力波）

即忽略 i_0 和 i_f，只考虑惯性项和附加比降项的洪水波。在水库中的洪水波可看成是惯性波。

4. 动力波

即动力方程中的任何一项都不能忽略的洪水波。对于河流的中下游以及平原河道，由于 i_0 较小，附加比降和惯性影响相对较大，不能忽略任何一项，需要用动力波求解洪水波运动。

了解上述洪水波的分类，有利于在实际工作中根据具体河段洪水波的特点，抓住主要影响因素进行处理。

3.2 相应水位（流量）法

相应水位（流量）法是大流域的中下游河段广泛采用的一种河段洪水预报的方法。

3.2.1 相应水位（流量）法的基本原理

如上所述，洪水波沿河传进过程中的变形，造成了河段上下游站的洪水过程相应而又不相同的现象。从这种现象入手寻找规律，就可由已知河段上游站洪水过程中某时刻已出现的水位（流量），来预报下游站未来某时刻的水位（流量）。

上下游相应水位（流量）是指沿河传进的洪水波某一个位相点，先后经过河段上下游站时所测得的水位或流量。例如 t 时刻上游站测得水位 $Z_{u,t}$，若该位相点经过 τ 时间到达下游站，测得水位 $Z_{l,t+\tau}$，则 $Z_{l,t+\tau}$ 就是 $Z_{u,t}$ 的相应水位。形成相应水位的流量 $Q_{u,t}$ 与 $Q_{l,t+\tau}$ 称相应流量或传播流量。如前所述，洪水波变形的实质是组成洪水波的水流质点流速不等且沿程随时间变化引起的。若着眼于洪水波各个位相的水流断面，就是这些水流断面的流量及其传播速度沿程发生了变化，从而也造成了水深或水位的变化。因此，研究河段上下游站洪水过程的相应规律，应从相应流量的变化入手。造成洪水波变形的内因和外因在这里就成为造成相应流量及其传播速度变化的原因。

如果洪水波在传进中没有展开，即各位相水流断面的流量没有衰减，属于运动波传进，并且河段没有旁侧入流，则上下游相应流量的关系为

$$Q_{l,t+\tau}=Q_{u,t} \tag{3.1}$$

式中 $Q_{u,t}$、$Q_{l,t+\tau}$——上游站 t 时刻流量与下游站 $t+\tau$ 时刻的相应流量；

τ——流量从上游站传播到下游站所需时间。

如果洪水波属于扩散波传进，但无区间入流，则洪水波各位相的流量沿程发生衰减。在退水期，因涨水期滞蓄在河槽中的水量泄出，又将使流量在传进的过程中逐渐加大，所以上下游相应流量的关系为

$$Q_{l,t+\tau}=Q_{u,t} \pm \Delta Q \tag{3.2}$$

式中 ΔQ——流量在传进中的变化量。

实际上，河段旁侧总是有区间入流的。若计及区间入流，那么式（3.2）就变为

$$Q_{l,t+\tau}=Q_{u,t} \pm \Delta Q + q_{t+\tau} \tag{3.3}$$

式中 $q_{t+\tau}$——在 $t+\tau$ 时刻能到达下游站的区间入流量。

对于河段的上游站不止一个的多支流河段，若不计各河来水的相互干扰顶托作用，可将上游各站流量组合为合成流量，作为只有一处入流来处理，仍按（3.3）式可写为

$$Q_{l,t} = \sum_{i=1}^{n} Q_{ui,t-\tau_i} \pm \Delta Q + q_t \tag{3.4}$$

式中 $\sum_{i=1}^{n} Q_{ui,t-\tau_i}$——上游 n 个站的合成流量，其中 τ_i 为各上游站至下游站的流量传播时间；

$Q_{l,t}$——下游站 t 时刻流量。

以上各式表达了上下游相应流量关系。若能确知等式右边各项，就可以求得左边的预报值，τ 就是预见期。然而除了上游站流量可以实测得到外，ΔQ 和 q 都是很难准确计算的。因此，相应水位（流量）法就是以上面各式为物理依据，用上下游站的实测流量或水位资料建立相关关系的方法。

这种相关关系可表示为

$$Q_{l,t+\tau}=f(Q_{u,t}、i_\Delta、q_{t+\tau}) \tag{3.5}$$

因为在无旁侧入流的棱柱形河道中，附加比降是洪水波在河段传播中产生变形的主要原因，以上式中的 ΔQ 是流量和附加比降的函数。式（3.5）就是河段相应流量关系的基本形式。

这种方法只着眼于洪水波某一位相水流断面的流量变化，并用相关关系来表示。因此这种关系是经验性的，不能符合严格的水量平衡关系。

一个河段的上下游相应流量关系与相应水位关系是否等效，取决于该河段的水位流量关系是否稳定。如果稳定，两者是等效的。如果水位流量关系受洪水涨落或回水顶托等影响出现不稳定的绳套关系时，同一流量值就可能有若干个不同的水位与之对应，相应水位关系的点据就会散乱，不及相应流量关系的相关程度高。在这种情况下，如需要预报水

位，可先按相应流量关系求得预报流量，再由当时实测的水位流量关系外延，查得预报水位。如只要预报某站的洪峰水位，也可以先预报洪峰流量，然后用事先建立的该站的洪峰流量与洪峰水位的相关关系得到洪峰水位。但是这种关系往往受外界条件影响而不稳定，要分别视具体情况作经验处理。

3.2.2 相应水位（流量）法预报方案

相应水位（流量）法预报要解决两个问题：一是已知上游站水位（流量）在下游站所形成的相应水位（流量）值；二是上、下游站之间的传播时间 τ，即上游站水位传播到下游站所需的时间。

解决第一个问题，除处理主要影响因素 i_Δ、$q_{t+\tau}$ 外，还必须考虑水位流量关系对相应水位的影响；解决第二个问题必须解决传播时间 τ 的确定。第一个问题的处理，将在后面的内容中另作专门介绍，现先介绍 τ 的确定方法。

τ 是相应水位（流量）在河段中的传播时间，它是预报方案的预见期，取决于点波速和河段长，其基本公式为

$$\tau = \frac{l}{C_k} \tag{3.6}$$

式中 τ——传播时间；

l——河段长；

C_k——波速。

在棱柱形河道里洪水波波速与断面平均流速 V 之间的关系为

$$C_k = \eta V \tag{3.7}$$

式中 η——断面形状系数，或称波速系数，它取决于断面形状和流速计算公式，不同断面形状和流速公式的 η 值见表 3.1。

表 3.1　　　　　　　　　波速系数 η 数值表

断面形状	计算公式	曼宁公式 $V=\frac{1}{n}R^{2/3}S^{1/2}$	谢才公式 $V=C\sqrt{RS}$
矩形		1.67	1.50
抛物线形		1.44	1.33
三角形		1.33	1.25

注　R 为水力半径；S 为水面比降；C 为谢才系数。

所以传播时间可按式（3.8）推求

$$\tau = \frac{l}{\eta V} \tag{3.8}$$

但是天然河槽的断面形状是不规则的，且受其他因素的影响，按上式所求的 τ 不容易准确。因此在实际工作中，常从实测的上、下游站洪水过程线中摘取同位相的特征点（峰、谷、涨落率转折点），计算其在上、下游站先后出现的时间差，作为相应流量的实际传播时间 τ。对于运动波，可建立相应流量与 τ 的相关关系。对于扩散波，可以在此关系中加入反映洪水波变形的主要因素为参数，建立相应的相关关系。它的

基本形式为
$$\tau = f(Q_{u,t}, i_\Delta, q_{t+\tau}) \quad (3.9)$$

应用上、下游站相应流量关系得到的是流量预报值。当需要预报水位时，同样可以建立上、下游站经验关系，它的基本形式为
$$Z_{l,t+\tau} = f(Z_{u,t}, i_\Delta, q_{t+\tau}) \quad (3.10)$$
$$\tau = f(Z_{u,t}, i_\Delta, q_{t+\tau}) \quad (3.11)$$

在水位流量关系稳定的河段，洪水波无展开为运动波，上、下游站的相应流量相等，相应水位关系单一，可直接采用相应水位关系预报水位。

对于扩散波，水位流量关系为绳套，它有展开量，且与比降有关。因此相应水位关系受比降影响而不单一。一般河底比降比较大的中上游山区河流，附加比降与河底比降相比可忽略不计，水位流量关系绳套也较小，可近似地认为单一，在这种情况下，可以用相应水位关系预报水位。否则应先建立相应流量关系预报流量，然后再根据水位流量关系的具体情况来预报水位。

3.2.3 无支流河段的相应水位（流量）预报

无支流河段是指上下游两站之间无较大支流汇入，并且区间来水量与上游来水量的比值比较小的河段。它的洪水波的运动规律符合前面所讲的无支流河段的洪水波运动规律，且洪水波无大的干扰，相应水位（流量）关系简单、明确。

1. 相应洪峰水位（流量）预报

依据前面所介绍的内容，在进行相应洪峰水位（流量）预报时所依据的经验相关关系的基本形式为
$$Q_{p,l,t+\tau} = f(Q_{p,u,t}, i_\Delta, q_{t+\tau}) \quad (3.12)$$
$$\tau = f(Q_{p,u,t}, i_\Delta, q_{t+\tau}) \quad (3.13)$$
$$Z_{p,l,t+\tau} = f(Z_{p,u,t}, i_\Delta, q_{t+\tau}) \quad (3.14)$$
$$\tau = f(Z_{p,u,t}, i_\Delta, q_{t+\tau}) \quad (3.15)$$

由此可以看出，解决相应洪峰水位（流量）预报的关键是如何处理洪水波变形的内因 i_Δ 和外因 $q_{t+\tau}$ 对相应水位（流量）的影响。下面由简单到复杂分别加以叙述。

（1）上、下游站相应洪峰水位（流量）关系适用于洪水波变形不显著（即 i_Δ 不大），区间入流影响不大（即 $q_{t+\tau}$ 较小），河道断面稳定的河段。此种情况的洪水波近似地属于运动波。此时相应水位（流量）关系为单一直线（或曲线）。制作预报方案时就是采用上、下游站的实测的水位（流量）过程线建立两变数的相关图，其经验相关关系的形式为
$$Q_{p,l,t+\tau} = f(Q_{p,u,t}) \quad (3.16)$$
$$\tau = f(Q_{p,u,t}) \quad (3.17)$$
$$Z_{p,l,t+\tau} = f(Z_{p,u,t}) \quad (3.18)$$
$$\tau = f(Z_{p,u,t}) \quad (3.19)$$

此相关图的建立步骤为：根据水文年鉴或水文数据库中的洪水要素摘录上、下游站对应的洪水过程线，如图 3.2 所示；摘录相应的洪峰水位（流量）及出现时间，并计算相应的洪峰传播时间 τ（表 3.2）；然后点绘如图 3.3 所示的相关关系。

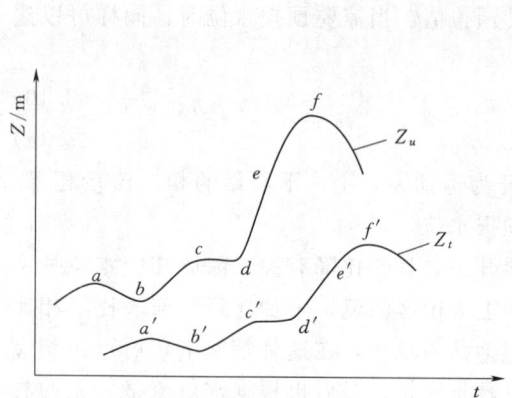

图 3.2　某河段上、下游站相应水位过程线

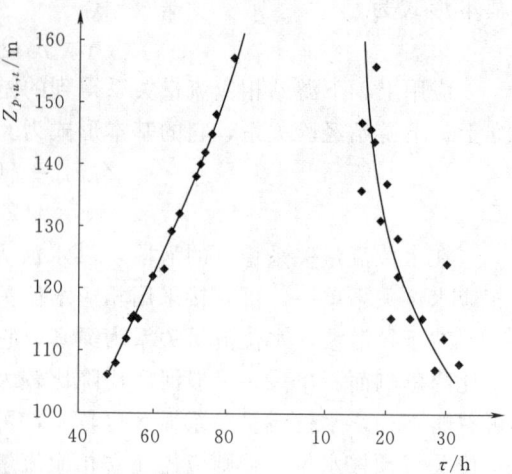

图 3.3　长江某河段上、下游站洪峰水位及传播时间关系曲线

表 3.2　　　　　　　长江某河段上，下游站洪峰水位要素表

上游站洪峰		下游站同时水位/m	下游站洪峰		传播时间 τ/h
出现日期 t	水位/m		出现日期	水位/m	
1974年6月13日2时	112.40	52.95	1974年6月14日8时	54.08	30
1974年6月22日14时	116.74	54.85	1974年6月23日17时	57.30	27
1974年7月31日10时	123.78	61.13	1974年8月1日17时	62.76	31
1974年8月12日15时	137.21	70.62	1974年8月13日8时	71.43	17
⋮	⋮	⋮	⋮	⋮	⋮

（2）以下游站同时水位为参数的上、下游站相应水位（流量）关系。在前面曾经介绍过，解决相应洪峰水位（流量）预报的关键是如何处理洪水波变形的内因 i_Δ 和外因 $q_{t+\tau}$ 的影响。目前常用的方法是用下游站同时水位 $Z_{l,t}$ 来反映 i_Δ 和 $q_{t+\tau}$ 的影响，建立以下游站同时水位为参数的三变数的相关图。其具体形式为

$$Q_{l,t+\tau} = f(Q_{u,t}、Z_{l,t}) \tag{3.20}$$

$$\tau = f(Q_{u,t}、Z_{l,t}) \tag{3.21}$$

$$Z_{l,t+\tau} = f(Z_{u,t}、Z_{l,t}) \tag{3.22}$$

$$\tau = f(Z_{u,t}、Z_{l,t}) \tag{3.23}$$

式中　$Z_{l,t}$——下游站同时水位，它是指与河段上游站 t 时刻水位 $Z_{u,t}$ 同时出现的下游站水位。下面就介绍以下游站同时水位为参数的作用。

1）反映洪水波变形的内因 i_Δ 的影响。同一个 $Z_{u,t}$，不同的 $Z_{l,t}$ 表示了河段内不同的水面比降。对于指定河段，洪水期水面比降大小就反映了洪水波附加比降大小的影响，水面比降越大，附加比降的影响就相对增大，使 $Q_{u,t}$ 在传进中的展开量也大，$Z_{l,t+\tau}$ 就低了；反之亦然。所以 $Z_{l,t}$ 反映了洪水波变形的内因附加比降对相应水位（流

量）的影响。同理，在 $Z_{u,t}$ 与 τ 的相关关系中也可以加入 $Z_{l,t}$ 作为反映附加比降对波速变化影响的因素。

2) 反映洪水波变形的外因 q_t 的影响。在同一 $Z_{u,t}$ 条件下，$Z_{l,t}$ 的高低还能反映在 $t-\tau$ 时刻到 t 时刻时间内进入河段的区间入流等外界条件的影响，因为 $Z_{l,t}$ 的高低是多种因素综合作用的产物。由于区间入流随时间的变化往往具有连续性，对预报值 $Z_{l,t+\tau}$ 来说可以认为从 t 到 $t+\tau$ 时刻时间内，这种影响继续存在且没有突变。因此，$Z_{l,t}$ 反映了连续性外界条件区间入流即反映了洪水波变形的外因 $q_{t+\tau}$ 的影响。

预报方案如图 3.4 和图 3.5 所示。

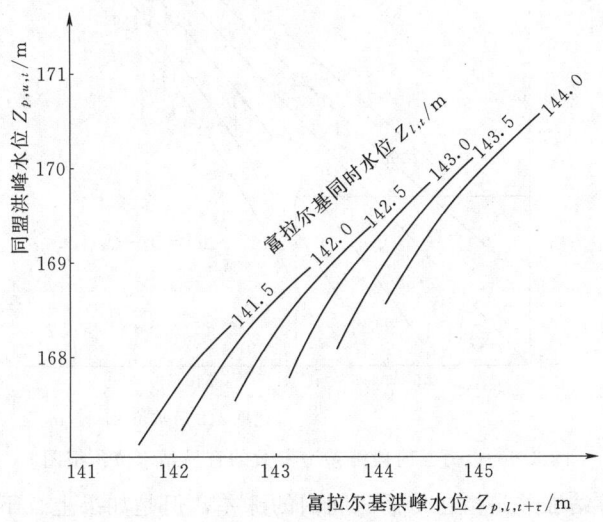

图 3.4 嫩江同盟—富拉尔基洪峰水位关系曲线

（3）以上游站涨差为参数的上、下游站相应水位（流量）关系。所谓上游站涨差是指上游站在某一段时间内的水位（流量）变化值。涨水为正，落水为负。上游站在一定时间内的水位（流量）涨差，可以用 $\Delta Z_u = Z_{u,t} - Z_{u,t-\tau}$ 或 $\Delta Q_u = Q_{u,t} - Q_{u,t-\tau}$ 来表示。造成上游站在 t 时刻前水位上涨 ΔZ_u 的水量，经过 τ 时间传进至下游站，使水位从 $Z_{l,t}$ 上涨至 $Z_{l,t+\tau}$。因此下游站的 $Z_{l,t+\tau}$ 与 ΔZ_u、$Z_{l,t}$ 有关，其关系式的形式为

$$Z_{l,t+\tau} = f(\Delta Z_u, Z_{l,t}) \quad (3.24)$$
$$Z_{l,t+\tau} = f(\Delta Q_u, Z_{l,t}) \quad (3.25)$$

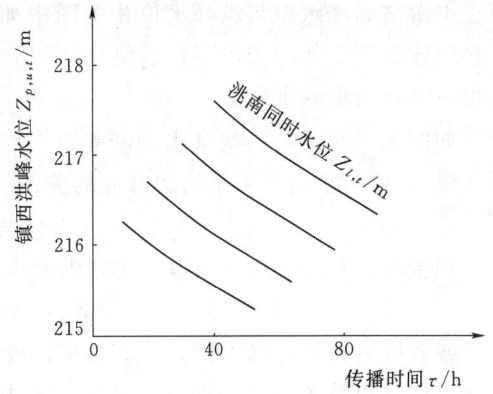

图 3.5 镇西—洮南洪峰传播时间关系曲线

ΔZ_u 大，说明洪水波在 $t-\tau$ 时刻到 t 时刻时间内经过上游站造成的水位变化大，即洪水波在该河段的水面比降大（即附加比降大）；反之，水位差值小，说明波形平缓，水面比降小。因此，对由于附加比降影响而变形的洪水波（即扩散波），ΔZ_u 反映了洪水波变形内因 i_Δ 的影响。同时 $Z_{l,t}$ 也和前面所讲的一样反映了连续外界条件变化区间入流等的

作用，即洪水波变形的外因。这样就将洪水波变形的内因和外因分开来了，物理概念比较清楚。

常用的相关图形形式如图 3.6 所示。

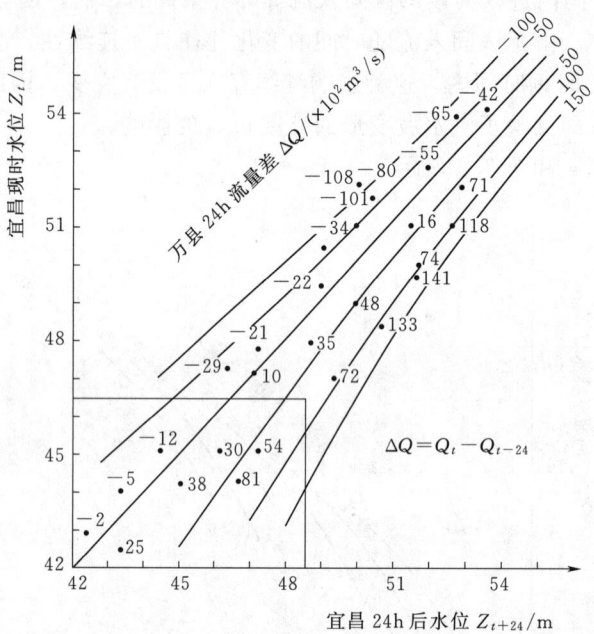

图 3.6　以万县时段涨差为参数的宜昌站水位预报图

上面所说的上游站涨差是指在传播时间内的涨差，但是如果上、下游站间距过长，其洪峰传播时间大于上游站的涨洪历时，则上游站出现洪峰时，下游站还未起涨，这在陡涨陡落的山区性河流中是常见的，这时可以采用总涨差法（或称次涨差法）。依据上述原理，可在下游站起涨水位与洪峰水位相关图中加入上游站次涨差（洪峰水位与起涨水位之差）为参数建立三变数的相关图，以便在已知上、下游站起涨水位及上游站洪峰水位后，直接预报下游站的洪峰水位。

如图 3.7 所示，一次洪水的涨差 $\Delta Z = Z_p - Z_0$（Z_p、Z_0 为同次洪水的洪峰水位和起涨水位），可建立上、下游站次涨差的关系

$$\Delta Z_l = f(\Delta Z_u) \tag{3.26}$$

预报时，利用上述关系得下游站洪峰水位 $Z_{p,l}$

$$Z_{p,l,t} = Z_{0,l} + \Delta Z_l \tag{3.27}$$

或者以下游站起涨水位 $Z_{0,l}$ 和相应洪峰水位 $Z_{p,l}$ 为纵横坐标，加入上游站的次涨差作参数，建立相关关系，如图 3.8 所示。参数线簇间距上窄下宽，呈逐渐收缩的趋势，且 ΔZ_u 为零的等值线与横轴成 45°线。

应用次涨差法预报时，除要建立上游站洪峰水位与传播时间关系曲线外，还要建立上、下游站起涨水位关系和上游站起涨水位与其传播时间（τ_0）的关系

$$Z_{0,l,t+\tau_0} = f(Z_{0,u,t}) \tag{3.28}$$

$$\tau_0 = f(Z_{0,u}) \tag{3.29}$$

3.2 相应水位（流量）法

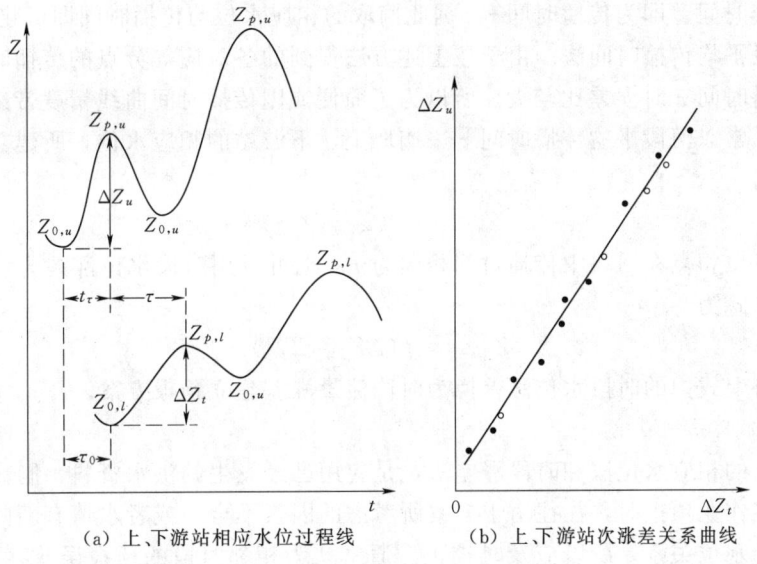

（a）上、下游站相应水位过程线　　（b）上、下游站次涨差关系曲线

图 3.7　上、下游站次涨差关系曲线示意图

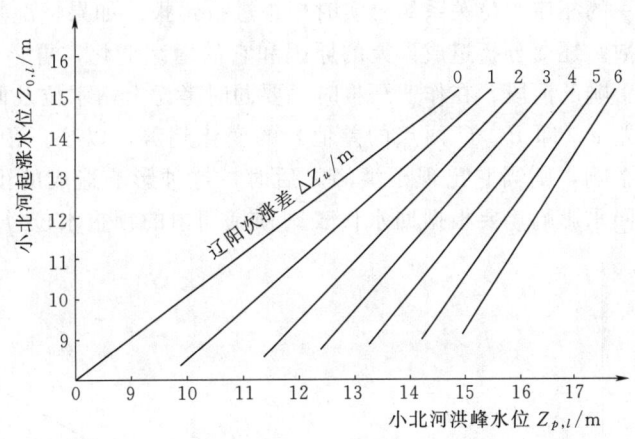

图 3.8　太子河辽阳—小北河次涨差关系曲线图

值得指出的是，从洪峰特征点摘取的传播时间 τ，常常精度不高。这一方面是由于洪峰附近水位的变化甚小，决定洪峰出现时间的误差较大，而更重要的是受到区间入流的干扰使 τ 摘取不准，致使传播时间曲线难以确定。

2. 洪水水位（流量）过程预报

在防汛工作中，洪峰及其出现时间是一个很重要的预报要素，但在大江大河及有些河流的中下游，洪水历时很长，往往还要预报水位（流量）过程以弥补洪峰预报的不足。

关于洪水水位（流量）过程预报所采用的方法以及常用的参数，基本上和洪峰水位（流量）预报方法相同。但是从洪水过程线上摘取相应水位（流量）值（除峰、谷、转折点外）比较困难，在实际工作中常采用以下的方法。

（1）洪波展开法。这种方法是假定洪水波的展开量与洪水的涨（落）水变幅成正比，则将上、下游站洪水的总涨（落）差作对应等分，上、下游站的对应等分点水位即看作为相应水位，其时间差即为传播时间 τ。据此摘取的相应水位与传播时间即可建立预报曲线。

（2）河段平均传播时间法。由于按上述方法得到的各对应等分点的传播时间不同，并且在摘取传播时间 τ 时误差比较大。所以为了简便或因传播时间曲线精度带来的影响，在实际工作中，常以河段平均传播时间 $\bar{\tau}$ 来摘取上、下游站的相应水位，所建立的预报方案的一般形式为

$$Z_{l,t+\bar{\tau}}=f(Z_{u,t},Z_{l,t}) \tag{3.30}$$

它认为各位相点在河段中传播时间相同为 $\bar{\tau}$。也可以用时段水位涨差为参数建立预报方案，其关系式为

$$Z_{l,t+\bar{\tau}}=f(\Delta Z_{u,t},Z_{l,t}) \tag{3.31}$$

也可以将上式中的时段水位涨差换为时段流量涨差建立预报方案。

3. 实时校正法

前面介绍的相应水位法和时段涨差法，是应用已经发生的洪水资料，制作平均情况的预报方案。在作业预报时，往往由于方案所考虑的因素不全面或者水情有新的变化，以致不符合原有的水位关系，所以应及时校正。通常认为相邻时段的预报误差存在着相关性，因此可用前一时段的预报误差来校正后一时段或本次预报值。在河段来水情况比较简单时，用上、下站单一的相应水位关系结合实时校正进行预报。如果情况复杂，不仅要考虑相应水位关系的参数，还要分析造成误差的原因和它的增减变化，再合理地校正。图3.9所示为受回水顶托影响的河段，在作业预报时，要同时考虑上站水位及回水代表站水位影响所造成的预报误差 e（即 B、C 两点的差值）的变化趋势，以校正预报值（即 D 点）。如果是受区间来水影响，则当它出现于洪峰之后时，这种影响造成的预报误差要逐渐减小。如果是受变动回水影响，要根据回水代表站预见期内的预报水位过程进行实时校正，

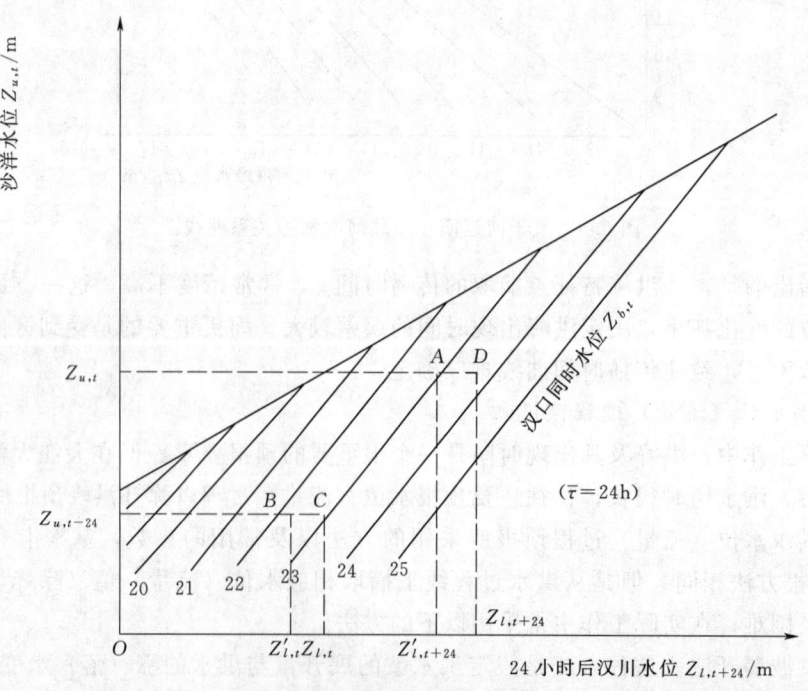

图 3.9 实时校正法示意图

才能提高精度，校正后的预报值为

$$Z_{l,t+24} = Z'_{l,t+24} \pm e \tag{3.32}$$

这种实时校正方法，在水位涨落惯性较大的河段，效果要好些，但在水位转折处不易掌握，一方面应着重在预报方案模型结构上进一步改进；另一方面分析误差的来源和性质，区别对待和分别处理。

3.2.4 有支流河段的相应水位（流量）预报

对于两站之间有较大支流汇入的河段，如果支流上有测站可以控制区间面积的大部分来水，那么可以制作有支流河段的相应水位（流量）预报方案。这种河段干、支流洪水波相互干扰，水流运动规律相当复杂。目前在制作上、下游站相应水位（流量）预报方案时，为了简便，常假定干、支流洪水波互不干扰，下游站洪水过程由相互独立的上游站各河洪水波传进和叠加而成。所以预报的原理和方法与无支流河段相同。通常有以下的方法。

1. 上游合成流量与下游站相应水位（流量）关系（即合成流量法）

合成流量法是将上游各站的流量，按他们到下游站的传播时间错开相加，表示合成后的流量同时到达下游站，从而建立合成流量与下游站相应水位（流量）的相关图并用于预报，其关系式为

$$Q_{l,t} = f\left(\sum_{i=1}^{n} Q_{ui,t-\tau_i}\right) \quad 或 \quad Z_{l,t} = f\left(\sum_{i=1}^{n} Q_{ui,t-\tau_i}\right) \tag{3.33}$$

式中 $\sum_{i=1}^{n} Q_{ui,t-\tau_i}$——上游合成流量，它是上游干、支流各站的相应流量之和；

τ_i——上游干、支流各站到下游站的洪水传播时间，h；

n——干、支流数。

图 3.10 是长江上游干流寸滩站、支流乌江武隆站至干流清溪场站的有支流河段预报曲线。水系分布情况如图 3.13 所示。

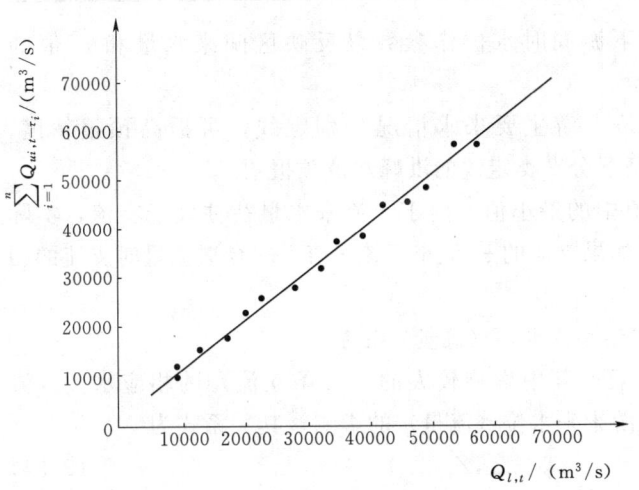

图 3.10 长江寸滩—清溪场河段
合成流量预报图

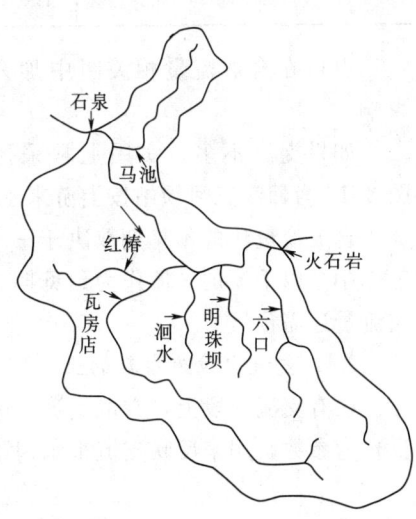

图 3.11 汉江石泉—火石岩河流
形势示意图

合成流量法的关键是 τ_i 值的确定。由于上游来水量大小不同，干支流涨水不同步，使干支流洪水波相遇后相互干扰，部分水量被滞留于河槽中，直到总退水时才下泄到下游河道，因而下游的洪水过程线常显平坦，与上游各站相应流量之和的过程线不相同。这在比降小，河槽宽的平原性河道上更为明显。若用上、下游各站流量过程线的特征点（如峰、谷、转折点）确定 τ_i 值就不正确。

实际工作中常用两种方法确定 τ_i 值：第一种方法是按上、下游站实测断面流速资料分析计算波速 C_{ki}，则 $\tau_i = \dfrac{l_i}{C_{ki}}$。第二种方法是试错法，根据实测资料假定各个 τ_i 值，计算 $\sum\limits_{i=1}^{n} Q_{ui,\,t-\tau_i}$，总绘 $Q_{l,\,i} - \sum\limits_{i=1}^{n} Q_{ui,\,t-\tau_i}$ 的关系曲线，若点据比较密集，所假定的各个 τ_i 值即为所求，否则重新假定 τ_i 值，直到满意为止。上述两种方法都可以按流量值大小分级确定 τ_i 值，表 3.3 即为一个实例。

表 3.3　　　　汉江石泉等—火石岩传播时间表（位置见图 3.11）

河名	站名	集水面积 /km²	河段长 /km	流量/(m³/s)									
				100	300	500	1000	2000	3000	4000	5000	6000	8000
				τ_i/h									
汉江	石泉	23805	179.6	—	31.4	24.0	19.2	15.5	13.9	13.1	12.8	12.7	12.7
	马池	984	178.6										
支流	瓦房店	3860	77.4	—	12.2	9.0	7.5	6.2	5.7	5.4	5.3		
	红椿	936	79.3										
	泅水	440	67.0	16.8	10.7	8.2	6.2	4.8	3.9				
	明珠坝	486	54.2	12.1	8.4	6.9	5.2	4.0					
	六口	1749	31.8	5.3	3.5	3.0	2.3	2.1					

也可在合成流量相关图中加入下游同时水位作参数以反映区间来水量和 τ_i 值的影响。

如果支流不多，实用上常采用按上游主要来水情况分别定线，可提高预报精度，图 3.12 为韩江三河坝站按上游来水情况分 3 类定线的洪峰水位预报图。

合成流量法的预见期取决于 τ_i 值中的最小值。由于干流来水量往往大于支流，实际工作中多以干流的 τ 值作为预见期。如果支流的 τ_i 值小于该 τ 值，求合成流量时支流的相应流量还需预报。

2. 以支流水位为参数的上、下游站相应水位（流量）关系

在有支流河段上，常取支流（一般取其中影响较大的一二条支流）的相应水位（流量）为参数，用来反映支流来水对下游未来水位（流量）的影响，其关系式为

$$Z_{p,l,t} = f(Z_{p,u,t-\tau}, Z_{i,t-\tau_i}) \tag{3.34}$$

式中　$Z_{p,l,t}$——t 时刻下游站洪峰水位；

　　　$Z_{p,u,t-\tau}$——$t-\tau$ 时刻上游站洪峰水位；

3.2 相应水位（流量）法

$Z_{i,t-\tau_i}$——$t-\tau_i$ 时刻支流站的相应水位；

τ_i——支流站水位传播所需时间。

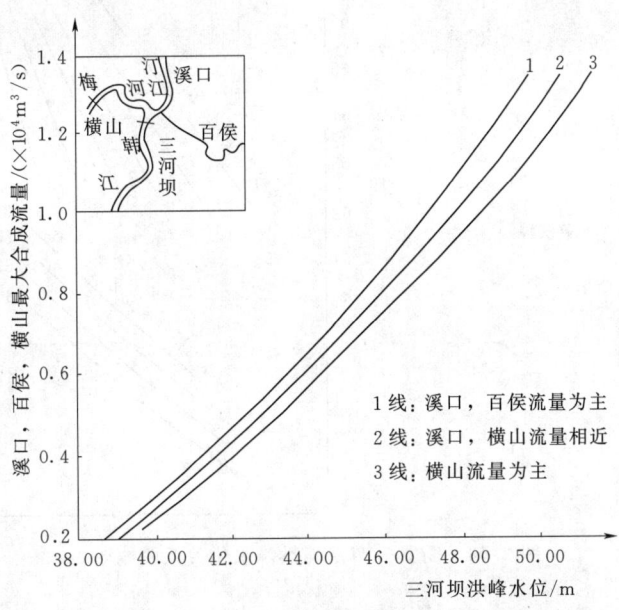

图 3.12 韩江三河坝合成流量法洪峰水位预报图

图 3.13 是清溪场洪峰考虑了支流乌江来水影响的关系图，其参数线簇的间距（上下、左右）变化反映出河槽几何形态及对支流来水等因素调蓄作用的差异。

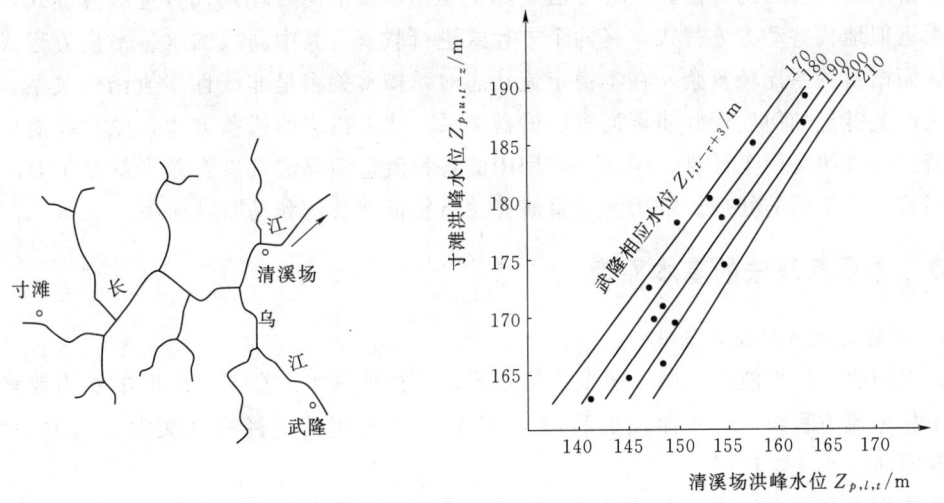

图 3.13 长江干流寸滩—清溪场洪峰水位关系曲线图

图 3.14 是以两条支流相应水位为参数的关系曲线，图中的 τ、τ_1、τ_2 分别为衢县站、淳安站、金华站到芦茨埠站的洪水传播时间。

如果支流较多，宜采用前面介绍的合成流量法。

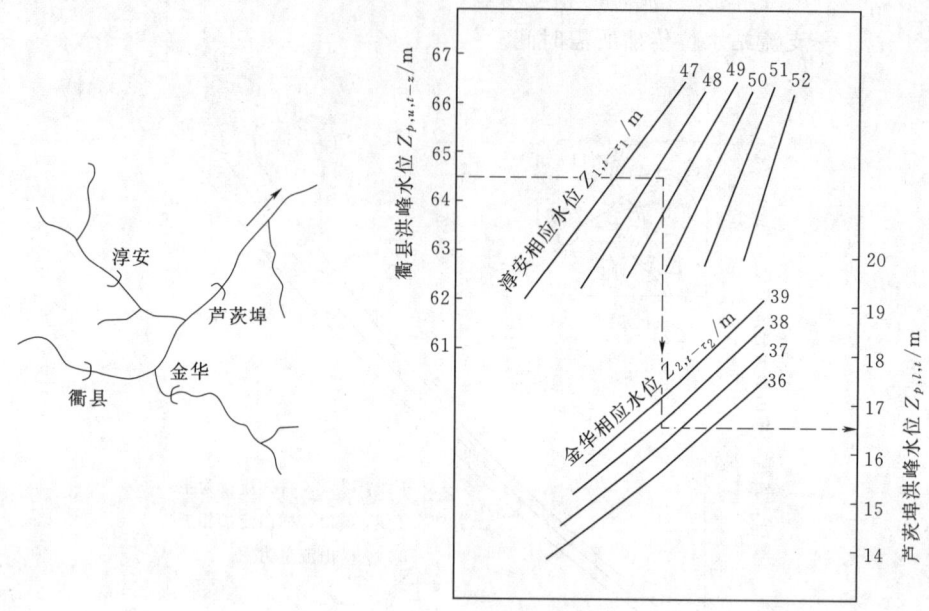

图 3.14 衢县—芦茨埠洪峰水位关系曲线图

3.3 流量演算法

所谓流量演算法就是利用河段中的蓄泄关系与水量平衡原理,将上游站的流量过程演算为下游站流量过程的方法。这种方法实际上是用水量平衡方程式代替连续方程式,用槽蓄关系近似地代替动力方程式,将两个方程式进行联解。其中河段的水量平衡方程式具体确定,而槽蓄关系比较复杂,在不稳定流状态时,槽蓄关系呈非线性多值函数关系。流量演算法的关键是如何处理好演算河段的槽蓄关系,建立适当的槽蓄方程,使它既能反映河段水流运动规律又便于计算。因此,实用中的各种流量演算法其主要差别就在于对河段槽蓄关系采用了不同的处理。常用的流量演算法有特征河长法和马斯京根法。

3.3.1 流量演算法的基本原理

1. 不稳定流方程组的简化

天然河道的洪水波运动属于缓变不稳定流,要得到洪水波在某一瞬时的水力要素,可联解不稳定流方程组(即圣维南方程组)。求解此方程组的途径有水文学与水力学两种。流量演算属于水文学途径。

水文学途径的方法始于 20 世纪 30 年代,至今仍广泛应用。这类方法应用到现在已发展成为系统分析的方法。方法的特点是将研究对象看成是一个接受输入并经过转换产生输出的整体,称为系统。河段的入流为输入,出流为输出,系统的作用就是将入流过程转换为出流过程。天然河道的形态及缓变不稳定流的运动规律非常复杂,几乎无法详尽地描述,系统分析方法则不去深入追究这些细节,而是抓住入流与出流过程的差别是河段调节作用所引起的这一概念,对系统的作用加以分析,人为设计一些模拟系统作用的模型。这些模型往往由一些简单的具有物理概念的单元组成,例如蓄泄关系为线性的水库或使入流过程向下游推移而不改变其形状的渠道等。这些单元的作用以数学方程表示,是概念性的数学模型。流量演算的各种方法也属于这类模型。

2. 河段的水量平衡方程

在一定的河段长内,将 $\frac{\partial Q}{\partial x}+\frac{\partial A}{\partial t}=0$ 对河段长 L 进行积分,可得到河段在 dt 时间内的水量平衡方程式为

$$I-O=\frac{dW}{dt} \tag{3.35}$$

式中 I——河段 L 在 dt 时间内的入流量(包括干、支流及区间面积的入流量);

O——河段 L 在 dt 时间内的出流量;

dW——在 dt 时间内河段 L 的蓄水变量。

令入流量、出流量在 Δt 时间内呈线性变化,将上式写成河段在有限时段 Δt 内的水量平衡方程式。

$$\frac{1}{2}(I_1+I_2)\Delta t-\frac{1}{2}(O_1+O_2)\Delta t=W_2-W_1 \tag{3.36}$$

式中 I_1、I_2、O_1、O_2——河段 L 在 Δt 时段始末时刻的入流量与出流量;

W_1、W_2——河段 L 在 Δt 时段始末时刻的蓄水量。

由式(3.36)可以看出,要由上断面的入流过程推求下断面的出流过程,实际上是已知 I_1、I_2、O_1、W_1,而未知数为 O_2、W_2,必须建立 O 与 W 的关系 $W=f(O)$ 才能联立求解。

$$\begin{cases}\frac{1}{2}(I_1+I_2)\Delta t-\frac{1}{2}(O_1+O_2)\Delta t=W_2-W_1\\W=f(O)\end{cases} \tag{3.37}$$

通过逐时段的求解此方程组就可以将上断面的入流过程演算为下断面的出流过程。

3. 河段槽蓄方程

河段槽蓄方程所对应的曲线称为槽蓄曲线。河段中的槽蓄量 W 应取决于河段中的水位沿程分布,即取决于水面曲线的形状,而水位与流量之间存在着一定的关系,所以

$$W=f(流量沿程分布,断面水位流量关系)$$

对于稳定流和运动波水流,虽然其水位流量关系都呈单值关系,但它们的流量沿程分布不同,所以其槽蓄方程的形式也不同。对于稳定流,W 与 O 之间呈单一关系,但对于洪水波,W 与 O 之间的关系比较复杂,因为 W 还与河段的水面比降有关。如果槽蓄曲线为单值线性关系,流量演算可大大简化。

4. 槽蓄曲线的分析

当河道水流处于稳定流状态时,相应于某一流量的各断面水位为单值,那么槽蓄量就是任一断面水位的单值函数,同时稳定流时各断面的水位流量关系也是单值函数关系,而且河段内每一断面的流量相等,因此槽蓄量也就是任一断面流量的单值函数,若取下断面

为代表，则得到 $W=f(Z_下)$、$O=f(Z_下)$、$W=f(O)$ 均为单值函数关系。当河道水流在不稳定流状态时，由于附加比降的存在和作用，$W=f(Z_下)$、$O=f(Z_下)$ 不存在单值关系而是成逆时针绳套。这主要是因为在同一 $Z_下$ 时，涨洪时附加比降为正值，则流量和槽蓄量都大于稳定流的数值，而落洪时则相反，因此对于一次洪水而言，$W=f(Z_下)$、$O=f(Z_下)$ 成逆时针绳套关系。将上述两条关系曲线进行组合就可以分析槽蓄曲线的形式了。根据他们的组合，此时的槽蓄曲线则有 3 种类型：逆时针方向的绳套、顺时针方向的绳套、单值关系。如果 $W=f(Z_下)$ 的绳套大于 $O=f(Z_下)$ 的绳套，则 $W=f(O)$ 为逆时针方向的绳套，相反则为顺时针方向的绳套。如果设想某一个河段，它的 $W=f(Z_下)$ 和 $O=f(Z_下)$ 绳套大小接近，则得到的 $W=f(O)$ 关系的涨落支十分靠近，就近似于单值关系了，而符合这个条件的河长就称为特征河长。事实上，河段上、下游站的距离很少符合特征河长的，所以在实际工作中很难遇到单值关系的槽蓄曲线，但是可以设法使有绳套的槽蓄曲线单值化：①改变河长，调整 $W=f(Z_下)$ 绳套的变幅，使其与 $O=f(Z_下)$ 绳套的变幅相近，这时的 $W=f(O)$ 关系近似为单值关系，这就是所谓的特征河长法；②不改变河长，寻求某一个示储流量 Q'，该流量是入流量 I 和出流量 O 的函数，使其与 W 之间成单值关系，这就是所谓的马斯京根法。对于单值化的槽蓄关系，为了计算、应用简便，又常处理成为线性关系。因此特征河长的槽蓄方程可处理为 $W=\tau O$（τ 为洪水波在特征河长上的传播时间，相当于水库滞时）；而马斯京根法的槽蓄方程可处理成为 $W=KQ'$。当 $W=f(O)$ 成线性关系时，可使流量演算程序大大简化，而且可以采用联解水量平衡方程和槽蓄方程的方法，求得流量演算公式，下面将分别介绍特征河长法和马斯京根法。

3.3.2 特征河长法

1. 特征河长的概念及公式

关于特征河长的概念、计算公式推导在《水文学概论》分册中已作过介绍。其概念是：如果能找到这样一个河长，在其下断面处，由于水位的变化引起的流量变化正好与由于水面比降的变化引起的流量变化相互抵消，以致河段的槽蓄量与其下断面流量呈单值关系，则称其为特征河长。

特征河长的概念是由加里宁与米留柯夫于 1958 年首先提出来的。特征河长的计算公式为

$$l=\frac{Q_0}{i_0}\left(\frac{\partial Z}{\partial Q}\right)_0 \tag{3.38}$$

式中 Q_0、i_0——稳定流的流量与水面比降；

$\left(\dfrac{\partial Z}{\partial Q}\right)_0$——稳定流水位流量关系在 Q_0 的切线的斜率。

由上式可知，特征河长 l 综合了河段的一些水力要素，因此它是一个反映河段水力特征的参数。实用时，往往采用有限差的形式

$$l=\frac{Q_0}{i_0}\left(\frac{\Delta Z}{\Delta Q}\right)_0 \tag{3.39}$$

通过引进特征河长的概念，就可以给出槽蓄曲线 3 种形式的存在条件：当 $L=l$ 时，

3.3 流量演算法

为单值关系；当 $L<l$ 时为顺时针绳套；当 $L>l$ 时为逆时针绳套。

2. 特征河长的计算

按式（3.39）求 l。现以沅水沅陵站至王家河站河段为例说明如下。

(1) 根据沅陵、王家河两站测流资料，分别确定恒定流的水位-流量关系曲线。

(2) 从水位-流量关系曲线上，分流量级摘取上、下游站相应的水位值，见表 3.4 中前 3 列。

(3) 分流量级计算稳定流比降 i_0 和上，下游站的 $\left(\frac{\Delta Z}{\Delta Q}\right)_0$ 值及其河段平均值 $\left(\frac{\overline{\Delta Z}}{\Delta Q}\right)_0$，见表 3.4 中第 4~7 列。

(4) 按式（3.39）计算 l 值。

由计算结果可知，l 随流量而变化。实用上常取 l 为常数，以便于汇流计算。

表 3.4　　　　　沅陵—王家河河段的特征河长计算表（$L=112$km）

Q /(m³/s)	$Z_上$ /m	$Z_下$ /m	$i_0=\dfrac{Z_上-Z_下}{L}$	$\left(\dfrac{\Delta Z}{\Delta Q}\right)_上$ /(s/m²)	$\left(\dfrac{\Delta Z}{\Delta Q}\right)_下$ /(s/m²)	$\left(\dfrac{\overline{\Delta Z}}{\Delta Q}\right)_0$ /(s/m²)	l/km
3000	90.78	47.16	0.000389				
				0.000570	0.000735	0.000652	8.4
7000	93.06	50.10	0.000384				
				0.000438	0.000562	0.000500	11.8
11000	94.81	52.35	0.000379				
				0.000392	0.000488	0.000440	15.1
15000	96.38	54.30	0.000376				
				0.000368	0.000470	0.000419	19.1
19000	97.85	56.18	0.000372				

3. 流量演算公式

(1) 当实际河长 $L=l$ 时。特征河长流量演算法是将河段长度限制为特征河段长，以便利用特征河长具有单值关系槽蓄曲线的特性。

若将 $W=f(O)$ 加以简化，以线性方程表示为

$$W=\tau O \tag{3.40}$$

式中　τ——在特征河长内的传播时间。

将式（3.40）与河段的水量平衡方程式联立得到

$$\begin{cases} I-O=\dfrac{\mathrm{d}W}{\mathrm{d}t} \\ W=\tau O \end{cases} \tag{3.41}$$

经过求解可得到

$$O_t=O_0+(\overline{I}-O_0)(1-\mathrm{e}^{-\frac{t}{\tau}}) \tag{3.42}$$

式中　O_0——时段开始时即 $t=0$ 时的下断面流量；

　　　O_t——经过 t 时间后下断面的流量；

　　　$\overline{I}$——0~t 时间内的上断面的平均入流量。

式（3.42）即为河长为特征河长时的流量演算公式，演算时若计算时段 Δt 不变，则上式变为

69

$$O_2 = O_1 + (\overline{I} - O_1)(1 - e^{-\frac{\Delta t}{\tau}}) \tag{3.43}$$

式中 O_1、O_2——计算时段始、末时刻的河段出流量；

$\overline{I}$——时段 Δt 内的平均入流量。

采用式 (3.43) 可逐时段地进行计算，从而可以将上游站的入流过程演算为下游站的出流过程。

(2) 分段连续演算。分段连续演算又称加-米汇流曲线法，它最终是利用河段的汇流曲线来进行流量演算。特征河长法要求演算的河段长等于特征河长，但在大多数的情况下，实际河段长要比其特征河长长得多，只有将演算河段 L 分成 $\frac{L}{l} = n$ 段，然后逐段演算至河段下断面。这样操作原理非常清楚，但计算的工作量比较大，而且在实用上并不需要河段间增加计算的断面流量过程。因此，为了简化计算工作量，在实际工作中往往是采用河槽汇流曲线法或称为河槽单位过程线法。

所谓河槽汇流曲线是指当河段上游站的入流是简单入流时，经过 n 个特征河长的连续演算，在下游站所形成的出流过程。如果能求出河段的汇流曲线，那么根据线性汇流系统的线性假定，由均匀性原理以及叠加性原理就可以求出任意入流过程所形成的出流过程。

1) 单位入流。始终保持单位强度的入流简称单位入流，一般使用单位函数或迟滞单位函数表达，后者延迟至 $t-a$ 开始，相应定义为

$$H(t) = \begin{cases} 0, & t < 0 \\ 1, & t \geqslant 0 \end{cases} \tag{3.44}$$

$$H(t-a) = \begin{cases} 0, & t < a \\ 1, & t \geqslant a \end{cases} \tag{3.45}$$

二者的图形如图 3.15 所示。

2) 单位矩形入流。在一定时段内保持单位入流强度的入流，称为单位矩形入流。矩形入流与迟滞矩形入流表达式分别为

$$I(t) = \begin{cases} 0, & t < 0 \\ 1, & 0 \leqslant t \leqslant a \\ 0, & t > 0 \end{cases} \tag{3.46}$$

$$I_{ab}(t) = \begin{cases} 0, & t < a \\ 1, & a \leqslant t \leqslant b \\ 0, & t > b \end{cases} \tag{3.47}$$

两者的图形如图 3.16 所示。

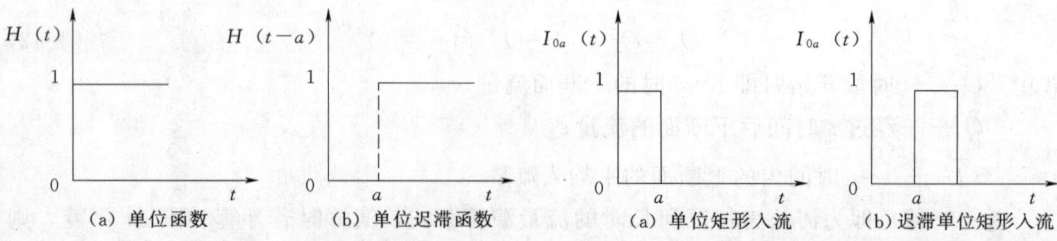

图 3.15 单位函数与单位迟滞函数　　图 3.16 单位矩形入流与迟滞单位矩形入流

3) 单位瞬时脉冲入流。当强度无穷大 ($I \to \infty$)，历时无穷小 ($t \to 0$) 而总量为一个单位时的入流称为单位瞬时脉冲入流，可用单位脉冲函数表示，即

$$\delta(t) = \begin{cases} 0, & t \neq 0 \\ \infty, & t = 0 \end{cases} \tag{3.48}$$

$$\int_0^\infty \delta(t) \mathrm{d}t = 1 \tag{3.49}$$

4) 单位脉冲函数与单位入流的关系。设单位时段入流函数 $\delta_\Delta(t)$ 为

$$\delta_\Delta(t) = \frac{H(t) - H(t - \Delta t)}{\Delta t} = \begin{cases} 0, & t < 0 \\ 1/\Delta t, & 0 \leqslant t \leqslant \Delta t \\ 0, & t > \Delta t \end{cases} \tag{3.50}$$

可以看出当 $\Delta t \to 0$ 时, $\delta_\Delta(t)$ 就是单位脉冲函数，即

$$\delta(t) = \lim_{\Delta t \to 0} \delta_\Delta(t) = \lim \frac{H(t) - H(t - \Delta t)}{\Delta t} = \frac{\mathrm{d} H(t)}{\mathrm{d} t} \tag{3.51}$$

此式表明，单位脉冲函数就是单位入流对时间 t 的一阶导数。

5) 入流过程近似描述。借助上述简单函数即可描述任意复杂的入流过程。例如图3.17 所示流量过程，可将其分为底宽相等的若干矩形，则可用单位矩形入流表达为

$$I(t) \approx \frac{I_1}{2} I_{01}(t) + \frac{I_1 + I_2}{2} I_{12}(t) + \cdots = \overline{I_0} I_{01}(t) + \overline{I_1} I_{12}(t) + \overline{I_2} I_{23}(t) + \cdots \tag{3.52}$$

单位矩形入流与单位入流和迟滞单位入流的关系则可表达为

$$\begin{aligned} I(t) &= \overline{I_o}[H(t) - H(t-1)] + \overline{I_1}[H(t-1) - H(t-2)] + \overline{I_2}[H(t-2) - H(t-3)] + \cdots \\ &= \Delta \overline{I_0} H(t) + \Delta \overline{I_1} H(t-1) + \Delta \overline{I_2} H(t-2) + \cdots \end{aligned} \tag{3.53}$$

式中 $\Delta \overline{I_i} = \overline{I_i} - \overline{I_{i-1}}$, $i = 0, 1, 2, \cdots$。

从图 3.17 可知，任意入流过程均可用单位矩形入流或单位入流之和逼近。显然，逼近精度取决于矩形条块的底宽, Δt 越小逼近的精度越高。

苏联学者加里宁与米留柯夫推演了河槽单位线的数学表达式。设有河段长 L, $L > l$，将 L 划分成 $n = \frac{L}{l}$ 段，如 $l_1 = l_2 = \cdots = l_n = l$，各段的传播时间均为 τ。对于每一个特征河长都可以写出一个方程组，对于第一个特征河长，可以根据前面的公式写出其出流过程的公式，而第一个特征河长的出流过程即为第二个特征河长的入流过程，同样的计算又可得出第二个特征河长的出流过程，依次类推，最

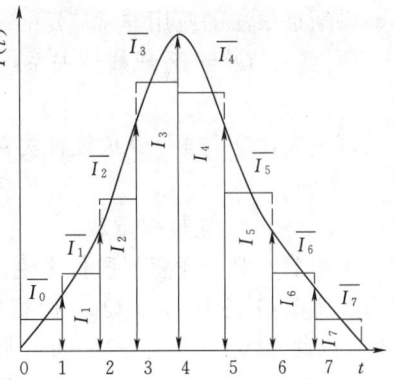

图 3.17 入流过程近似描述

后可得出最后一个特征河长的出流过程。当第一个特征河长的入流为有限时段 Δt 内的矩形入流，入流强度为 $\overline{I}$，那么经过 n 个特征河长的连续演算，可求得最终的出流过程为

$$O_{n,t} = \frac{\overline{I} \Delta t}{\tau(n-1)!} \left(\frac{t}{\tau}\right)^{n-1} \mathrm{e}^{-\frac{t}{\tau}} \tag{3.54}$$

当入流为单位矩形入流时（即 $\bar{I}=1$），那么上式就变为

$$u_{n,t}=\frac{\Delta t}{\tau(n-1)!}\left(\frac{t}{\tau}\right)^{n-1}e^{-\frac{t}{\tau}} \tag{3.55}$$

式（3.55）称为加-米河槽汇流曲线的数学表达式。该式有 n 和 τ 两个参数，只要确定演算河段所划分的段数 n 及每段的传播时间 τ，就可以求得河槽汇流曲线各时刻 t 的纵坐标 $u_n(t)$。n 和 τ 这两个参数就相当于流域瞬时单位线的 n 和 k 值，反映了河段的调节性能。

对于式（3.55），为了计算的方便，取 $\Delta t=\tau$，以 m 为时段数，即 $t=m\Delta t=m\tau$，则可写为

$$u(m)=\frac{m^{n-1}}{(n-1)!}e^{-m} \tag{3.56}$$

式（3.56）是随机变量的布阿松分布，有专门的函数表可查，见附录Ⅰ。它相当于水文学概论中介绍过的无因次时段单位线。

当第一个特征河长的入流为单位瞬时脉冲入流时，可推导出与式（3.55）一致的瞬时单位线表达式为

$$u(t)=\frac{1}{\tau(n-1)!}\left(\frac{t}{\tau}\right)^{n-1}e^{-\frac{t}{\tau}} \tag{3.57}$$

再通过 $u(t)$ 的积分曲线 $s(t)$ 可转换成任意时段长 Δt 的时段单位线以供实用。这样做在推理上更为严谨。这个方法我国不仅在流域汇流计算中应用较广，在河段汇流中也得到应用。

3.3.3 马斯京根法

该方法由美国 G. T. 麦卡锡于 1938 年提出，因首先用于马斯京根河而得名。

1. 槽蓄方程及演算公式

马斯京根法的应用非常广泛，它有两个基本假定。

假定一：Q' 与 W 成线性关系，即

$$W=KQ' \tag{3.58}$$

假定二：Q' 与 I、O 成线性关系，即

$$Q'=xI+yO \tag{3.59}$$

式中 x、y——流量权重数。

事实上，对于任意河段长来说，只有稳定流时槽蓄量 W 才能与稳定流流量 Q_0 成线性关系。所以 Q' 应该等于 Q_0。而稳定流时 $I=O=Q_0$，带入式（3.59）得：$Q_0=xQ_0+yQ_0$，因此 $x+y=1$，$y=1-x$，所以 $Q'=xI+(1-x)O$，最终得到

$$W=K[xI+(1-x)O] \tag{3.60}$$

式（3.60）称为马斯京根槽蓄方程。Q' 称为示储流量，它是河段入流与出流量的加权平均值。$K=\dfrac{W}{Q'}$ 称为蓄量常数，是线性槽蓄关系的斜率，具有时间因次。联解如下方程组

$$\begin{cases}\dfrac{1}{2}(I_1+I_2)\Delta t-\dfrac{1}{2}(O_1+O_2)\Delta t=W_2-W_1\\ W=K[xI+(1-x)O]\end{cases} \tag{3.61}$$

可得
$$O_2 = C_0 I_2 + C_1 I_1 + C_2 O_1 \tag{3.62}$$

其中
$$C_0 = \frac{\frac{1}{2}\Delta t - Kx}{K - Kx + \frac{1}{2}\Delta t} \quad C_1 = \frac{\frac{1}{2}\Delta t + Kx}{K - Kx + \frac{1}{2}\Delta t} \quad C_2 = \frac{K - Kx - \frac{1}{2}\Delta t}{K - Kx + \frac{1}{2}\Delta t} \tag{3.63}$$

$$C_0 + C_1 + C_2 = 1 \tag{3.64}$$

对于一个河段，只要确定参数 K、x 值及选定演算时段 Δt 后，就可以求出 C_0、C_1、C_2，根据上断面流量过程 $I(t)$ 及下断面起始流量计算出下断面的流量过程 $O(t)$。

用式 (3.62) 进行演算无预见期，但当 $\Delta t = 2Kx$ 时，$C_0 = 0$，则
$$O_2 = C_1 I_1 + C_2 O_1 \tag{3.65}$$
式 (3.65) 计算更为简便，又能获得一个时段（Δt）的预见期。

2. 算例

已知长江万县—宜昌河段的 $x = 0.15$，$K = \Delta t = 18\text{h}$，按式 (3.63) 求 C_0、C_1、C_2 值

$$C_0 = \frac{\frac{1}{2}\Delta t - Kx}{\frac{1}{2}\Delta t + K - Kx} = \frac{\frac{1}{2}\times 18 - 18\times 0.15}{\frac{1}{2}\times 18 + 18 - 18\times 0.15} = 0.26$$

$$C_1 = \frac{\frac{1}{2}\Delta t + Kx}{\frac{1}{2}\Delta t + K - Kx} = \frac{\frac{1}{2}\times 18 + 18\times 0.15}{\frac{1}{2}\times 18 + 18 - 18\times 0.15} = 0.48$$

$$C_2 = \frac{-\frac{1}{2}\Delta t + K - Kx}{\frac{1}{2}\Delta t + K - Kx} = \frac{-\frac{1}{2}\times 18 + 18 - 18\times 0.15}{\frac{1}{2}\times 18 + 18 - 18\times 0.15} = 0.26$$

该河段的马斯京根法演算公式为
$$O_2 = 0.26 I_2 + 0.48 I_1 + 0.26 O_1$$

按上式将万县流量演算为宜昌流量过程，见表 3.5 和图 3.18。表中第 7 列为宜昌的实测流量减去河段区间径流。

表 3.5　　　　　　　　　　流量演算表　　　　　　　　　　单位：m^3/s

时间	万县实测入流量 I	$0.26 I_2$	$0.48 I_1$	$0.26 O_1$	宜昌演算出流量 O	宜昌修正后的实测流量 O_r	误差 $\Delta Q'$
7月1日14时	19900				22800	22800	
7月2日8时	24300	6320	9550	5930	21800	23100	−1300
7月3日2时	38800	10090	11660	5670	27420	25400	2020
7月3日20时	50000	13000	18620	7130	38750	36600	2150
7月4日14时	53800	13990	24000	10080	48070	47500	570

续表

时间	万县实测入流量 I	$0.26I_2$	$0.48I_1$	$0.26O_1$	宜昌演算出流量 O	宜昌修正后的实测流量 O_r	误差 $\Delta Q'$
7月5日8时	50800	13210	25820	12500	51530	51400	130
7月6日2时	43400	11280	24380	13400	49060	49200	−140
7月6日20时	35100	9130	20830	12760	42720	42600	120
7月7日14时	26900	6990	16850	11110	34950	35200	−250
7月8日8时	22400	5820	12910	9090	27820	29000	−1180
7月9日2时	19600	5100	10750	7230	23080	23900	−820
7月9日20时	17900	4650	9410	6000	20060	20950	−890

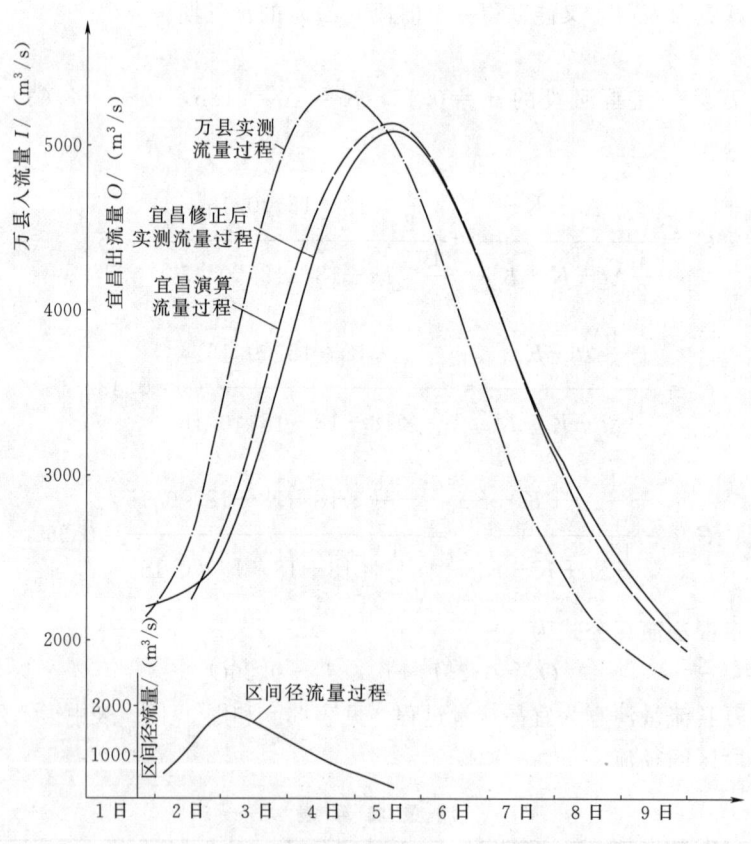

图 3.18 马斯京根法演算流量和实测流量比较图

3. 参数的物理意义、参数和演算时段的确定

(1) Q'、K 和 x 的物理意义。马斯京根法假定 K 和 x 都是常数，这就要 Q' 和槽蓄量 W 成单一线性关系，这只有在此槽蓄量下的 Q' 值等于该蓄量所对应的恒定流流量 Q_0 时才能满足这一要求，亦即 $Q'=Q_0$，这是 Q' 的物理意义。

K 值是槽蓄曲线的坡度，即 $K=\dfrac{dW}{dQ'}=\dfrac{dW}{dQ_0}$。由此可见，$K$ 值等于在相应蓄量 W 下

恒定流状态的河段传播时间 τ_0，这是 K 的物理概念。显然 K 值随稳定流流量而变化，取 K 为常数是有误差的。

在建立槽蓄曲线时，马斯京根法引进了流量比重系数 x 的概念，而特征河长法引进了特征河长 l 的概念，两者都是为了实现槽蓄关系的单值化，必然有内在联系。现试以 x 值与特征河长 l 的关系式来分析说明。

设某河段的长度为 L，其初始时刻的水面线为 AA'，经短时间后水面线为 BB'，上、下站的水位变化分别为 dZ_u、dZ_l，如图 3.19 所示。相应的蓄量增量为 dW，即图中的 $AA'B'B$ 部分。可以认为 dW 包括两部分：一部分为柱蓄增量，即图中 $AA'B'C$ 部分，其值为 $BLdZ_l$；另一部分为楔蓄增量，即图中 CBB' 部分，其值为 $BLx_1(dZ_u - dZ_l)$。即得

$$dW = BLdZ_l + BLx_1(dZ_u - dZ_l) \tag{3.66}$$

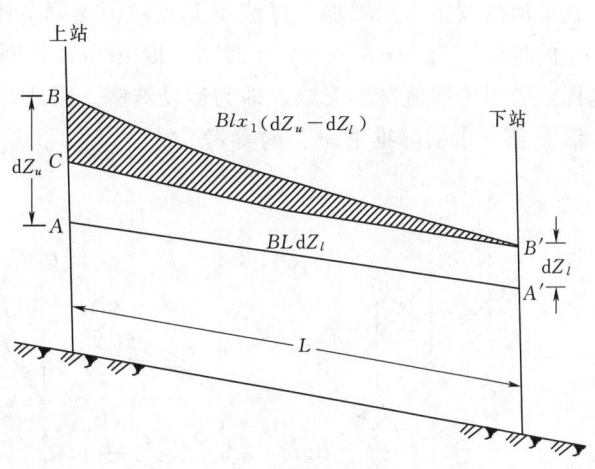

图 3.19 柱蓄和楔蓄示意图

式中　　B——河宽，m；

　　　　x_1——反映水面曲线形状的参数。

经分析推导，最后可得

$$x = x_1 - \frac{l}{2L} \tag{3.67}$$

如水面为直线，则 $x_1 = 1/2$，上式可写成

$$x = \frac{1}{2} - \frac{l}{2L} \tag{3.68}$$

由此可见，x 由两部分组成：①x_1 代表水面曲线的形状，反映楔蓄的大小；②L/l 即河段按特征河长所分成段数 $n = L/l$，反映河段的调蓄能力。

一些学者通过不同的方法，都推导出式（3.68）的 x 值理论公式，如杜格（Dooge）根据圣维南方程线性扩散波解和康吉（Cunge）将线性运动波方程采用差分法均得到同样的结论。

天然洪水的 x_1 一般接近于 $1/2$，故实际工作中一般使用式（3.68）计算 x。通常上游河道的河底比降比下游河道大得多，所以 l 值自上游向下游逐渐增大。对于同一河流，上游的 x 值最大，但不大于 0.5。当 $L < l$ 时，x 为负值；当 $x = 0$ 时，演算河段长度即为特征河长。由特征河长概念可知，$l = f(Q_0) = f(z)$，它是稳定流流量 Q_0 的函数。因此，x 值随稳定流流量 Q_0（或水位）的变化而变，原来假定 x 是常数，是不够严密的。

流量演算中的各种参数，如 K、x、l 等，集中反映了河道的水力特性，为进一步认识 x 的物理意义和帮助分析解决实际问题，现列举 4 个不同的河段加以说明，参见图

3.20。所列4个河段的河长、断面形状和大小都相同，河段的入流过程$I(t)$也一样，但河底比降由图3.20的（1）到（4）逐渐变小，图中的实线表示洪水时实际水面线，虚线为恒定流的水面线。

由图3.20分析表明，随着河道比降的变化，参数K、x、l及河段的槽蓄曲线也相应发生变化。当河道比降逐渐减小时，x不断减小，K、l逐渐增大，洪水波变形逐渐加大，也就是河槽调蓄作用增加。显然x是反映河槽调节作用的一个指标，即反映洪水传播过程坦化的程度。当$l \to 0$，$x = 0.5$时，若取$\Delta t = K$，则演算得到的出流过程等于相应的入流过程，表明传播流量不衰减，即为运动波解。因此，通过上、下站流量过程线的分析可以约估x值，供实际推求x值时参考。

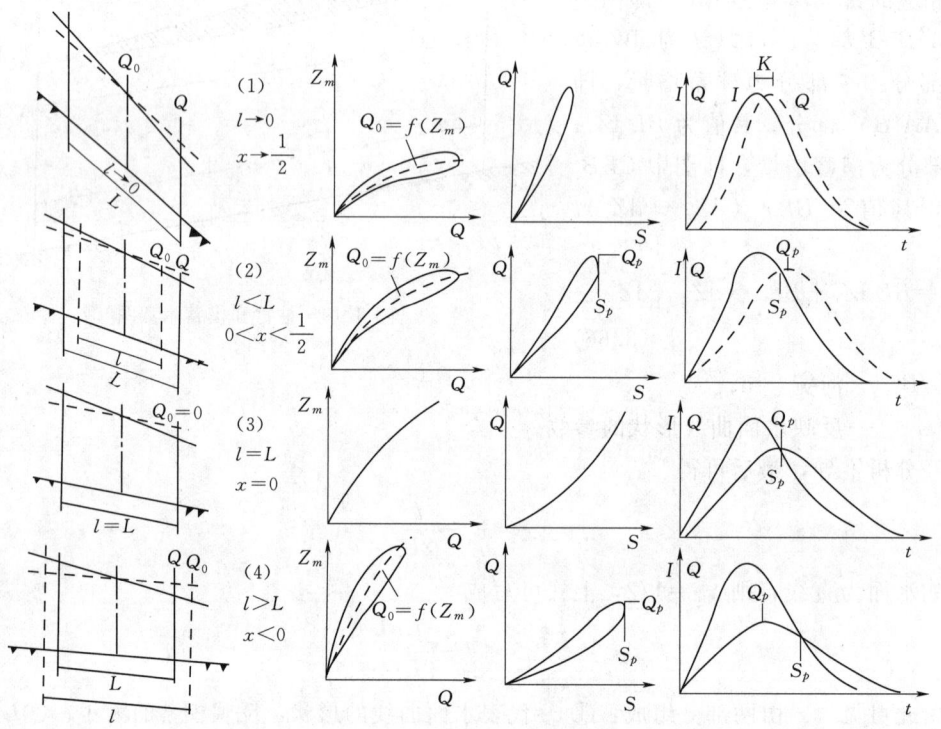

图3.20 河道水力特性与各参数间的关系

（2）演算时段Δt的选取。从上述可知，马斯京根法采用线性有限差解，要求I、O在时段Δt内及流量沿河长呈直线变化，因此，在选取演算时段Δt时应注意满足这一条件，以提高演算精度。

由水量平衡方程式可知，时段平均流量是用时段始、末流量的平均值来代替，这就要求上、下游站流量在时段Δt内呈直线变化。时段Δt越小，越与实际情况接近。但Δt太小，一方面由于计算时段的增加，大大加重了计算工作量；另一方面若Δt很小，时段始末会出现洪峰与波谷在河段中间的现象，显然这就不能满足流量及水位沿程呈直线变化的要求，也就不能满足槽蓄曲线线性关系的假定，以致出现较大的演算误差。为满足上述条件，应取$\Delta t = K$或Δt接近于K，如图3.21所示。

3.3 流量演算法

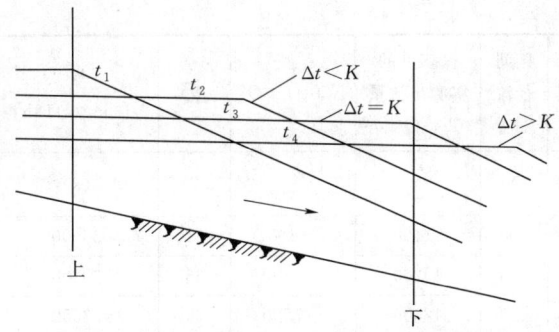

图 3.21 河段洪水波运动与 Δt 关系示意图

另外，Δt 值的确定应考虑汇流曲线的合理性，根据式（3.63）和式（3.64），单一河段的马斯京根法应为光滑的单峰曲线，要满足这一条件，C_0，C_2 值必须大于或等于零。因此，演算时段 Δt 应满足下列不等式

$$2Kx \leqslant \Delta t \leqslant 2K(1-x) \tag{3.69}$$

因为 $x<0.5$，当 $\Delta t = K$ 时，式（3.69）自然成立。当 Δt 按上式取值能保证计算成果的合理性。

由此可见，马斯京根法对演算时段 Δt 选取的限制，常与实际情况产生一定的矛盾。如当演算河段很长时，Δt 必然取得大，则对于波形较陡的洪水演算，如闸坝放水以及山区性涨落较陡的洪水等，演算误差较大。如果 Δt 取得小些，则演算出流涨洪初期会出现负值这种不合理现象。这种矛盾的产生，与马斯京根法的基本假定有关。

（3）参数 x、K 的确定。

1）试算图解法。在实测的河段上、下游站流量资料中选择一次洪水过程，推求出各时刻的河槽蓄水量 W，再假定若干个 x 值，分别用 $Q'=xI+(1-x)O$ 计算各时刻的示储流量 Q'，点绘不同 x 值的 W 与 Q' 的关系，最后选用能使 W 与 Q' 成为线性关系的 x 为所求值。K 则由槽蓄关系线的斜率算得。

用长江万县—宜昌河段一次洪水的实测流量资料为例说明试算法确定 K，x，见表 3.6 及图 3.22。

表 3.6 试算法确定参数计算表 单位：m^3/s

时间	万县实测入流量 I	宜昌出流量 O	区间径流量 q	修正后的实测出流量 $O'=O-q$	$\Delta Q = I - O'$	$\overline{\Delta Q}$	W /[$(m^3/s)18h$]	$Q'=O'+x(I-O')$		
								$x=0.10$	$x=0.25$	$x=0.15$
(1)	(2)	(3)	(4)	(5)=(3)−(4)	(6)=(2)−(5)	(7)	(8)	(9)	(10)	(11)
7月1日14时	19900									
7月2日8时	24300	23700	600	23100	1200	7300	0	23220	23400	28230
7月3日2时	38800	27000	1600	25400	13400	13400	7300	26740	28750	27410
7月3日20时	50000	37800	1200	36600	13400	9850	20700	37940	39950	38610
7月4日14时	53800	48400	900	47500	6300	2850	30550	48130	49080	48450

续表

时间	万县实测入流量 I	宜昌出流量 O	区间径流量 q	修正后的实测出流量 $O'=O-q$	$\Delta Q=I-O'$	$\overline{\Delta Q}$	W /[(m³/s)18h]	$Q'=O'+x(I-O')$		
								$x=0.10$	$x=0.25$	$x=0.15$
(1)	(2)	(3)	(4)	(5)=(3)−(4)	(6)=(2)−(5)	(7)	(8)	(9)	(10)	(11)
7月5日8时	50800	51900	500	51400	−600	−3200	33400	51340	51250	51310
7月6日2时	43400	49600	400	49200	−5800	−6650	30200	48620	47750	48330
7月6日20时	35100	43000	400	42600	−7500	−7900	23550	41850	40730	41480
7月7日14时	26900	35600	400	35200	−8300	−7450	15650	34370	33130	33960
7月8日8时	22400	29300	300	29000	−6600	−5450	8200	28340	27350	28010
7月9日2时	19600	24200	300	23900	−4300		2750	23470	22830	23260
7月9日20时		21300	200	21100						
合计	385000	391800	6800	385000						

注 第(2)、(3)栏入、出流量为实测值,作为一次完整洪水应注意起、止流量基本相等;第(4)栏区间径流量是以一次洪水区间总量为控制的推算值。

宜昌实测流量中包括河段区间径流量,应扣除区间来水以消除它对参数确定的影响,如表3.6中第(5)栏为相应入流过程的出流过程。根据水量平衡式计算槽蓄量值W,根据$Q'=xI+(1-x)O=O+x(I-O)$假定几个不同的x值,作出这次洪水的$Q'-W$关系的坡度即为K值。图3.22是用表3.6第(9)~(11)栏与第(8)栏点绘的关系线。当$x=0.15$时$Q'-W$关系近似为直线。取$x=0.15$,其坡度$K=\dfrac{\Delta W}{\Delta Q'}\approx 18h$。

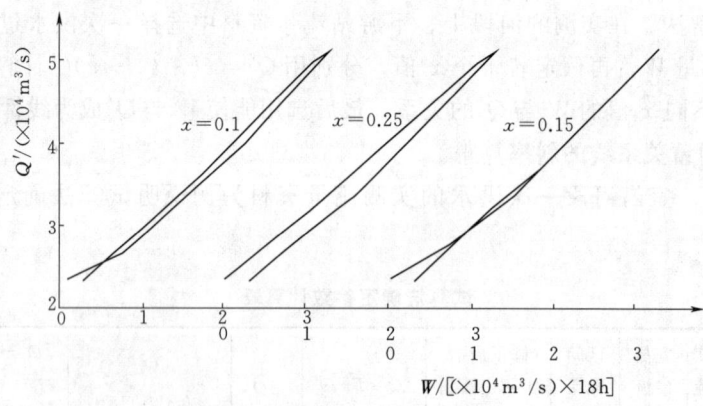

图3.22 参数K、x试算图

为保证确定参数的可靠性,使用试算法时,需要注意下列几点:①用该法确定的参数,有时因所取计算时段不同而有差别,宜作分析比较。②应选择区间径流尽可能少的洪水作为分析对象,以减小区间水对参数确定的影响。③作为一次完整洪水,应注意始、末流量基本相等。④在计算区间洪水总量时,应考虑河段汇流时间。在具体处理时可参照洪峰传播时间或其他方法进行估算。⑤在区间来水分配时,应考虑河段区间面积汇流特性。本例区间来水是以单位线为基础进行分配,是比较合理的。

经过多次洪水的分析，最后确定河段演算参数 K、x 值。由于试算法是根据上、下游实测流量资料推求参数的，故求出的 K、x 值能较好地反映该河段的汇流特性，实用效果较好。但有时也不尽然，其原因较为复杂，有的是由实际问题所引起，例如区间径流的处理，计算时段的选定等。另外，马斯京根槽蓄曲线的线性假定与河段实际情况也不相符合。试算法的缺点是试算较繁，且因试算次数较少，不一定能确定参数的最优值。因此，在假定 K 和 x 均为常数的条件下，可用最小二乘法直接推求 K 和 x 值。

2) 分析法。根据前面介绍的概念，马斯京根法参数可按其物理意义由下式确定

$$x = \frac{1}{2} - \frac{l}{2L} \tag{3.70}$$

$$K = \frac{L}{u} \tag{3.71}$$

特征河长 l、波速 u，都能根据稳定流一些相应水力特征值计算，具体方法参考前面的有关部分。

当上、下游站不同时具备实测水文资料或实测资料缺乏时，可按水力学公式，用分析法估算 K、x 值。分析法确定参数的另一优点是确定参数不受区间水处理的影响。但在实际应用中，分析法所需数据若与河段实际情况不符时，则计算的参数值就不能较好地反映整个河段的汇流特性。因此在有资料的河段，试算法与分析法应互相论证，以便较好地确定参数值。

4. 马斯京根分段连续演算法

马斯京根法对计算时段的选用有限制，要求 $\Delta t \approx K$，但有的河段不能符合要求。例如，在洪水涨落迅速的河段，若上下游两站距离较长，洪水传播时间 K 接近或超过了测站洪水过程的涨洪历时，若仍用 $\Delta t \approx K$，按 Δt 为时距摘录流量计算槽蓄量，则整个涨水段摘录的数据就太少，不但流量在时段内不能保持线性变化，还会漏去洪峰，使计算成果很不准确；若使 $\Delta t < K$，洪峰或波谷又将在一些时段内处于河段间，不符合流量沿程线性变化的要求。在上游有闸坝放水的河段，因闸门经常启闭也会造成不规则的陡涨陡落的洪水过程，使选取 Δt 发生困难。遇有这种情况，只有将演算河段 L 分成 $\frac{K}{\Delta t} = n$ 段，然后进行分段连续演算。马斯京根法分段连续演算的方法与特征河长法分段连续演算的方法是相似的，即先求出河段的汇流曲线，然后利用汇流曲线进行河段的汇流计算。在实际应用中，20 世纪 70 年代之前由于计算机的限制，常用汇流系数直接推求出流过程。现在直接采用计算公式编程计算。为了进行汇流计算，必须先确定分段数以及各分段（即单元河段）的参数 x_n、K_n。

(1) 单元河段参数 x_n、K_n 和 n 的确定。单元河段参数 x_n、K_n 和 n 的确定分为以下两种情况：

1) 已知整个河段的 L, x, K。首先根据实际情况选定计算时段 Δt，令 $K_n = \Delta t$，则 $n = \frac{K}{K_n} = \frac{K}{\Delta t}$，又 $l_n = \frac{L}{n}$。单元河段的 x_n 可以由整个河段已知的 x 来确定。根据 $x = \frac{1}{2} - \frac{l}{2L}$ 故 $l = (1 - 2x)L$，所以对于单元河段 l_n，$x_n = \frac{1}{2} - \frac{l}{2l_n} = \frac{1}{2} - \frac{(1 - 2x)L}{2l_n}$，而 $l_n = \frac{L}{l}$，即

$$x_n = \frac{1}{2} - \frac{(1-2x)nl_n}{2l_n} = \frac{1}{2} - \frac{n(1-2x)}{2}。$$

2) 如果有特征河长 l 而无整个河段的 K、x，则用下列公式推求单元河段数 n 及其 K_n、x_n。根据实际情况选定计算时段 Δt，仍令 $K_n = \Delta t$，则 $l_n = C_k \Delta t$，$n = \frac{L}{l_n}$，波速可以由与断面平均流速的关系求得。而 $x_n = \frac{1}{2} - \frac{l}{2l_n}$。

（2）汇流系数的推求。所谓汇流系数是指河段汇流曲线在各时段末的纵坐标值。将实际河段长 L 分成 n 个单元河段，其单元河段长 $l_n = \frac{L}{l}$，假定每个单元河段的 K_n、x_n 都相等。当河段上断面仅在零时刻有一个单位入流量，其余时刻都为零，其水量为 $1 \times \Delta t$，则上断面单位入流过程为三角形，如图 3.23 所示，传播到下断面的出流过程的各时段末的纵坐标就是汇流系数 P_{mn}（其中 m 表示时段数，n 表示河段数）。

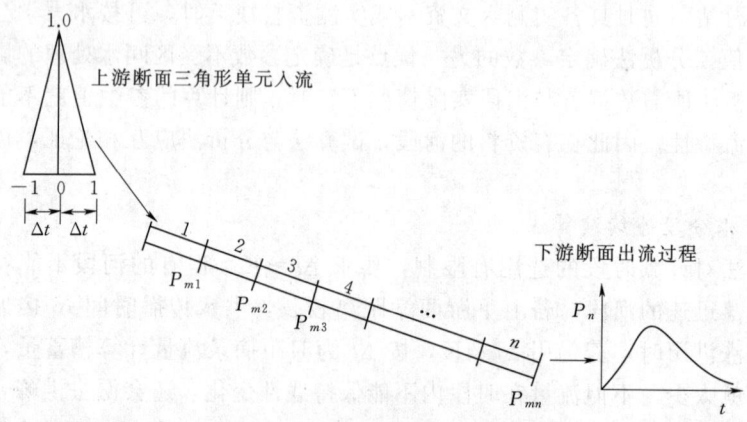

图 3.23 河段划分及汇流系数示意图

按式（3.62），可求得第一个单元河段的出流量并作为第二个单元河段入流，同样按式（3.62）可求第二个单元河段出流量过程为

$P_{0,2} = C_0^2 \quad (m=0)$

$P_{1,2} = 2C_0(C_1 + C_0 C_2)$

$P_{2,2} = 2C_0 C_2 (C_1 + C_0 C_2) + (C_1 + C_0 C_2)^2$

……

$P_{m,2} = 2C_0 C_2^{m-1}(C_1 + C_0 C_2) + (m-1)C_2^{m-2}(C_1 + C_0 C_2)^2 \quad (m=1,2,3,\cdots)$

以此类推，可求得第 n 个单元河段出流量过程

$$\begin{aligned}
P_{0,n} &= C_0^n \quad (m=0) \\
P_{m,n} &= \sum_{i=1}^{n} B_i C_0^{n-i} C_2^{m-i} A^i \quad (m>0, m-i \geqslant 0)
\end{aligned} \tag{3.72}$$

式中
$$A = C_1 + C_0 C_2$$

$$B_i = \frac{n!(m-1)!}{i!(i-1)!(n-i)!(m-i)!}$$

3.3 流量演算法

上式就是马斯京根法的分段连续演算的汇流系数公式,为了便于实际应用,可将此式制成汇流系数表。目前有此种表格可查,即《马斯京根法单位入流河槽汇流系数表》。

(3) 汇流系数的应用。有了 $\Delta t = K_n$ 汇流系数表(见附录Ⅱ),又确定了 x_n、K_n 值,就可以根据演算参数,查出相应的汇流系数,而后根据入流过程求得出流过程,而不需作 n 次计算。如果无表可查,只要求得有关演算参数,也可以用前面介绍的公式直接计算汇流系数。具体计算见下面的计算实例。

(4) 计算实例。以沅水沅陵至王家河河段的一次洪水为例,用试算法确定 $K=9h$,$x=0.45$。则计算步骤如下:

1) 根据实际需要及沅陵流量过程形状,确定计算时段 $\Delta t = 3h$。

2) 令 $K_n = \Delta t = 3h$,由此算得单元河段数 $n = \dfrac{K}{K_n} = \dfrac{9}{3} = 3$。单元河段长 $l_n = \dfrac{L}{n} = \dfrac{112}{3} = 37.3 \text{km}$。

3) 按公式 $x_n = \dfrac{1}{2} - \dfrac{n(1-2x)}{2}$ 算得 $x_n = \dfrac{1}{2} - \dfrac{3(1-2\times 0.45)}{2} = 0.35$。

4) 根据 $x_n = 0.35$、$n = 3$、$\Delta t = 3h$,根据式(3.72)可计算出汇流系数 P_{mn},见表3.7。

5) 根据线性叠加原理进行演算,见表3.8。

表 3.7 沅水沅陵至王家河河段汇流系数表

$\dfrac{t}{\Delta t}$	0	1	2	3	4	5	6	7	合计
P_{mn}	0.002	0.039	0.229	0.491	0.181	0.046	0.010	0.002	1.000

表 3.8 沅水沅陵至王家河河段演算结果

时间	沅陵实测入流量 I_t	汇流系数 P_{mn}	$I_1 P_{mn}$ $I_9 P_{mn}$ ⋮	$I_2 P_{mn}$ $I_{10} P_{mn}$ ⋮	$I_3 P_{mn}$ $I_{11} P_{mn}$ ⋮	$I_4 P_{mn}$ $I_{12} P_{mn}$ ⋮	$I_5 P_{mn}$ $I_{13} P_{mn}$ ⋮	$I_6 P_{mn}$ $I_{14} P_{mn}$ ⋮	$I_7 P_{mn}$ $I_{15} P_{mn}$ ⋮	$I_8 P_{mn}$ $I_{16} P_{mn}$ ⋮	王家河计算出流量 /(m³/s)	王家河实测出流量 /(m³/s)
(1)	(2)	(3)	(4)	(5)	(6)	(7)	(8)	(9)	(10)	(11)	(12)	(13)
12日24时	2300	0.002	5	(5)	(23)	(106)	(416)	(1129)	(527)	(90)	(2300)	
13日3时	2340	0.039	90	5	(5)	(23)	(106)	(416)	(1129)	(527)	(2300)	
13日6时	2400	0.229	527	91	5	(5)	(23)	(106)	(416)	(1129)	(2300)	
13日9时	2480	0.491	1129	536	94	5	(5)	(23)	(106)	(416)	(2310)	2400
13日12时	2520	0.181	416	1149	550	97	5	(5)	(23)	(106)	(2350)	2430
13日15时	2600	0.046	106	423	1178	568	98	5	(5)	(23)	(2410)	2480
13日18时	2700	0.010	23	108	434	1218	577	101	5	(5)	(2470)	2500
13日21时	2810	0.002	5	23	110	448	1237	596	105	6	2530	2520
13日24时	2900		6	5	24	114	456	1277	618	110	2610	2640
14日3时	3010		113	6	5	25	116	470	1325	643	2700	2740
14日6时	3190		664	117	6	5	25	120	489	1380	2810	2820

第 3 章 河段洪水预报

续表

时间	沅陵实测入流量 I_t	汇流系数 P_{mn}	I_1P_{mn} I_9P_{mn} ⋮	I_2P_{mn} $I_{10}P_{mn}$ ⋮	I_3P_{mn} $I_{11}P_{mn}$ ⋮	I_4P_{mn} $I_{12}P_{mn}$ ⋮	I_5P_{mn} $I_{13}P_{mn}$ ⋮	I_6P_{mn} $I_{14}P_{mn}$ ⋮	I_7P_{mn} $I_{15}P_{mn}$ ⋮	I_8P_{mn} $I_{16}P_{mn}$ ⋮	王家河计算出流量 /(m³/s)	王家河实测出流量 /(m³/s)
(1)	(2)	(3)	(4)	(5)	(6)	(7)	(8)	(9)	(10)	(11)	(12)	(13)
14日9时	3350		1424	689	124	7	5	26	124	509	2910	2940
14日12时	3600		525	1478	731	131	7	5	27	129	3030	3060
14日15时	4500		133	545	1566	767	140	9	5	28	3190	3200
14日18时	6000		29	138	577	1645	825	175	12	6	3410	3300
14日21时	7000		6	30	147	606	1768	1030	234	14	3840	3500
14日24时	7520		15	6	32	154	651	2210	1374	273	4710	4550
15日3时	8100		293	16	8	34	166	814	2946	1603	5880	5900
15日6时	8800		1720	316	18	7	36	206	1086	3437	6830	6820
15日9时	9300		3690	1854	343	19	7	45	276	1267	7500	7700
15日12时	9500		1360	3980	2015	362	19	9	60	322	8130	8380
15日15时	9700		346	1465	4320	2130	370	19	12	70	8730	8950
15日18时	9700		75	372	1593	4565	2175	378	19	14	9190	9310
15日21时	9650		15	81	405	1683	4660	2220	378	19	9460	9600
15日24时	9550		19	16	88	428	1720	4760	2220	376	9630	9700
16日3时	9430		372	19	18	93	437	1755	4760	2210	9660	9700
16日6时	9250		2188	368	18	19	95	446	1755	4740	9630	9650
16日9时	9100		4690	2160	361	18	19	97	446	1746	9540	9600
16日12时	9070		1730	4630	2120	355	18	19	97	444		
16日15时	9000		440	1705	4540	2083	353	18	19	96		
⋮	⋮	⋮	⋮	⋮	⋮	⋮	⋮	⋮	⋮	⋮	⋮	⋮

注 括号内数字是按入流量2300m³/s作基流看待推算的。

对于有支流的河段，入流断面不止一个，可以采用先演后合或先合后演的方法推算河段出流过程。所谓先演后合是指将各上游站的流量分别演算到河段下游站，然后叠加，这种做法没有考虑干、支流洪水波的相互干扰作用；而先合后演是指将上游站的流量，在时间上按洪水传播时间 τ_i 进行移动，并将各上游站同时到达下游站的流量叠加起来，计算出上游站的合成流量，然后再演算成下游站的出流过程。

本 章 小 结

河段洪水预报是短期雨洪径流预报的重要组成部分，常用的方法有相应水位（流量）法、流量演算法。

相应水位（流量）法是依据洪水波在传播过程中的变形规律，利用上、下游站的实测流量或水位资料建立上、下游站的相应水位（流量）之间的相关关系。利用相应水位（流量）法进行预报需要解决的两个问题是：下游站水位（流量）的预报；上下游站之间传播时间的预报。下游站水位（流量）的预报以及上下游站之间传播时间的预报所依据的预报方案有多种形式。

　　流量演算法是利用河段中的蓄泄关系与水量平衡原理，将上游站的流量过程演算为下游站流量过程的方法。具体的演算方法有特征河长法和马斯京根法。特征河长法是通过改变河长并引进特征河长使槽蓄曲线单值化；马斯京根法是不改变河长，通过引进示储流量使槽蓄曲线单值化。为了演算的方便又通常将单值化的槽蓄曲线处理成线性关系。

思 考 与 练 习

　　3.1　何谓河段洪水预报？常用的河段洪水预报方法有哪两种？
　　3.2　何谓位相、相应流量、附加比降、波速？
　　3.3　洪水波变形有哪两种现象？造成洪水波变形的原因有哪些？
　　3.4　在实际工作中，应用相应水位（流量）法预报需要解决哪两个问题？如何解决？
　　3.5　在上、下游站相应水位关系中，应用下游站同时水位和上游涨差为参数有何作用？相应水位与下游站同时水位有何区别？
　　3.6　合成流量的基本依据是什么？它是怎样计算的？
　　3.7　何谓流量演算法？常用的流量演算法有哪两种？
　　3.8　何谓槽蓄曲线？为什么说流量演算法的关键在于处理槽蓄曲线？
　　3.9　天然河道槽蓄曲线有哪些类型？通过什么途径可使槽蓄曲线成单值关系？
　　3.10　何谓特征河长？它是怎样计算的？
　　3.11　马斯京根法的假定是什么？Δt、K、x 是怎样确定的？演算公式如何应用？流量演算法有无预见期？在何种情况下才有预见期？
　　3.12　Q'、K、x 的物理意义是什么？K、x 的取值范围如何？为什么要对 Δt 的大小加以限制？
　　3.13　为什么要分段连续演算？
　　3.14　何谓河槽汇流曲线？有哪些河槽汇流曲线？
　　3.15　已知某河段上、下游站相应洪峰水位及洪峰传播时间相关图，如图1所示。当已知该河段6月13日15时10分上游站洪峰水位为145m时，预报下游站出现的洪峰水位及时间。
　　3.16　已知某河段以下游站同时水位为参数的水位及传播时间关系曲线，如图2所示。当已知该河段5月10日10时30分，上游站洪峰水位为158m，下游站水位为125m时。预报下游站出现的洪峰水位及时间。
　　3.17　某河段流量演算采用马斯京根法，计算时段 $\Delta t = 18h$，马斯京根槽蓄曲线方程参数 $x = 0.15$；$K = 18h$。试推求马斯京根流量演算公式中系数 C_0、C_1 和 C_2。
　　3.18　根据某河段一次实测洪水资料，如表1所示，采用马斯京根法进行流量演算。马斯京根流量演算公式中系数分别为 $C_0 = 0.26$、$C_1 = 0.48$ 和 $C_2 = 0.26$。

第3章 河段洪水预报

表1　　　　　　　　　　某河段一次实测洪水过程

时间	7月1日14时	7月2日8时	7月3日2时	7月3日20时	7月4日14时	7月5日8时	7月6日2时
$Q_上/(m^3/s)$	19900	24300	38800	50000	53800	50800	43400
$Q_下/(m^3/s)$	22800						

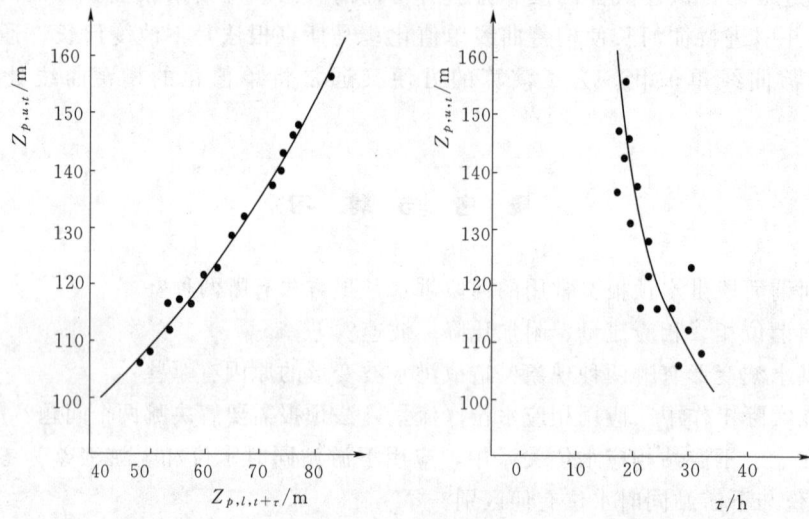

图1　某河段上、下游站相应洪峰水位及洪峰传播时间相关图

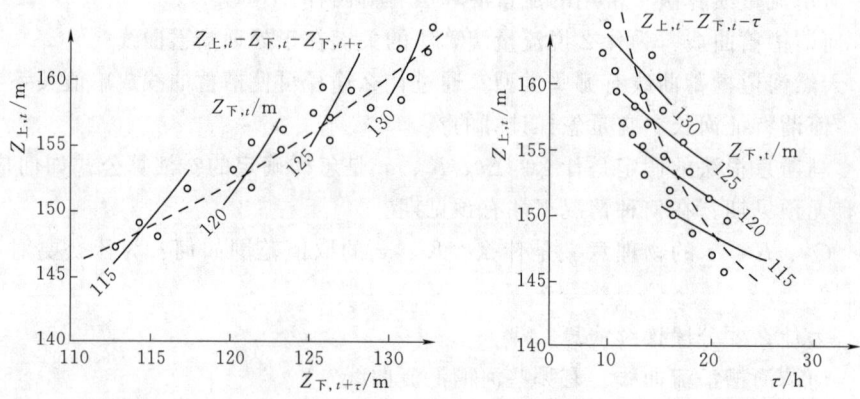

图2　以下游站同时水位为参数的相应水位及传播时间关系曲线图

第4章 流域降雨径流预报

上一章介绍的预报方法，都是根据河段上游站已出现的水情预报下游站水情的方法。这些方法在实用中有不足之处：①对于有些流域，因预报断面上游无水文站，而无法应用；②对于一些面积较小的流域，由于河槽汇流时间短，预报的预见期不能满足实用要求；③当河段的区间面积较大而支流上又缺乏水文站时，还需要有预报区间来水量的预报方法。为此，本章将介绍直接根据预报断面以上流域的降雨量来预报该断面水情的方法。

4.1 概 述

应用降雨量预报径流需要解决两个方面的问题：①某次降雨所产生的径流是多少；②这些径流是怎样汇集到预报断面的。前者称为产流量预报，后者称为汇流过程预报。

在《水文学概论》分册中已讨论了流域降雨径流的形成过程，在实际工作中为便于分析研究，常将复杂的径流形成过程分成产流与汇流两个阶段。前者只处理降落在流域上的雨量如何就地扣除一切损失量得到径流量（净雨量），后者则处理流域各处已产生的径流量如何向流域出口断面汇集成为一次洪水过程。这样划分在产流计算时，对于某一时期内的降雨扣除损失得到的仍是该时期内产生的径流。从水文预报的角度看，这样做是没有预见期的。因此，本章介绍的各种产流计算方法只有与汇流计算配合使用才有预见期。

就目前而言，常用的产流计算（产流量预报）方法有降雨径流经验相关图法、蓄满产流模型以及超渗产流模型；常用的地面径流汇流计算（汇流过程预报）方法有经验单位线法、瞬时单位线法以及等流时线法，对于地下径流的汇流计算常采用马斯京根法。

4.2 降雨产流量预报

4.2.1 产流量计算的基本原理

若把闭合流域视作一个系统，降雨量作为系统的输入，蒸散发量和出口断面流量为其输出，而流域蓄水量的变化则可调节降雨的损失量和无雨期的蒸散发量。若是一个不闭合流域，还存在与邻近流域的水量交换，导致流域水量增加的为输入，反之则为输出。跨流域引水的流域，水量平衡方程还应考虑引出或引入的水量。因此，流域产流量计算的水量平衡方程可表示为

$$R = P - E - W_P - W_S - \Delta W \pm R_{交} \pm R_{引} \pm R_{其他} \tag{4.1}$$

式中 P——流域降雨量，mm；

R——流域产流量，mm；

E——流域蒸散发量，mm；

W_P——植物截留量，mm；

W_S——地面坑洼储水量，mm；

ΔW——土壤蓄水量，mm；

$R_{交}$——流域不闭合的径流交换量，mm；

$R_{引}$——跨流域引水量，mm；

$R_{其他}$——其他因素引起的水量增减，mm。

天然流域，地面坑洼滞蓄量不大，变动也较小。据研究，在中等或平缓山坡上，填洼量一般在 5～15mm 之间，耕地为 10～40mm 之间，对平整的土表面，常小于 10mm。若流域上的塘、坝、水库等水利工程设施多，则地面滞蓄量有时就相当大。植物截留同植物种类、植被覆盖密度关系密切，其变幅较大。对一般流域的植被条件下，一次降雨过程中被截留的水量常小于 10mm。但发育完好的森林地区，植物截留量可达次洪降雨量的 15%～25%。由于植物截留量和地面坑洼蓄水与耗于蒸散发的土壤蓄水一样，对降雨产流来讲都是一种损失，只不过各种滞蓄（例如：植物截留，土壤滞蓄，坑洼填蓄等）对产流产生影响的机制与消耗机制各不相同。但对于一般的天然流域，如果其植物截留量和地面坑洼蓄水量不大，常把这三种蓄量合并作为土壤蓄水量来处理。如果研究的是闭合流域，且无大的跨流域引水工程和其他影响流域水量增减的因素，则式（4.1）可简化为

$$R_t = P_t - E_t + W_t - W_{t+1} \tag{4.2}$$

式中 W_t、W_{t+1}——t 与 $t+1$ 时刻的土壤蓄水量，mm。

用式（4.2）计算流域产流量，一般只已知降雨量 P_t 和初始土壤蓄水量 W_t，要求解其方程，还需两个方程、关系或模式，才能获得方程的定解。在产流量计算中，一般利用蒸发计算模式和降雨-径流的关系先推求 E_t 和 R_t。

1. 湿润地区产流计算的基本原理

在湿润及半湿润地区，雨季植物生长茂盛且覆盖度大，土壤结构疏松，表土的下渗能力强，一般的雨强难以超过，超渗坡面流比较罕见。另一方面，这些地区的地下水埋藏较浅，包气带较薄，要使包气带达到田间持水量所缺的水量不大，易于被一次降雨所满足。因此，在降雨量小于包气带缺水量之前不产流，雨量全部填充土层，降雨量满足包气带缺水量之后则产生径流，其中雨强大于稳定下渗率的部分成为地面径流，渗入包气带成为自由水的部分在重力的作用下成为壤中流和地下径流。产流计算的基本原理可用下述数学表达式描述。

当 F（下渗量）$< D$ 时　　　　　　$R = 0$

当 F（下渗量）$> D$ 时　　　　　　$R = R_s + R_{ss} + R_g$

如果 $i < f_c$　　　　　　$R_s = 0$，$R_{ss} + R_g = iT$

如果 $i > f_c$　　　　　$R_s = (i - f_c)T$，$R_{ss} + R_g = f_c T$

式中 i——降雨强度；

　　f_c——稳定下渗率；

　　R——总产流量；

R_s——地面径流量；

R_{ss}——壤中径流量；

R_g——地下径流量；

D——包气带缺水量；

T——产流历时。

流域的降雨径流关系可用下式描述：

$$R = P - E - D = P - E - (W_m - W_0) \tag{4.3}$$

式中 P、R——降雨量及产流量，mm；

E——蒸发量，mm；

W_m——包气带蓄水容量（即包气带达到田间持水量时的土壤含水量），mm；

W_0——雨前包气带蓄水量（即初始土壤含水量），mm。

式（4.3）即为湿润地区产流计算的基本方程式。由该式可以看出：对于一个具体的流域，当包气带的持水能力一定，降雨与产流量的关系只决定于雨前包气带的缺水量，与雨强基本无关。这种受降雨量和土壤蓄水能力控制的产流方式称为蓄满产流。蓄满指包气带的蓄水量达到田间持水量。

2. 干旱地区产流计算的基本原理

在干旱与半干旱地区，植被条件较差，土壤结构紧密，表土层下渗能力也较弱。另一方面，这些地区雨量少，地下水埋藏深，包气带厚度大，其中最为典型的如陕北的黄土高原，其包气带可达数十米、上百米，且包气带下部常为干土。由于包气带缺水量大，通常降雨不可能满足，这些地区一般不会产生壤中流和地下径流。所以，在干旱和半干旱地区只有当降雨强度大于下渗能力时产生地面径流；否则，无径流形成。产流计算的基本原理可用下述数学表达式描述。

当 $i < f_p$ 时 $\quad R = 0$

当 $i > f_p$ 时 $\quad R = R_s = (i - f_p) T$，$R_{ss} + R_g = 0$

式中 f_p——土壤的下渗能力。

流域的降雨径流关系可描述如下：

$$R = P - E - F \tag{4.4}$$

式（4.4）为干旱和半干旱地区产流计算的基本方程式。由式（4.4）可见，降雨与产流量的关系取决于下渗量。对于一个具体流域，当土壤的下渗能力变化规律（下渗曲线）一定，下渗量取决于土壤雨前含水量和降雨历时（强度）。当雨前土壤含水量一定，即初始下渗强度一定时，降雨强度越大，下渗量越小，降雨强度越小，则下渗量越大。因此，降雨强度和下渗强度是控制干旱地区产流量的主要因素。这种产流方式称为超渗产流。

需要说明的是：将产流过程概括成蓄满与超渗两种方式，主要是以不同的气候与下垫面条件作为影响产流量的主要因素和产流途径划分的。实际上对于一个具体流域来说，这两种产流方式往往会有所混杂，例如在多雨湿润地区以蓄满产流为主的流域，也不是说流域中每一处或每次降雨的各阶段都严格符合蓄满产流原理。当雨强大到足以超过地表的下渗能力时，即包气带未蓄满也会有地面径流产生。同样，在干旱和半干旱地区以超渗产流为主的流域，在多雨湿润的年份或季节，也可能在流域的局部以致全部出现蓄满产流现象。因此，在制作一个流域的降雨径流预报方案前，应从实际出发对流域的产流方式进行分析论证，以便确定应采用的计算方法。

4.2.2 产流方式的判断

判断一个流域降雨的主要产流方式首先要了解该流域所处地理位置的气候条件，流域的降雨、土壤、植被等特征和水文地质状况。收集流域内或邻近地区有关径流实验的资料。但是，最为直观的判断依据是该流域的实测流量过程线。因为不同的产流方式往往形成径流的途径不同，各种不同成分径流在汇流特性上的差异，在流量过程线上都会得到反映。以陕北驼耳巷和安徽东坑两站为例，图4.1是两站的流量过程线，表4.1是两次暴雨洪水的有关特性。由表4.1可见，通过对比，可以看出它们之间不仅产流方式有所区别，而且在汇流特性方面也有明显的不同，驼耳巷流域的径流汇流速度快，洪峰高，峰型尖瘦对称，洪水历时短，符合地面径流的汇流特性，故该地区为超渗产流；东坑流域的径流汇流速度慢，峰型平缓，洪水历时长，可见径流过程中地下径流的比重相当大，产流方式为蓄满产流。

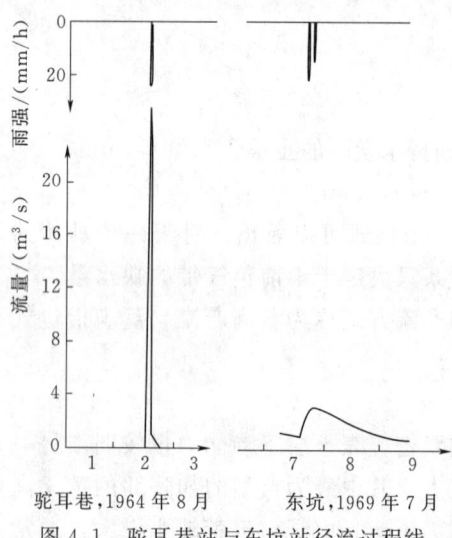

图4.1 驼耳巷站与东坑站径流过程线

表4.1 驼耳巷站与东坑站暴雨洪水特性对照表

站　名	陕北驼耳巷流域	安徽东坑流域
自然情况	干旱黄土地区	湿润多林地区
流域面积/km²	5.74	5.65
雨量/mm	24.6	38.7
最大一小时雨量/mm	22.1	23.3
径流总量/mm	7.9	38.2
洪峰流量/(m³/s)	26.1	3.5
主要洪水历时/h	3	30

4.2.3 流域蒸散发

流域蒸散发量计算是产流计算的重要内容，特别对于长时期的产流量估计，蒸散发常是决定性因素，如果一个流域某特定时期始末的土壤含水量很接近，可忽略该特定时期土壤含水量变化对径流量的影响，则水量平衡计算式可简化为

$$\sum_{i=1}^{n} R_i = \sum_{i=1}^{n} P_i - \sum_{i=1}^{n} E_i \tag{4.5}$$

式中　P_i、E_i、R_i——降雨量、蒸散发量和径流量；

n——该特定时期内的计算时段数。

对于一次洪水的产流量，其计算式与式（4.2）相同，有洪水期产流计算
$$R_t = P_t - E_t + W_t - W_{t+1} \tag{4.6}$$
无雨期蒸发消耗
$$W_{t+1} = W_t - E_t \tag{4.7}$$
显然，蒸散发决定了无雨期土壤含水量的消耗量，也影响降雨期的产流量。流域蒸散发量很难由直接观测资料确定，常通过模型计算获得。

1. 模型的物理依据

模型设计的主要依据是土壤蒸发规律，关于土壤蒸发规律在《水文学概论》教材中已作了比较详细的介绍。在一定的气象条件下土壤水分的蒸发过程大致可分为3个阶段，如图4.2所示。

（1）当表层土壤含水量达到或超过田间持水量 W_{c1} 时，蒸发的水分由表层土壤供给，下层土壤水分以毛管作用不断向地表补充，土壤蒸发率可以达到其蒸发能力，其值随气象条件而定，与水面蒸发率相近，即 $E_s/E_m \approx 1.0$。

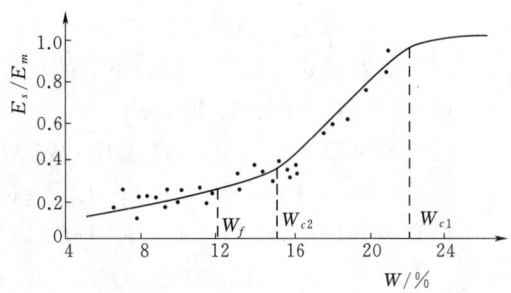

图 4.2 $\dfrac{E_s}{E_m} = f(W)$ 关系曲线

W_{c1}—第一临界含水量；W_{c2}—第二临界含水量；
W_f—植物凋萎含水量

（2）当表层土壤含水量降到田间持水量与毛管断裂含水量 W_{c2} 之间时，毛管输送水分的能力下降，供水不充分，土壤蒸发率逐渐降低，其值随土壤含水量及气象条件而变，E_s/E_m 与 W 成正比。

（3）当表层土壤含水量小于毛管断裂含水量时，深层土壤水分以薄膜水的形式向上缓慢移动，或以气态水形式经土壤空隙向大气扩散，或由植物根系吸收后散发，这时蒸发率可维持在一个较小的稳定数值，与气象条件关系不大，直至土壤所含水分不能被植物吸收时，植物因此凋萎枯死，土壤蒸发可能趋于停止。

在上述3个阶段中，土壤蒸发的变化取决于土壤的供水条件和气象条件。前者可用土壤蓄水量表示，后者指与热能供给及水汽转换有关的大气蒸发性能，可在流域蒸散发能力数值的大小中反映。

2. 流域蒸散发能力 E_m 的确定

流域的蒸散发能力，是计算流域蒸散发量的重要依据，目前常采用由蒸发器得到的实测水面蒸发量 E_w 折算而得。由 E_w 转换为 E_m 有3个环节，首先将 E_w 改正为蒸发器当地的自由水面蒸发量；其次由当地的 E_w 改正为当地的蒸发能力 E_m；最后将当地的 E_m 折算为流域的 E_m。由于每一个环节都是通过系数折算的方法实现的，而且也难以逐一分开处理，因此常用一个综合折算系数 K_E 加以处理，即
$$E_m = K_E E_w \tag{4.8}$$
一个流域只要确定了 K_E，就可以将测站的实测水面蒸发量逐日转换为流域的蒸散发能力，作为推求逐日流域蒸散发量用。

3. 流域蒸散发量计算

国内目前常用的是三层蒸发计算模式，即

上层蒸发量 $\quad E_U = E_m$
下层蒸发量 $\quad E_L = E_m \cdot WL/WLM$
深层蒸发量 $\quad E_D = C \cdot E_m$ (4.9)
总蒸发量 $\quad E = E_U + E_L + E_D$

式中 E_m——流域蒸发能力，mm；
WL——下层土壤含水量，mm；
WLM——下层土壤含水容量，mm；
C——蒸发扩散系数。

三层蒸发模式按照先上层后下层的次序，具体分如下4种情况计算：

(1) 当 $WU + P \geqslant E_m$ 时，$E_U = E_m$，$E_L = 0$，$E_D = 0$。

(2) 当 $WU + P < E_m$，$WL \geqslant C \cdot WLM$ 时
$$E_U = WU + P \quad E_L = (E_m - E_U)WL/WLM \quad E_D = 0$$

(3) 当 $WU + P < E_m$，$C(E_m - E_U) \leqslant WL < C \cdot WLM$ 时
$$E_U = WU + P \quad E_L = C(E_m - E_U) \quad E_D = 0$$

(4) 当 $WU + P < E_m$，$WL < C(E_m - E_U)$ 时
$$E_U = WU + P \quad E_L = WL, E_D = C(E_m - E_U) - E_L$$

以上式中 WU——上土层含水量，mm；
P——降雨量，mm。

上述蒸发模式在国内被广泛应用。表4.2是三层模式蒸发量计算的一个例子，选用的参数为：$WUM = 20mm$，$WLM = 60mm$，$WDM = 40mm$，$C = 1/6$。WUM、WLM、WDM分别为上层、下层和深层的土壤含水容量。计算结果，可用式（4.2）水量平衡方程校核

$$\sum R = \sum P - \sum E + W_初 - W_末$$
$$0 = 8.8 - 25.9 + 54.9 - 37.8$$

在生产实际中，为方便计算，还有简化应用的。如南方湿润地区，上层和下层的土壤含水量丰沛，深层蒸发很少发生，故可采用二层蒸发模式

上层土壤蒸发量 $\quad E_U = E_m$
下层土壤蒸发量 $\quad E_L = E_m \cdot WL/WLM$ (4.10)
土壤总蒸发量 $\quad E = E_U + E_L$

在早期，还有采用一层蒸发模式的，即
$$E = E_m \cdot W/WM \quad (4.11)$$

二层、一层模式算例见表4.3。该计算表中，降雨量、蒸发能力同表4.2，二层蒸发模式参数为 $WUM = 20mm$，$WLM = 60mm$；一层蒸发模式参数为 $WM = 80mm$。

从表4.2与表4.3计算结果看，三层蒸发模式计算的蒸发量最大，二层次之，一层最小。从上述模式的计算结构和蒸发物理机制看，二层模式简化了深层结构，忽略了植物根系对土壤水分的扩散作用，导致蒸发量计算值比三层模式蒸发量减少；在久旱之后，当 WL 很小且继续无雨，这时用二层蒸发模式算出的蒸发量常是偏小的。一层蒸发模式中，既没有考虑深层蒸发与植物根系扩散作用，也没有考虑充分供水时应按蒸发能力蒸发，使

得计算的蒸发量偏小更多。

表 4.2　　　　　　　　　　　　三层模式蒸发量计算　　　　　　　　　　　　单位：mm

日期 /(年-月-日)	P	E_P	E_U	E_L	E_D	E	WU	WL	WD
1970-8-8		7.9		2.0		2.0		14.9	40.0
1970-8-9		7.4		1.6		1.6		12.9	40.0
1970-8-10	0.8	5.9	0.8	1.0		1.8		11.3	40.0
1970-8-11		6.1		1.0		1.0		10.3	40.0
1970-8-12		6.2		1.0		1.0		9.3	40.0
1970-8-13	0.2	5.8	0.2	0.9		1.1		8.3	40.0
1970-8-14		5.0		0.8		0.8		7.4	40.0
1970-8-15		5.2		0.9		0.9		6.6	40.0
1970-8-16		5.4		0.9		0.9		5.7	40.0
1970-8-17		6.9		1.2		1.2		4.8	40.0
1970-8-18		6.7		1.1		1.1		3.6	40.0
1970-8-19	0.3	4.1	0.3	0.8		1.1		2.5	40.0
1970-8-20		5.8		1.0		1.0		1.7	40.0
1970-8-21		4.0		0.7		0.7		0.7	40.0
1970-8-22		4.3			0.8	0.8		0.0	40.0
1970-8-23	7.4	5.9	5.9		0.0	5.9			39.2
1970-8-24	0.1	4.2	1.6		0.4	2.0	1.5		39.2
1970-8-25		6.3			1.0	1.0	0.0		38.8
Σ	8.8		8.8	14.9	2.2	25.9			

表 4.3　　　　　　　　　　二层和一层模式蒸发量计算　　　　　　　　　　单位：mm

| 日期
/(年-月-日) | P | E_p | 二层模式 | | | | | 一层模式 | |
			E_U	E_L	E	WU	WL	E	W
1970-8-8		7.9		2.0	2.0		14.9	1.5	14.9
1970-8-9		7.4		1.6	1.6		12.9	1.2	13.4
1970-8-10	0.8	5.9	0.8	1.0	1.8		11.3	1.0	12.2
1970-8-11		6.1		1.0	1.0		10.3	0.9	12.0
1970-8-12		6.2		1.0	1.0		9.3	0.9	11.1
1970-8-13	0.2	5.8	0.2	0.8	1.0		8.3	0.8	10.2
1970-8-14		5.0		0.6	0.6		7.5	0.6	9.6
1970-8-15		5.2		0.6	0.6		6.9	0.6	9.0
1970-8-16		5.4		0.6	0.6		6.3	0.6	8.4
1970-8-17		6.9		0.6	0.6		5.7	0.7	7.8
1970-8-18		6.7		0.6	0.6		5.1	0.6	7.1
1970-8-19	0.3	4.1	0.3	0.3	0.6		4.5	0.3	6.5
1970-8-20		5.8		0.4	0.4		4.2	0.5	6.5

续表

日期 /(年-月-日)	P	E_p	二层模式					一层模式	
			E_U	E_L	E	WU	WL	E	W
1970-8-21		4.0	0.2		0.2		3.8	0.3	6.0
1970-8-22		4.3	0.3		0.3		3.6	0.3	5.7
1970-8-23	7.4	5.9	5.9		5.9		3.3	0.9	5.4
1970-8-24	0.1	4.2	1.6	0.1	1.7	1.5	3.3	0.5	11.9
1970-8-25		6.3		0.3	0.3	0.0	3.2	0.9	11.4
Σ	8.8		8.8	12.0	20.8			13.2	

应当指出，不论三层模式或二层、一层模式，都是对蒸发物理过程的近似概化，在具体应用中，要注意结合流域的实际情况选用模式，以计算结果优劣确定之。

4.2.4 降雨径流经验相关图法

降雨径流经验相关图法适用于以蓄满产流为主的湿润地区的降雨产流量预报。该法利用实测的雨洪资料计算流域面平均降雨和所产生的径流量，在分析主要影响因素的基础上，建立以主要影响因素为参数的次降雨量与次径流量之间的相关图。

1. 相关图的要素计算

（1）流域次平均降雨量计算。在《水文学概论》教材中已经介绍了算术平均法、泰森多边形法和等雨量线法面平均雨量计算的原理、具体方法、适用条件和成果的精度，此处不再赘述。制作用于洪水预报的降雨径流相关图，是针对一次次洪水过程的降雨和径流之间的关系，故所谓次降雨量是指形成一次洪水过程的总雨量，可以划分为由若干时段降雨量所组成。

（2）次洪水径流量计算。在编制产流计算方案时要具备各次降雨对应的次洪径流量。该径流量由流域出口断面实测流量过程线求得。但实测流量过程除包括本次降雨所形成的地面径流、壤中流（表层流）及浅层地下径流外，还可能包括前期降雨所形成径流过程中未退完的部分和深层地下水补给。因此，在计算本次降雨所产生的径流量时，首先应把实测流量过程中与本次降雨无关的水量（即上述后两项水量）分割出来，然后才能计算。

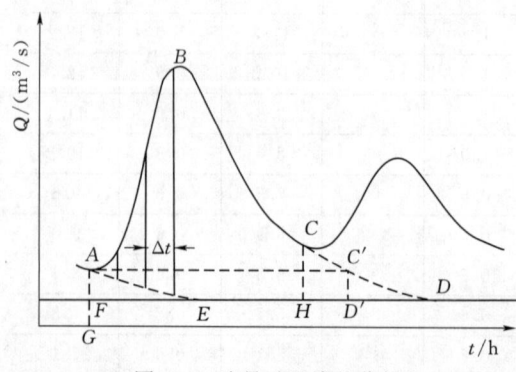

图 4.3　流量过程线的分割

1）流量过程线的分割。如图 4.3 所示，洪水起涨时刻 A 的流量由前次洪水的退水流量 AF 和深层地下水流量 FG 组成。AEF 是前期洪水的退水，FD 以下是深层地下水，这两部分都与本次降雨无关，应从流量过程线中分割出去。流域的深层地下水补给比较稳定，可按常数处理，取历年最小流量的平均值或本年汛期最小流量用水平线分割，如图 4.3 中 FD。虚线 AE 是前期洪水退水过程的外延，也就是 A 点以后若无本次降雨产流，流量过程线应沿 AE 变化。本次降雨引起的洪水变化如图 4.3 中的 ABC 部分。C 点以后又因后继降雨过程线上涨,所以 C 点以后的退水曲线也要外延而得。外延退水过程及深层地下径流的分割,得到本次降雨的径流过程线为 ABCDEA,径流总量为其面积。

求得径流总量后,对于由多种水源组合而成的径流过程,有时为了配合汇流计算的需要,还要作水源划分。目前最常见的是划分成直接径流和地下径流两部分。其中直接径流由地面径流和表层流组成。因此,划分的关键是要在退水过程中找到直接径流的终止点 B,如图 4.4 所示。B 点可采用如下两种方法确定。第一种是退水曲线法。如图 4.4(a)所示,以本流域的标准地下径流退水曲线 CD 沿时间轴横向水平移动,使其与实测流量过程线退水段尽可能重合,得到重合段 BD 的起始点 B。B 点以后表示地下径流的消退过程,B 点则为直接径流终止点。关于标准退水曲线的概念和制作方法可见《水文学概论》教材。第二种是经验公式法。令峰现时间到直接径流终止时刻的时距为 N(日),建立本流域的 N 值与有关要素(例如洪峰流量 Q_m,降雨历时 T 等)的经验关系,以便在无法使用退水曲线确定 B 点时用。在缺乏建立本流域经验关系的足够资料时,可参考使用国外的经验公式

$$N=0.8A^{0.2} \tag{4.12}$$

式中 A——流域面积,km^2。

对于复式洪水常采用经验公式划分,如图 4.4(b)所示。

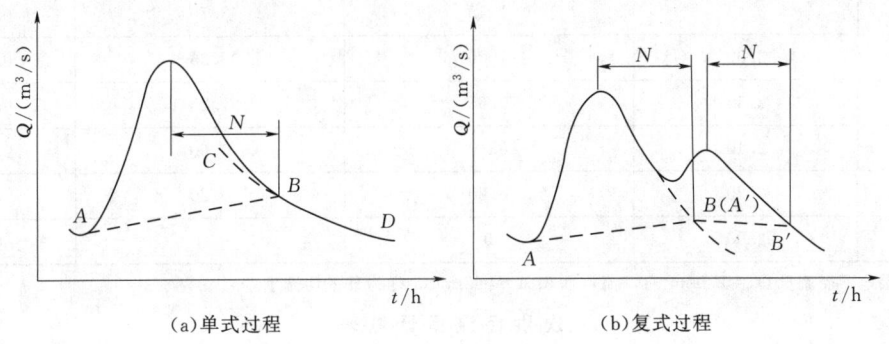

图 4.4 地下径流的分割

有了 B 点或 B′点,划分水源常近似地用斜线法进行。如图 4.4(b)所示,连接 AB 或 A′B′,则斜线以上为直接径流,以下为地下径流,可分别求得其径流量。A 及 A′的流量均应全部由地下水补给。

2)次洪径流量的计算。将本次降雨所形成的径流过程分割出来后,即可求得其径流量。如图 4.3 中的 ABCDEA 所包围的面积,化为以毫米(mm)计的径流深。

$$R=\frac{3.6\sum Q\Delta t}{A} \tag{4.13}$$

式中 Δt——计算时段长,h;

Q——扣除前期退水与深层地下水补给的流量,m^3/s。

若流域的退水规律比较稳定时,取 $C'D'=AF$,则流量过程 $ABCC'D'FA$ 所包围的面积可作为本次降雨所产生的径流量,因为此时 AEFA 的面积等于 $C'DD'C'$ 的面积。

在实用中,为了计算方便还可以将标准退水曲线转换成 Q 与 R_e 的关系,如图 4.5 所

示，$R_{e,t}$表示当流域出口流量为Q_t时，尚存于流域内未退出的水量。R_e可按退水曲线逆时序计算而得，见表4.4。有了Q-R_e关系，在计算图4.3的$ABCDEA$径流总量时，在A至E及C至D时间内不必逐一计算每个时段的流量，而只要先计算出面积$ABCHFA$的水量，然后减去以Q_A查得的$R_{e,A}$（即$AEFA$水量）加上由Q_C查得的$R_{e,C}$（即$CDHC$水量）即可，举例见表4.5。

表4.4 $\overline{Q}'$-R_e 计 算 表

t/d	$\overline{Q}$/(m³/s)	$\overline{Q}'=\overline{Q}-\overline{Q}_0$/(m³/s)	$\sum\overline{Q}'$/(d·m³/s)	R_e/mm
0	40.0	38.0	95.50	14.9
1	22.0	20.0	57.50	9.0
2	14.0	12.0	37.50	5.9
3	9.80	7.80	25.50	4.0
4	7.40	5.40	17.70	2.8
5	5.80	3.80	12.30	1.9
6	4.80	2.80	8.50	1.3
7	4.00	2.00	5.70	0.9
8	3.45	1.45	3.70	0.6
9	3.00	1.00	2.25	0.4
10	2.65	0.65	1.25	0.2
11	2.40	0.40	0.60	0.1
12	2.20	0.20	0.20	0
13	2.00	0	0	0

注 深层地下径流量$\overline{Q}_0=2.00\text{m}^3/\text{s}$，流域面积$A=552\text{km}^2$，$\overline{Q}$为日平均流量。

表4.5 次 洪 径 流 量 计 算 表

洪号	时间	$\overline{Q}$/(m³/s)	$\overline{Q}'$/(m³/s)	R_e/mm	R/mm
78072	7月20日	6.10	4.10		
	7月21日	5.40	3.40	1.7	
	7月22日	17.9	15.9		
	7月23日	31.7	29.7		
	7月24日	72.1	70.1		
	7月25日	60.5	58.5		
	7月26日	28.5	26.5		
	7月27日	15.3	13.3		
	7月28日	11.4	9.40		
	7月29日	8.30	6.30	3.4	
合计			226.8		37.2

注 因29日的R_e已包含该日的$\overline{Q}'=6.30$，所以$\sum\overline{Q}'$中不再计入。

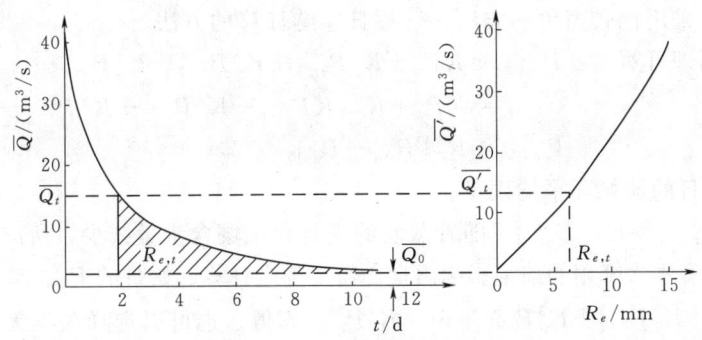

图 4.5 $\overline{Q}$-t 与 $\overline{Q}$-R_e 图

在表 4.4 中，第 2 列为日平均流量；第 2 列减去基流即得第 3 列；第 4 列是第 3 列的逆时序累加值，如第 4 列的 $0.60=0.20+0.40$，$1.25=0.2+0.40+0.65$；第 5 列是根据第 4 列应用式（4.13）转换而得，如 $3.6\times 95.5\times 24/552=14.9$mm，即第 5 列的第一个值，本例中 $\Delta t=24$h。利用表中第 3、第 5 列的对应值，绘制 $\overline{Q}'$-R_e，如图 4.5 所示。

表 4.5 为一次实测洪水过程的径流量计算。由表 4.5 知，洪水起涨点流量 Q_A 为 3.4，查图 4.5 可得相应的 $R_{e,A}=1.7$；又 $Q_c=6.3$，查得相应的 $R_{e,c}=3.4$，故该次洪水的径流量为 $\dfrac{3.6\sum\overline{Q}'\Delta t}{A}+R_{e,c}-R_{e,A}=\dfrac{3.6\times 226.8\times 24}{552}+3.4-1.7=37.2$mm。

（3）流域平均前期土壤含水量。流域平均前期土壤含水量是指降雨开始时流域原有的土壤含水量。它的大小反映了降雨开始时流域的湿润状况，与本次降雨的损失量由直接关系，是影响降雨产流的一个重要因素。但一般流域很少有土壤含水量的实测资料，即使有也是点的，不能代表土壤水量在流域内分布的复杂规律。因此，其流域平均值还不能用直接计算的方法求得。目前，常采用间接指标计算的方法。常用的指标有两种：一是前期影响雨量 P_a；二是流域降雨开始时蓄水量 W_0，以下仅介绍前者，后者将在蓄满产流模型中叙述。

1）流域平均前期影响雨量 P_a 的计算。流域的土壤含水量随降雨而增加，随蒸发而减少。本次降雨开始时的土壤含水量应该与前期降雨量的大小有关，另外还与前期降雨与本次降雨的间隔日数有密切关系。前期降雨与本次降雨的间隔时间越短，留存在土壤中的水量越多，对本次降雨开始时土壤含水量影响越大；反之则相反。从上述概念出发，又因为日雨量资料容易得到，所以可列出下面的按日计算 P_a 的公式：

$$P_{a,t}=KP_{t-1}+K^2P_{t-2}+K^3P_{t-3}+\cdots+K^nP_{t-n} \quad (K<1) \tag{4.14}$$

式中 $P_{a,t}$——t 日的前期影响雨量，即 t 日开始时的土壤含水量指标，mm；

P_{t-1}、P_{t-2}、$\cdots$、P_{t-n}——t 日前 1 日、2 日、$\cdots$、n 日的日雨量，mm；

    K——与土壤蒸发能力有关的日折减系数；

    n——计算天数，d，一般取 $15\sim 30$d。具体的天数可由 K 值的大小而定，K 值大土壤含水量消退慢，此时 n 值可取长些，反之可取短一些。以 $t-n$ 日前降雨对 P_a 基本上没有影响为宜。

从上式可以看出已知 K 值后，即可由前期逐日降雨计算本次降雨的 P_a，但计算相当麻烦，所以可以采用比较简单的方法——逐日连续计算的方法。

依据上式同理可写出：
$$P_{a,t+1} = KP_t + K^2 P_{t-1} + K^3 P_{t-2} + K^4 P_{t-3} \cdots + K^{n+1} P_{t-n}$$
$$= KP_t + K(KP_{t-1} + K^2 P_{t-2} + K^3 P_{t-3} + \cdots + K^n P_{t-n})$$
$$P_{a,t+1} = K[P_{a,t} + P_t] \tag{4.15}$$

式中 P_t——t 日的流域面平均雨量。

若无雨：$P_{a,t+1} = K[P_{a,t}]$，随着蒸发的进行，土壤含水量减少，所以 $K<1$。

根据上式计算本次降雨的前期影响雨量，需要确定计算起始日的 P_a。起始日的 P_a 可以用 $P_{a,t} = KP_{t-1} + K^2 P_{t-2} + K^3 P_{t-3} + \cdots + K^n P_{t-n}$ 算得。也可以选择久旱无雨期令 $P_a = 0$；或选择在前期降了大雨使流域蓄满的后一天 $P_a = I_m$。如果前两种情况都没有出现，此时可以从本次降雨开始日向前推 15~30d，将那一天的 P_a 取为 αI_m，其中的 α 值可以任取，然后逐日计算到本次降雨开始日即可。

式 (4.15) 表明了 t 日的降雨全部参与形成土壤含水量，实际上降雨所产生的径流量并不影响土壤含水量，应是 P_t 扣除产流量后的水量对 $P_{a,t+1}$ 有影响。但逐日计算产流量很困难，为了简便计算常用式 (4.15)，并以 P_a 不超过土壤的最大蓄水量 I_m 作为上限。即当某日计算的 $P_a > I_m$ 时，取 I_m 作为该日的 P_a 值继续推算。P_a 计算举例见表 4.4。流域平均 P_a 值可由逐日的流域平均雨量推算而得。若考虑降雨空间分布不均匀影响，也可以先由各雨量站分别计算，全流域逐日的平均 P_a 则由各站的逐日 P_a 用算术平均或按泰森多边形面积加权平均求得。

2) 土壤最大蓄水量 I_m 的确定。由径流实验资料得知，降雨下渗的锋面一般能到达的土层深度约在 0.5m 左右，在此土层范围内土壤含水量随降雨而增加，雨后随蒸发而消退，变化比较活跃。这个土层的前期湿润状况与降雨产流直接有关，称为影响土层。I_m 就是指包气带影响土层的最大蓄水量，即蓄水容量。

实用上，流域的 I_m 值由实测雨洪资料中选取久旱不雨后一次降雨量较大且全流域产流的资料求得。因雨前干旱，可认为 $P_a \approx 0$，故
$$I_m = P - R - E_雨 \tag{4.16}$$

式中 P——本次降雨的流域平均雨量；

R——本次降雨产生的径流量；

$E_雨$——雨期蒸发量。

应用上述方法求得的 I_m 值，实际上已是在十分干旱情况下包含了植物截留、填洼以及渗入包气带土层中不能成为径流的全部流域损失值，也称流域最大初损值。该数值所表示的是流域平均值。为便于应用，一个流域的 I_m 值常取定值。由 I_m 的意义可知，它与流域的植被、地形、土壤种类及结构等自然地理因素有关，其数值变化也有区域规律。因此，在自然地理特征相似的流域，I_m 值可以移用。

3) 消退系数 K 的确定。K 是土壤含水量的消退系数即折减率。在影响土层内土壤含水量消耗于蒸散发，所以 K 是与流域蒸散发有关的系数。

如果具备土壤含水量的实测资料，可以直接由其消退规律确定 K 值，但实用上一般由间接计算而得。

设流域第 t 日的蒸发量为 E_t，E_t 是该日气象条件和前期影响雨量 $P_{a,t}$ 的函数。假定

4.2 降雨产流量预报

第 t 日的蒸发量为 E_t 与前期影响雨量 $P_{a,t}$ 为线性关系，$P_{a,t}=0$ 时，$E_t=0$；$P_{a,t}=I_m$ 时，$E=E_m$（最大日蒸发能力），故

$$\frac{E_t}{E_m}=\frac{P_{a,t}}{I_m} \text{ 或 } E_t=\frac{E_m}{I_m}P_{a,t} \tag{4.17}$$

在无雨时
$$E_t=P_{a,t}-P_{a,t+1}=(1-K)P_{a,t} \tag{4.18}$$

联解方程式 (4.17)、式 (4.18) 可得

$$K=1-\frac{E_m}{I_m} \tag{4.19}$$

式中，流域的日蒸散发能力 E_m 无实测值。根据试验得知，E_{601} 蒸发器的观测值可大致作为 E_m 的近似值。由于受气象因素的影响，蒸散发能力随着地区、晴雨等条件而不相同。一般可分别按晴、阴、雨天的蒸发平均值计算 K 值。

4) P_a 计算举例。某流域经分析 $I_m=100\text{mm}$，E_m 在 5 月份取 5.0mm/d，由式 (4.19) 则 $K=0.950$；E_m 在 6 月取 6.2mm/d，则 $K=0.938$。计算各日的 P_a 值见表 4.6。

表 4.6 P_a 计 算 表

日期	日降雨量 P_t/mm	折减系数 K	前期影响雨量 $P_{a,t+1}$/mm
5 月 18 日	78.2	0.950	
5 月 19 日	35.6	0.950	
5 月 20 日	10.1	0.950	100
5 月 21 日	1.2	0.950	100
5 月 22 日		0.950	96.1
5 月 23 日		0.950	91.3
5 月 24 日		0.950	86.8
5 月 25 日		0.950	82.4
5 月 26 日		0.950	78.3
5 月 27 日		0.950	74.4
5 月 28 日		0.950	70.7
5 月 29 日	11.3	0.950	67.1
5 月 30 日	0.5	0.950	74.5
5 月 31 日		0.950	71.3
6 月 1 日		0.938	67.7
6 月 2 日	7.6	0.938	63.5
6 月 3 日	32.6	0.938	66.7
6 月 4 日	16.0	0.938	93.1
6 月 5 日		0.938	100

表 4.6 中第 2 列系实测值。第 4 列 $P_{a,t+1}=K(P_{a,t}+P_t)$，如 5 月 30 日，$P_a=0.95\times(67.1+11.3)=74.5$；当 $P_a>100$ 时，则取 $P_a=100$，如 5 月 21 日，$P_a=0.95\times(100+10.1)=104.6>100$，所以 5 月 21 日的 P_a 取为 100。由表 4.6 可见，5 月 18—19

日的雨量很大,即使 18 日的 $P_a=0$,雨后土壤蓄水量仍可达到最大值。因此,可直接取 20 日的 $P_a=100$ 作为以后逐日连续计算的起始值。

2. 降雨径流相关图的建立

降雨径流相关图是次洪雨量、径流量与影响降雨产流的主要因素之间的经验相关图。这类图可作为产流量预报方案,在国内应用相当普遍。下面介绍几种常见的图形。

(1) 三变量相关图。

1) P-P_a-R 相关图。按照前面介绍的方法,算出流域内多次降雨的流域平均雨量 P,对应的径流量 R 和各次降雨开始时的流域平均前期影响雨量 P_a,即可点绘相关图。一般以 P 为纵坐标,R 为横坐标,P_a 为参变数,制成 P-P_a-R 三变量相关图,如图 4.6 所示。

图 4.6 在定线时,对于一些异常点据要认真分析,找出其原因,不要盲目舍弃。点据异常除了测验或计算有误外常有以下几个方面的原因:①流域内的雨量站未能控制实际的雨量空间分布;②流域平均雨量的计算方法有误差;③流量过程的分割不准确,计算的径流深 R 有误差;④计算 P_a 时,K 值选取不恰当;⑤流域内有人工拦蓄、引水、放水等活动影响;⑥未考虑的其他因素如降雨强度,雨期蒸散发等影响较大等。找到了点据异常的原因后,就可进行修正处理,并在绘制相关图和应用相关图时做到心中有数。

2) $P+P_a$-R 相关图。在雨洪资料比较少,不便于绘制三变量相关图时,可采用简化的形式,以 $P+P_a$ 为纵坐标,以 R 为横坐标,制作相关图,如图 4.7 所示。制作和使用都很简便。但是,这种相关图上部点据一般比较密集,易于定线,下部则点据散乱。原因是 P 与 P_a 是两个独立的变量,当 $P+P_a$ 较大时,因计算 P_a 有上限控制,所以 P 一般较大,出现全流域产流的可能也大,于是降雨量成为决定 R 的主要因素,当 $P+P_a$ 较小时,若 P 较小,常为局部产流,流域局部下垫面条件对 R 的影响较大;另一方面,同一 $P+P_a$ 值,不同的 P 与 P_a 的组合 R 是不同的,因而点据散乱。应用这种相关图在 P 较小时还可能查得 R 大于 P 的情况,遇到这种不合理情况要根据具体情况加以修正。

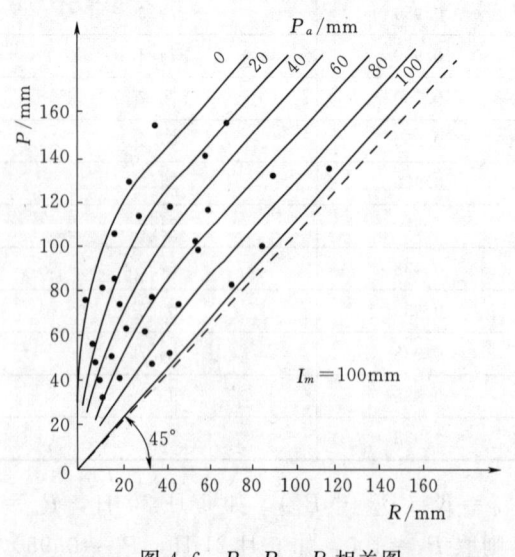

图 4.6 P-P_a-R 相关图

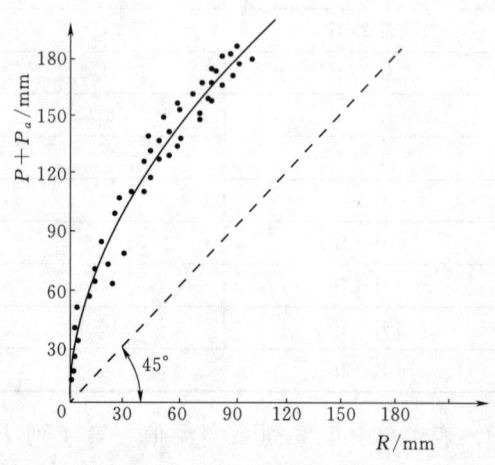

图 4.7 $P+P_a$-R 相关图

3) 四变量相关图。在上述三变量相关图中只考虑了参变数 P_a，在降雨强度对产流的影响比较显著的流域，有时就不能满足要求，需要增加降雨历时或雨强 i 为参变数，从而建立四变量的相关图。

绘制四变数、五变数的相关图要复杂些，常用图形为合轴相关图，作图时采用主变量移轴法。如绘制 $R=f(P,P_a,T)$ 四变数关系图，一般将应变量（R）置于第一象限横轴，主变量（P）置于纵轴，根据实测资料在第一象限点绘 P_a 等值线。此时，由于 P-R 关系中，P_a 尚不足较充分反映其间的关系，不少 P_a 点值与等值线之间有偏差，经分析，还需考虑降雨历时（T）的影响。如图 4.8 的 a 点（$P_a=10\text{mm}$），先经第二象限的 45°直线将原纵轴的 P 值移轴到第二象限横轴上，如 a 点的降雨量 P_a'。此时，纵轴无物理量，可取消。当考虑 T 的影响时，横轴上的 R_a' 和 P_a' 不能改变，a 点只能作上下垂直移动，例如第一象限中上移到 a' 点，则第二象限中经 45°线也向上移等距到 c 点，并标注 T 值（$T=3$）。同理，b 点（$P_a=80$）下移到 b' 位置，第二象限中也相应地等距下移到 d 点，标注 T 值（$T=12$）。把所有实测点据经此移动后，在第二象限中可定出 T 的等值线。在多数情况下，初定 T 等值线后，又会改动 P_a 的等值线，最终使合轴相关图上的等值线与实测点据之间的误差最小，且等值线的分布符合降雨产流规律为止。

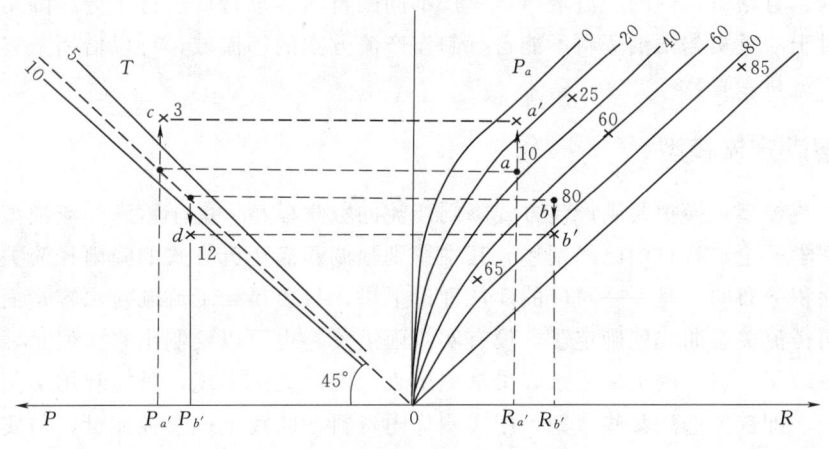

图 4.8 绘制四变数相关图示意图

倘若还需考虑其他因素，则可在第三象限和第四象限中绘制这些参变数的等值线，绘制原则相同。需注意的是：各影响因素要按其作用大小依次在第一、第二和第三等象限中，这样，合轴相关图的精度有保障。

3. 相关图的应用

应用降雨径流相关图不仅可查得一次降雨的总径流量，而且可计算出一次降雨过程中各时段的径流量。现以图 4.9 为例说明推求方法如下：设某次降雨前的 $P_a=60\text{mm}$，该次降雨分 3 个时段，雨量分别为 P_1、P_2、P_3。在降雨径流相关图上的纵坐标轴上分布截取雨量 P_1、P_1+P_2、$P_1+P_2+P_3$，并引水平线与 $P_a=60\text{mm}$ 的等值线相交，得相交点 1，2，3。由 1，2，3 点作垂直线与横坐标相交得到 R_1、R_1+R_2、$R_1+R_2+R_3$ 3 个数值，分别求其差值，则得相应于 P_1、P_2、P_3 的各时段径流量 R_1、R_2、R_3。

我国各省（自治区、直辖市）所编制的《水文手册》及《暴雨洪水图集》均分析了本

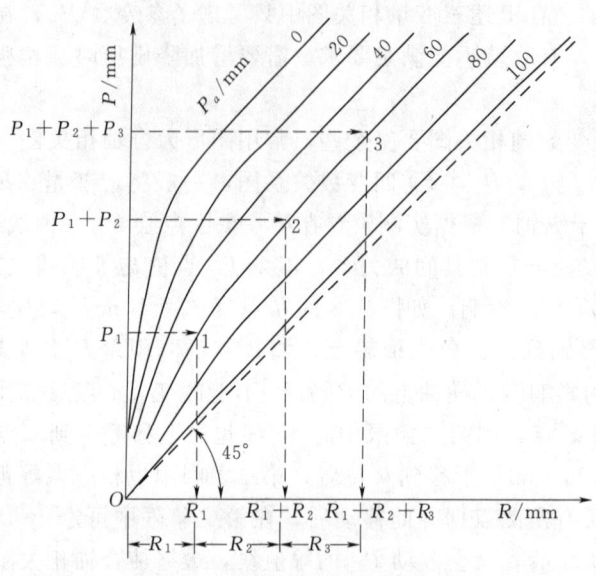

图 4.9 应用相关图推求径流量

省（自治区、直辖市）内的产流规律，并按不同的自然地理特征进行了分区降雨径流关系的综合。对于缺乏实测雨洪资料不能自行制作产流方案的小流域，可以借用上述分析成果估算降雨产流量。

4.2.5 蓄满产流模型

蓄满产流模型是模拟蓄满产流方式降雨产流的数学模型。关于蓄满产流模型的相关内容在《水文学概论》教材中已经阐述，其中特别强调蓄满产流方式的降雨径流关系与流域蓄水容量面积分布曲线是一一对应的。从理论上讲，只要得到了流域蓄水容量面积分布曲线，其降雨径流关系曲线就确定了，没有实测雨洪资料也可以绘制出来。但是，实践中不可能将流域内每一点上的土壤蓄水容量都测出来，因此无法实现，只能利用实测资料通过试错法选配，即首先选配某些线型，用实测降雨资料在曲线上推求径流量，与实测径流资料进行比照，优选确定。人为设计的线型很多，有直线、抛物线、指数曲线等。我国应用最多的是赵人俊等提出的抛物线形。

1. 流域蓄水容量面积分布曲线

流域蓄水容量面积分布曲线（简称为流域蓄水容量曲线）是将流域内各地点包气带的蓄水容量，按从小到大顺序排列得到的一条蓄水容量与相应面积关系的统计曲线，如图 4.10 所示。图中纵坐标 WM' 为各地点包气带蓄水容量值，WMM 为其中最大值，一般都以 mm 表示；横坐标 α 为面积的相对值 f/F，F 是全流域面积，f 为流域内包气带蓄水容量小于或等于 WM' 的面积，曲线所围的面积 WM 为全流域平均的蓄水容量。

包气带含水量中有一部分水量在最干旱的自然状况下也不可能被蒸发掉，因此上述的包气带蓄水容量是包气带中实际可变动的最大含水量，即包气带达田间持水量时的含水量与最干旱时含水量之差，也等于包气带最干旱时的缺水量，因此，流域蓄水容量曲线也反映了流域包气带缺水容量分布特性。

若流域蓄水容量曲线可以用下列指数为 b 的抛物线方程来描述,即

$$\alpha = 1 - \left(1 - \frac{WM'}{WMM}\right)^b \quad (4.20)$$

式中　b——常数,反映流域包气带蓄水容量分布的不均匀性,b 值越小表示越均匀,当 b =0 时表示流域内包气带蓄水容量均匀不变,而 b 值越大表示越不均匀。

据上式,流域平均蓄水容量 WM 为

$$WM = \int_0^{WMM} (1-\alpha) \mathrm{d}WM' \quad (4.21)$$

积分得

$$WM = \frac{WMM}{1+b} \quad (4.22)$$

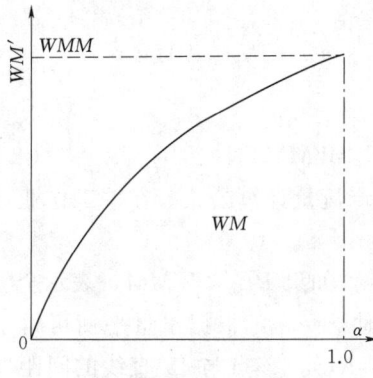

图 4.10　包气带蓄水容量曲线

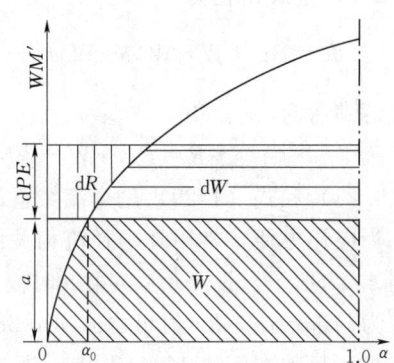

图 4.11　流域初始土湿分布与降雨产流量示意图

2. 降雨产流量计算

(1) 初始土湿分布与计算。一般情况下,降雨前的初始土壤含水量不为零。这时,初始土壤含水量在流域上的分布直接影响降雨产流量值。各次降雨前的初始土壤含水量分布是不相同的,但从多次平均的统计角度,认为分布规律也符合式 (4.20) 的变化。如图 4.11 中斜线所示面积为流域平均的初始土壤含水量 W,最大值为 a,全流域中有比例为 α_0 的面积上已蓄满,降在该面积上的雨量形成径流,降在比例为 $1-\alpha_0$ 面积上的降雨量不能全部形成径流,三者间满足

$$\alpha_0 = 1 - \left(1 - \frac{a}{WMM}\right)^b \quad (4.23)$$

$$W = \int_0^a (1-\alpha) \mathrm{d}WM' \quad (4.24)$$

积分式 (4.24) 得

$$W = WM \left[1 - \left(1 - \frac{a}{WMM}\right)^{b+1}\right] \quad (4.25)$$

解式 (4.25) 得

$$a = WMM \left[1 - \left(1 - \frac{W}{WM}\right)^{\frac{1}{1+b}}\right] \quad (4.26)$$

这时扣除雨期蒸发后的时段雨量 dPE（图 4.11），相应的产流量为 dR、损失量为 dW。当 dPE→0 时，可求得土壤含水量为 W 时的流域产流比例，即

$$径流系数 = \frac{dR}{dPE}\bigg|_{dPE \to 0} = \alpha_0 = 流域产流比例/\% = 产流面积/\% \tag{4.27}$$

（2）建立降雨径流关系。由图 4.11 可知，在初始土湿为 W 条件下，降雨量 PE 的产流量可由下列计算式求得，在全流域蓄满前为

$$R = \int_a^{a+PE_a} dWM' \quad (a + PE \leqslant WMM)$$

积分上式得

$$R = PE - WM\left(1 - \frac{a}{WMM}\right)^{b+1} + WM\left(1 - \frac{PE + a}{WMM}\right)^{b+1}$$

由式（4.25），上式简化为

$$R = PE + W - WM + WM\left(1 - \frac{PE + a}{WMM}\right)^{b+1} \quad (a + PE \leqslant WMM) \tag{4.28}$$

在全流域蓄满后为

$$R = PE + W - WM \quad (a + PE \geqslant WMM) \tag{4.29}$$

式（4.28）和式（4.29）是全流域蓄满前后的两个产流量计算公式。在手工作业计算情况中，为应用方便，常用降雨径流相关图表示。

如图 4.12 所示，设 $W=0$，第一时段降雨量为 PE_1，如果 $PE_1 < WMM$，表示全流域未蓄满，为局部产流，R_1 值可由式（4.28）算出（此时 $a=0$），根据水量平衡可得土壤水分补充量，反映在图 4.12（b）上，即为点 1（PE_1, R_1），该点与 45°直线的间距即为 ΔW_1。同理，设第二时段降雨量为 PE_2，相应的产流量 R_2 和土壤水补充量 ΔW_2［图 4.12（a）］，仍按式（4.28）计算产流量，由累计降雨量 $PE_1 + PE_2$ 算得产流量为 $R_1 + R_2$，显然，R_2 系 PE_2 形成。这时，流域的土壤水分补充量

$$\Delta W = \Delta W_1 + \Delta W_2 = PE_1 + PE_2 - R_1 - R_2$$

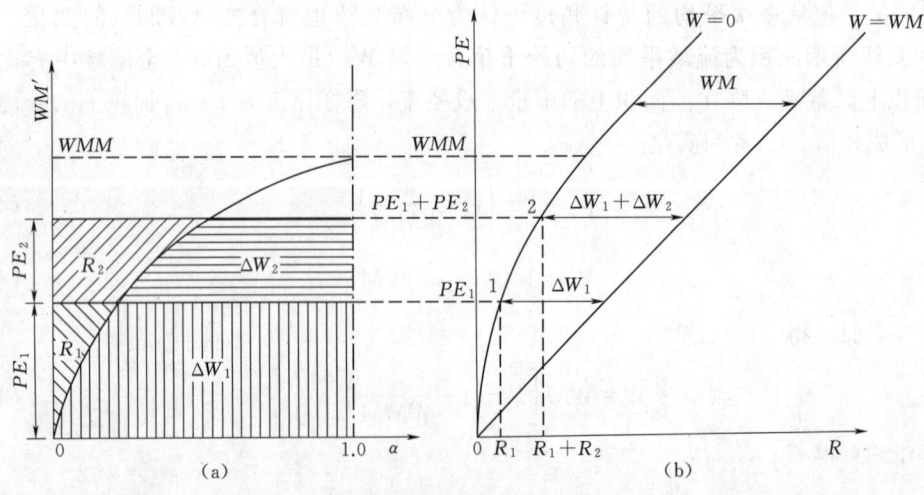

图 4.12 蓄水容量曲线转换为降雨径流关系示意图

反映在图 4.12（b）中是点 2。依此类推，可求得逐时段的 R 和 ΔW 值。当累计降雨量大于 WMM，全流域蓄满，土壤水分补充量为零，产流量按式（4.29）计算，反映在图 4.12（b）中呈平行于 $45°$ 的直线段，两线的间距即为 WM。类似地，对于不同初始土湿 W，可得以 W 为参变量的降雨径流关系曲线簇，如图 4.13 所示，图中的 W_0 即为初始土湿 W。

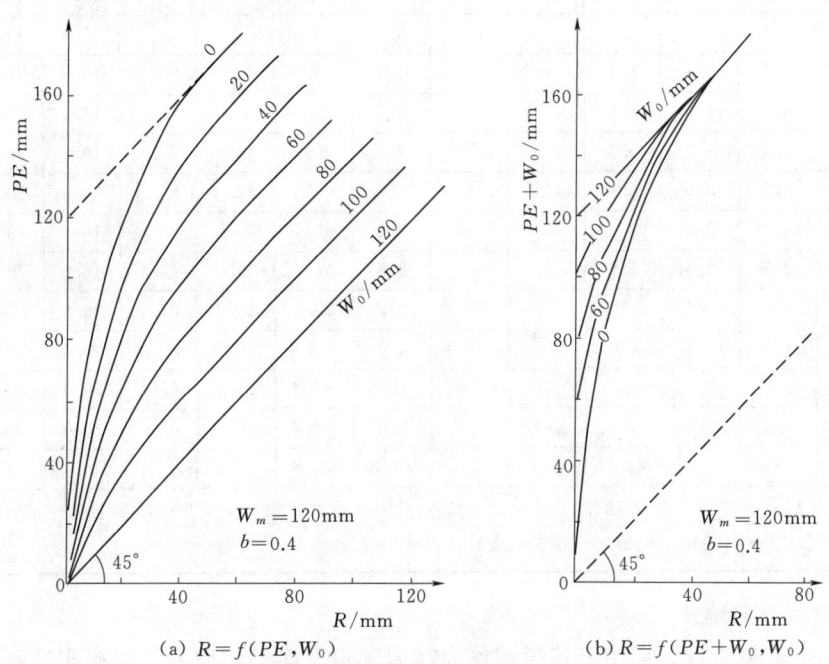

图 4.13 蓄满产流模型的降雨径流关系

绘制此关系曲线时，对于初始土湿不为 0 的曲线，先用式（4.26）求得 a，相应该 W 参数量曲线的转折点（$45°$ 直线段与曲线的切点）用下式计算

$$PE = WMM - a$$

大于该 PE 的关系线呈 $45°$ 直线。

（3）产流量计算。当有了 $R = f(PE, W)$ 关系曲线后，即可进行产流量计算，具体步骤如下：①根据前期实测降雨量和蒸散发计算模式，推算得本次降雨初始时的流域土湿 W；②计算本次降雨的流域平均值 P，扣除雨期蒸发后得 PE 值；③查图 4.13 得产流量计算值 R。

由上述可知，降雨产流量计算过程中，同时分析计算了土壤蓄水量变化与流域蒸散发量，若流域蒸散发按三层模式计算时，产流量计算实例列于表 4.7。表中参数值为 $WM = 120\text{mm}$，$WUM = 15\text{mm}$，$WLM = 85\text{mm}$，$WDM = 20\text{mm}$，$b = 0.3$，蒸发折算系数 $K = 0.95$，$C = 0.14$。

表 4.7　　　　　　　　　　蓄满产流模型产流量计算示例　　　　　　　　　　单位：mm

t/d	P	E_0	E_P	E_U	E_L	E_D	E	PE	WU	WL	WD	W	R
11		5.6	5.3		0.8		0.8	−0.8	0.0	2.2	20.0	22.2	
12		7.2	6.8		1.0		1.0	−1.0		1.4	20.0	21.4	

续表

t/d	P	E_0	E_P	E_U	E_L	E_D	E	PE	WU	WL	WD	W	R
13		6.8	6.5		0.4	0.5	0.9	−0.9		0.4	20.0	20.4	
14		8.2	7.8			1.1	1.1	−1.1		0.0		19.5	19.5
15		7.6	7.2			1.0	1.0	−1.0				18.4	18.4
16	3.0	7.4	7.0	3.0		0.6	3.6	−0.6				17.4	17.4
17	4.2	6.8	6.5	4.2		0.3	4.5	−0.3				16.8	16.8
18	10.3	6.4	6.1	6.1			6.1	4.2				16.5	16.5	0.2
19	15.1	6.0	5.7	5.7			5.7	9.4	4.0			16.5	20.5	0.5
20		6.2	5.9	5.9			5.9	−5.9	12.9			16.5	29.4	
21	63.2	3.0	2.8	2.8			2.8	60.4	7.0			16.5	23.5	7.5
22	56.8	2.7	2.6	2.6			2.6	54.2	15.0	44.9		16.5	76.4	17.6
23	23.5	3.4	3.2	3.2			3.2	20.3	15.0	81.5		16.5	113.0	13.3
24	1.2	4.2	4.0	4.0			4.0	−2.8	15.0	85.0		20.0	120.0	
25		5.8	5.5	5.5			5.5	−5.5	12.2	85.0		20.0	117.2	
26		7.4	7.0	6.7	0.3		7.0	−7.0	6.7	85.0		20.0	111.7	
Σ	177.3			49.7	2.5	3.5	55.7	121.6					39.1

校核 $\Sigma E = \Sigma E_U + \Sigma E_L + \Sigma E_D = 49.7 + 2.5 + 3.5 = 55.7$；$\Sigma PE = \Sigma P - \Sigma E = 177.3 - 55.7 = 121.6$；
$\Sigma R = \Sigma PE - (W_2 - W_1) = 121.6 - 82.5 = 39.1$

3. 模型参数的确定

对于一个具体流域，采用上述模型作为产流预报方案的实质就是要确定适合于该流域的一套参数。这些参数包括 K_E、WM、WUM、WLM、b 和 C。确定参数的方法是先初估一套参数，然后用实测降雨、蒸发资料代入计算径流量。通过计算与实测径流量的对比分析，修改参数直至符合精度要求为止。

(1) 模型参数的初估。

1) 流域平均包气带蓄水容量 WM。初估的方法与前面所介绍的确定 I_m 的方法相同。根据目前国内的经验，南方地区为 80~120mm；北方地区约 150mm。分层蓄水容量的选定为 WUM 为 10~20mm；WLM 为 60~80mm；WDM 为 40mm。

2) 流域蓄水容量曲线参数 b。参数反映流域各处蓄水容量分布的不均匀性，山地一般大于平地。根据经验，可选在 0.2~0.5 之间。

3) 流域蒸散发能力折算系数 K_E。如果实测的水面蒸发是由 E_{601} 或 $\phi 80cm$ 蒸发器观测而得，且流域平均高程与蒸发器相近时，K_E 可初定为 1.0。此外，还可以分析湿润期的雨洪资料资料而得。如图 4.14 所示，选择 t_1 与 t_2 均为蓄满时刻，T 时间内为多雨湿润期。按水量平衡原理在 T 时间内的流域蒸散发量为

$$\Sigma E = \Sigma P - \Sigma R + \Delta W \tag{4.30}$$

式中 ΣP ——T 时间内的降雨量；

ΣR ——ΣP 产生的径流量；

ΔW ——t_1 与 t_2 时刻流域蓄水量之差。

因为 t_1 与 t_2 时刻流域是蓄满的，所以 $\Delta W=0$，由式（4.30）计算的 $\sum E$ 接近于流域蒸发能力 $\sum E_m$，累计 T 时间内的实测日蒸发量 $\sum E_w$，则 $K_E = \dfrac{\sum E}{\sum E_w}$。选择若干段湿润期资料进行分析，确定 K_E 的初估值。

4）深层蒸发系数 C。目前对深层的研究还不够，C 值一般取 $1/10 \sim 1/5$。干旱地区的 C 值应小于湿润地区。

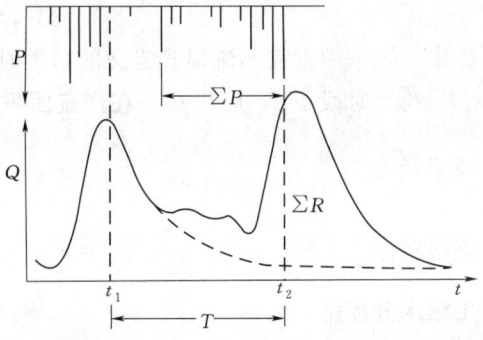

图 4.14 用以计算 K_E 的雨洪资料

(2) 参数的确定。又称参数的率定或模型的识别。选择若干年有代表性的雨洪资料，将初定的模型参数代入进行计算，得到逐日的径流量 R。按次和年统计各次洪水的径流量和各年的径流量，再与实测值对照分析造成误差的原因，调整参数的取值或改进计算方法重新计算，直至所得结果符合精度要求时参数即为所求。

4. 直接径流与地下径流的划分

如前所述，实测流量过程线可以划分为直接径流过程与地下径流过程两部分，用产流模型求得的径流总量 R 有时为了配合汇流计算也需要分成直接径流 R_s 和地下径流 R_g 两个部分。

按蓄满产流的概念，在产流面积内渗入土层的雨水将成为壤中流与地下径流。因为地面径流与壤中流不易确切划分，实用上常将两者合称为直接径流。于是将总径流划分为直接径流与地下径流的关键是确定流域土壤的稳定下渗率 f_c。

根据实测流量过程线利用径流分割的方法求得次洪地下径流深 R_g。若已知次洪的净雨历时 T，则次洪的稳定下渗率 f_c 可用下式计算

$$f_c = R_g / T \tag{4.31}$$

由于一次洪水的降雨和下垫面土壤含水量的时空变化，在全流域蓄满前，只有部分流域面积达蓄满，产生径流。在这产流面积上，如果时段降雨量小于稳定下渗率，雨量下渗率必小于稳渗值。因此，式（4.31）中净雨历时 T 的直接统计是很难的，实用中也就难以用式（4.31）来推求 f_c。

图 4.15 为一次洪水的降雨产流过程示意图。设该流域的实际稳渗值为 f_c，从图知：第一时段降雨量 PE 小于 f_c，没有直接径流，该时段的降雨量除补充土壤水分外还产生了地下径流，即

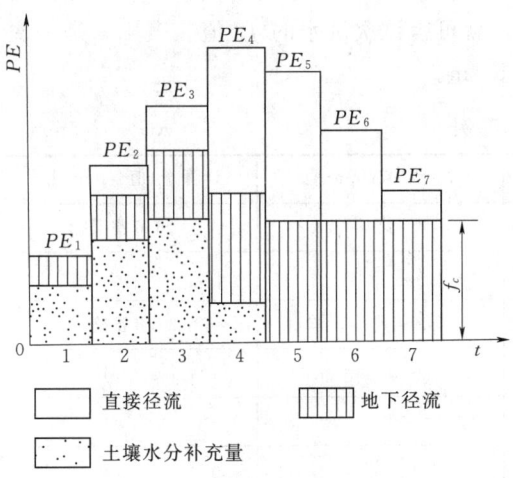

图 4.15 水源划分过程示意图

直接径流　　　$r_{s1}=0$ 　　　(4.32)

地下径流

$$r_{g1}=r_1=PE_1 \cdot r_1/PE_1=PE_1 \cdot \alpha_1 \tag{4.33}$$

显然，该时段的土壤水分增量为

第4章 流域降雨径流预报

$$\Delta W_1 = PE_1(1-\alpha_1) \tag{4.34}$$

式中 α_1——蓄满产流模式定义的第1时段降雨的产流面积，%。

第2时段 PE_2 大于 f_c，在产流面积 α_2 上的产流量为 $PE_2 \cdot \alpha_2$，其水源分量为

地下径流
$$r_{g2} = f_c \alpha_2 = f_c \frac{r_2}{PE_2} \tag{4.35}$$

直接径流
$$r_{s2} = r_2 - r_{g2} = (PE_2 - f_c)\frac{r_2}{PE_2} \tag{4.36}$$

土壤水分增量
$$\Delta W_2 = PE_2(1-\alpha_2) \tag{4.37}$$

依此类推，可得第3、第4时段降雨量的水源分量为

地下径流
$$r_{gi} = f_c \alpha_i = f_c \frac{r_i}{PE_i} \quad i=3,4 \tag{4.38}$$

直接径流
$$r_{si} = r_i - r_{gi} = (PE_i - f_c)\frac{r_i}{PE_i} \quad i=3,4 \tag{4.39}$$

据图 4.15 所示的降雨过程，到了第 5、6、7 时段，全流域已蓄满，产流面积 $\alpha_i = 1.0$，PE_i 全部形成径流，$PE_i = r_{gi} + r_{si}$，即

地下径流
$$r_{gi} = f_c \quad i=5,6,7 \tag{4.40}$$

直接径流
$$r_{si} = r_i - r_{gi} = PE_i - f_c \quad i=5,6,7 \tag{4.41}$$

由此可求得次洪的各水源分量为

总地下径流
$$RG = \sum_{\substack{i \\ PE_i > f_c}} f_c \frac{r_i}{PE_i} + \sum_{\substack{i \\ PE_i \leqslant f_c}} r_i \tag{4.42}$$

总直接径流
$$RS = \sum_{\substack{i \\ PE_i > f_c}} (PE_i - f_c)\frac{r_i}{PE_i} \tag{4.43}$$

由式（4.42）、式（4.43）可知，如选定不同的 f_c 值，算得的径流成分是不同的。因此，为了使计算的水源分量与相应的实测量相符，将根据实测流量过程线利用径流分割的方法求得的次洪地下径流深 RG 代入式（4.42），就可得该次洪水的 f_c 值。表 4.8 是一次洪水的降雨径流统计，次洪地下径流总量为 52.5mm。

表 4.8　　　　　　　　　　f_c 计 算 示 例　　　　　　　　　　$RG=52.5$mm

日期	PE/mm	r/mm	r/PE	f_c 范围/(mm/d)	计算 f_c 值/(mm/d)
6月4日	1.6	1.0	0.62	$3.9 < f_c \leqslant 13.4$	16.6 错误
6月5日	13.4	9.8	0.73		
6月6日	39.1	37.7	0.96	$13.4 < f_c \leqslant 25.2$	17.8 正确
6月7日	25.2	25.2	1.0		
6月8日	2.7	2.7	1.0		
6月9日	0.2	0.2	1.0		
6月10日	3.9	3.9	1.0		

首先设 f_c 变化范围为

$$3.9 \leqslant f_c < 13.4$$

则利用式（4.42）可得

$$f_c = [52.5 - (1.0 + 2.7 + 0.2 + 3.0)]/(0.73 + 0.96 + 1) = 16.6 \text{(mm/d)}$$

计算所得 f_c 值与预设范围不符，需重新假设。

$$13.4 < f_c \leqslant 25.2$$

$$f_c = [52.5 - (1.0 + 9.8 + 2.7 + 0.2 + 3.9)]/(0.96 + 1) = 17.8 \text{(mm/d)}$$

计算所得 f_c 值与预设的一致，则 f_c 为 17.8mm/d。

4.2.6 超渗产流模型

1. 超渗产流计算的基本原理

本节的式（4.4）给出了超渗产流计算的基本方程式。产流量计算的关键是确定下渗量 F。确定下渗量的基本依据是建立流域的下渗能力（充分供水情况下的下渗率）f 与土壤含水量 W 之间的关系。如果已建立了流域的 $f-W$ 关系，只要知道雨前土壤含水量，便可推求出产流量。方法如下。

设雨前土壤含水量为 W_0，由 $f-W$ 关系得起始下渗率 $f_0 = f(W_0)$；若计算时段为 Δt，时段降雨量分别为 P_1、P_2、P_3、…。逐时段的计算步骤如下

第一时段　　　当 $P_1 > f_0 \Delta t$，$R_1 = P_1 - f_0 \Delta t$，$\Delta W_1 = f_0 \Delta t$

当 $P_1 \leqslant f_0 \Delta t$，$R_1 = 0$，$\Delta W_1 = P_1$

$W_1 = W_0 + \Delta W_1$，$f_1 = f(W_1)$

第二时段　　　当 $P_2 > f_1 \Delta t$，$R_2 = P_2 - f_1 \Delta t$，$\Delta W_2 = f_1 \Delta t$

当 $P_2 \leqslant f_1 \Delta t$，$R_2 = 0$，$\Delta W_2 = P_2$

$W_2 = W_1 + \Delta W_2$，$f_2 = f(W_2)$

…

对任意时段 i

$$\left. \begin{array}{l} \text{当 } P_i > f_{i-1} \Delta t, \ R_i = P_i - f_{i-1} \Delta t, \ \Delta W_i = f_{i-1} \Delta t \\ P_i \leqslant f_{i-1} \Delta t, \ R_i = 0, \ \Delta W_i = P_i \\ W_i = W_{i-1} + \Delta W_i, \ f_i = f(W_i) \quad (i = 1, 2, 3 \cdots) \end{array} \right\} \quad (4.44)$$

式（4.44）为逐时段计算 R 的基本公式。计算示例见表 4.9。本例计算时段长 Δt 为 2 分钟。表中第 2 列为实测值；第 3 列 14：43 的 $W_0 = 22$mm 为已知；第 4 列以 W 在 $f-W$ 上查得；第 5~第 7 列按式（4.44）计算而得。

表 4.9　　　　　产 流 量 计 算 表

时间（时：分）	时段雨量 P /mm	土壤含水量 W /mm	下渗率 f /(mm/min)	$f\Delta t$ /mm	时段径流量 R /mm	时段下渗量 ΔW /mm
14：43—14：45	1.8	22.0	1.1	2.2	0	1.8
14：45—14：47	4.0	23.8	1.0	2.0	2.0	2.0
14：47—14：49	5.6	25.8	0.9	1.8	3.8	1.8
14：49—14：51	3.6	27.6	0.8	1.6	2.0	1.6

续表

时间 (时：分)	时段雨量 P /mm	土壤含水量 W /mm	下渗率 f /(mm/min)	fΔt /mm	时段径流量 R /mm	时段下渗量 ΔW /mm
14：51—14：53	1.8	29.2	0.8	1.6	0.2	1.6
14：53—14：55	2.2	30.8	0.7	1.4	0.8	1.4
14：55—14：57	1.3	32.2	0.7	1.4	0	1.3
14：57—14：59	0.8	33.5	0.7	1.4	0	0.8
14：59—15：01	0.7	34.3	0.6	1.2	0	0.7
15：01—15：03	0.6	35.0	0.6	1.2	0	0.6
Σ	22.4				8.8	13.6

严格地讲，在式（4.44）中，f 值应采用时段平均值，且 Δt 应取得尽量小以保证计算精度。为简便起见，采用了时段初的 f 值。

由上例可见，只要已知 f-W 关系，便可进行产流量计算。在具有实测下渗土湿资料的地区，可直接建立 f-W 关系。如果已知流域的下渗能力曲线（即下渗能力与时间的关系曲线，简称下渗曲线）f-t，如图 4.16 所示，也可推求出 f-W 关系，至于如何推求在《水文学概论》分册中已介绍。

$$W(t) = \int_0^t f(t)\,dt \tag{4.45}$$

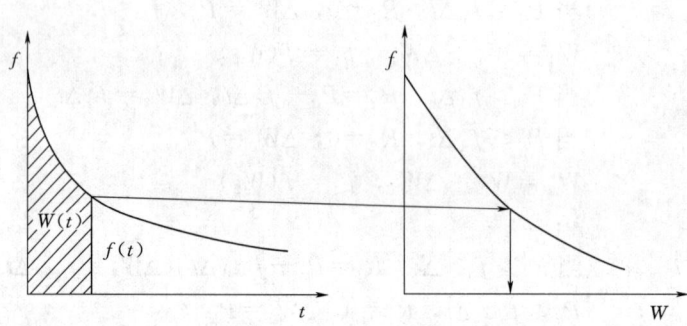

图 4.16 由 f-t 推求 f-W 关系

一般流域无实测下渗资料，f-t 或 f-W 关系的求法如下。

2. 下渗曲线的推求

（1）水文分析法。如图 4.17 所示，已知流域平均降雨量 P 及其时程分配、产流量 R、产流开始时刻 A 和雨前土壤含水量 W_0。在雨量过程线上用一平均下渗率 $\bar{f}$ 扣损，使雨强 i 超过 $\bar{f}$ 的雨量（图中斜线部分）等于 R，即

$$\bar{f} = \frac{1}{t}(P - I_0 - R - P_f) \tag{4.46}$$

式中 I_0——产流前的初损值；

P_f——产流后 i 小于 $\bar{f}$ 的雨量；

t——产流历时。

4.2 降雨产流量预报

设 $\bar{f}$ 相当于产流历时中点处的下渗率，则与 $\bar{f}$ 相对应时刻的土壤含水量为

$$W = W_0 + I_0 + \frac{1}{2}\bar{f}t \tag{4.47}$$

如图 4.14 所示，该次降雨量 $P = 36.3\text{mm}$，产流量 $R = 24.2\text{mm}$，且已知 $W_0 = 20.1\text{mm}$。由图 4.14 知产流历时 $t = 31\text{min}$（19：02～19：33），$I_0 = 0.4\text{mm}$，$P_f = 0.9 + 0.6 = 1.5\text{mm}$。由式（4.46）得 $\bar{f} = \frac{1}{31}(36.3 - 0.4 - 24.2 - 1.5) = 0.33\text{mm/min}$，又由式 (4.47) 得

$$W = 20.1 + 0.4 + \frac{1}{2} \times 0.33 \times 31 = 25.6 (\text{mm})$$

令该 W 与产流历时中点 19：17.5 处的下渗率 $f = 0.33\text{mm/min}$ 相对应。

按上述方法，分析多次雨洪资料，分别求出各次的 f 及与其对应的 W，点绘 $f - W$ 关系，如图 4.18 所示，该关系应是代表流域平均情况的。

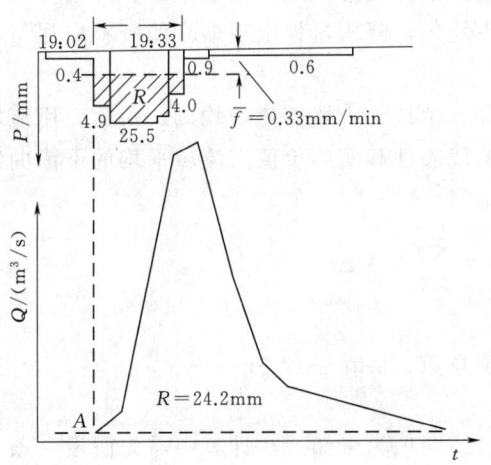

图 4.17 陕北岔巴沟流域曹坪站某年 8 月雨洪过程

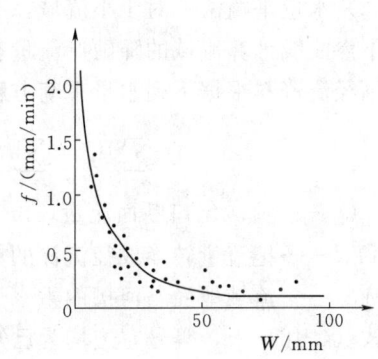

图 4.18 岔巴沟流域曹坪站 $f - W$ 关系

在得到 $f - W$ 后，如果需要求得 $f - t$，可按表 4.10 计算。表中第 3 列是以设定的第 1 列 W 由 $f - W$ 关系图中查得。点绘第 3、第 6 列即可得 $f - t$ 关系图。

表 4.10 由 $f - W$ 转换为 $f - t$ 计算表

W/mm	ΔW/mm	f/(mm/min)	$\bar{f}$/(mm/min)	$\Delta t = \Delta W/\bar{f}$/min	t/min
0		2.200			0
5	5	1.500	1.850	2.7	2.7
10	5	1.000	1.250	4.0	6.7
15	5	0.700	0.850	5.9	12.6
20	5	0.500	0.600	8.3	20.9
25	5	0.380	0.440	11.4	32.3
30	5	0.300	0.340	14.7	47.0

续表

W/mm	ΔW/mm	f/(mm/min)	$\overline{f}$/(mm/min)	$\Delta t = \Delta W/\overline{f}$/min	t/min
35	5	0.250	0.275	18.2	65.2
40	5	0.210	0.230	21.7	86.9
45	5	0.180	0.195	25.6	112.5
50	5	0.165	0.173	28.9	141.4
60	10	0.154	0.160	62.5	203.9
70	10	0.148	0.151	66.2	270.1
80	10	0.140	0.144	69.4	339.5
90	10	0.135	0.138	72.5	412.0
100	10	0.130	0.133	75.2	487.2
110	10	0.130	0.130	76.9	564.1

应用水文分析法推求下渗曲线时，应尽量选择降雨历时短、雨量集中、降雨分布较均匀、产流量较大的雨洪资料，对于降雨分布不均匀，降雨过程出现多峰的资料应尽量不选或少选。

(2) 水量平衡法。对于小流域，气候条件、植被、土壤等比较均匀、一致，用流域平均的下渗曲线计算流域的降雨产流量有较好的代表性和实用价值。流域平均的下渗曲线可用降雨径流资料根据下列水量平衡方程分析求得

$$\sum_{t=1}^{T} P_t - \sum_{t=1}^{T} TR \cdot Q_t = \sum_{t=1}^{T} f_t \cdot \Delta t + WS_t \quad (4.48)$$

式中 Q_t——流域出口断面流量，m^3/s；

TR——把流量转换成径流深的单位转换系数，$mm \cdot s/m^3$；

WS_t——流域地面与河槽的蓄水量，mm。

式 (4.48) 中，等号左边均为已知量，右边两项为未知。在计算中需先假设一条下渗曲线 $f-t$，再由式 (4.48) 得 WS_t 过程，点绘 $Q-WS$ 关系。据地面径流汇流机理分析，其蓄量与泄量间呈线性关系，$Q-WS$ 应满足如下线性方程，即

$$WS_t = KS \cdot Q_t \quad (4.49)$$

式中 KS——地面径流平均消退时间。

假如点绘的 $Q-WS$ 关系接近一条直线，说明假设的下渗曲线合理，否则要重新假设下渗曲线，直到 $Q-WS$ 接近直线为止。

表 4.11 是团山沟流域某年 8 月一场洪水的下渗曲线分析，该流域面积 A 为 0.18km^2，$\Delta t = 2\text{min} = 120\text{s}$，径流深转换系数

$$TR = \frac{\Delta t}{A} = \frac{0.12}{0.18} = \frac{2}{3}(\text{mm} \cdot \text{s}/\text{m}^3)$$

表 4.11 中，第 5 列 $\overline{R}$ 值由时段平均流量值乘 TR 而得。第 8 列中，在 14 时 45 分以前和 15 时 3 分以后，降雨量小于下渗量，其下渗量等于降雨量；其他时段的降雨量大于下渗能力，可用来分析下渗曲线。图 4.19 是该场洪水的 $Q-WS$ 关系与式 (4.48) 中各项的过程线。从 $Q-WS$ 关系图看，退水段的关系基本接近直线，计算中所假设的 $f-t$ 曲线

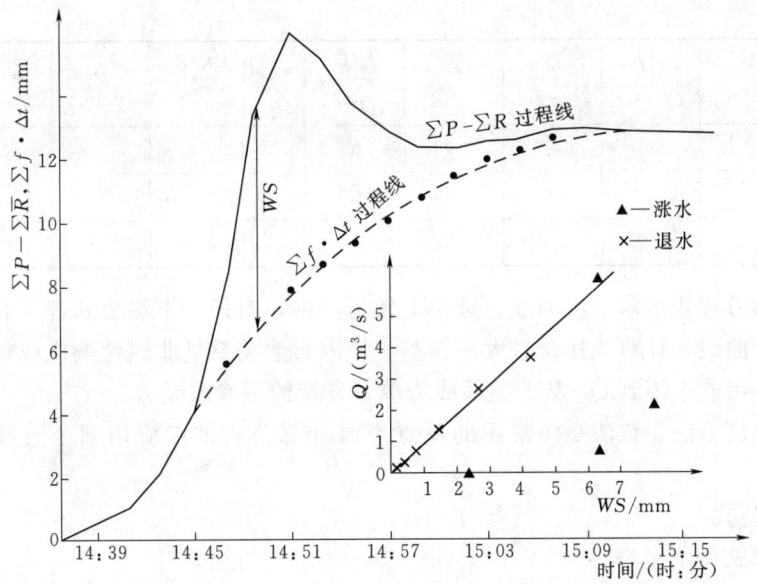

图 4.19 水量平衡法下渗曲线分析

即为所求。通过多次洪水分析，可综合求得流域平均的下渗曲线。

表 4.11　　　　团山沟流域超渗产流计算下渗曲线分析

时间 (时：分)	P /mm	$\sum P$ /mm	Q /(m³/s)	$\bar{R}$ /mm	$\sum \bar{R}$ /mm	$\sum P - \sum \bar{R}$ /mm	$f\Delta t$ /mm	$\sum f\Delta t$ /mm	WS /mm
14：39	0.5	0.5	0	0	0	0.5	0.5	0.5	
14：41	0.5	1.0	0	0	0	1.0	0.5	1.0	
14：43	1.1	2.1	0	0	0	2.1	1.1	2.1	
14：45	1.9	4.0	0	0	0	4.0	1.9	4.0	
14：47	4.0	8.0	0.05	0.02	0.02	8.0	1.6	5.6	2.4
14：49	5.6	13.6	0.69	0.25	0.27	13.3	1.3	6.9	6.4
14：51	3.6	17.2	2.06	0.92	1.2	16.0	1.0	7.9	8.1
14：53	1.8	19.0	6.18	2.75	3.9	15.1	0.8	8.7	6.4
14：55	2.0	21.0	3.77	3.32	7.3	13.7	0.7	9.4	4.3
14：57	1.3	22.3	2.71	2.16	9.4	12.9	0.7	10.1	2.8
14：59	0.8	23.1	1.46	1.39	10.8	12.3	0.7	10.8	1.5
15：01	0.7	23.8	0.73	0.73	11.5	12.3	0.6	11.4	0.9
15：03	0.6	24.4	0.36	0.36	11.9	12.5	0.6	12.0	0.5
15：05	0.3	24.7	0.24	0.20	12.1	12.6	0.3	12.3	0.3
15：07	0.4	25.1	0.16	0.13	12.2	12.9	0.4	12.7	0.2
15：09	0.2	25.5	0.13	0.10	12.3	13.0	0.2	12.9	

时间 (时：分)	P /mm	$\sum P$ /mm	Q /(m³/s)	$\bar{R}$ /mm	$\sum \bar{R}$ /mm	$\sum P - \sum \bar{R}$ /mm	$f\Delta t$ /mm	$\sum f\Delta t$ /mm	WS /mm
15：11		25.5	0.10	0.08	12.4	12.9		12.9	
15：13		25.5	0.07	0.06	12.5	12.8		12.9	
15：15		25.5	0.03	0.03	12.5	12.8		12.9	

水量平衡方程式推求下渗曲线，理论上较为严密，对任一下渗公式都适合。但用手工试错确定下渗曲线，计算工作量较大。有些流域因蓄泄关系呈非线性响应或特定洪水存在的一些误差，可能求不到 $Q-WS$ 关系线为单一直线的下渗曲线。

(3) 下渗模型法。该法是将常用的单点产流计算公式推广应用到全流域。常用的公式有

1) 霍顿公式。
$$f = f_c + (f_0 - f_c)e^{-Kt} \tag{4.50}$$

式中　f_0——初始下渗率；

　　　f_c——稳定下渗率；

　　　K——递减指数。

对式 (4.50) 从 0 到 t 积分得

$$F = \int_0^t f\mathrm{d}t = \int_0^t [f_c + (f_0 - f_c)e^{-Kt}]\mathrm{d}t = f_c t + \frac{1}{K}(f_0 - f_c)(1 - e^{-Kt}) \tag{4.51}$$

联解式 (4.50)、式 (4.51)，消去 t 则有

$$f = f_c + (f_0 - f_c)e^{(f_0 - KF - f)/f_c} \tag{4.52}$$

式 (4.52) 即为霍顿公式的 $F-f$ 关系式。

2) 菲利普公式。
$$f = Bt^{-\frac{1}{2}} + A \tag{4.53}$$

式中　A——稳定下渗率；

　　　B——土壤吸附率。

同样，对式 (4.53) 从 0 到 t 积分得

$$F = 2B\sqrt{t} + At \tag{4.54}$$

联解式 (4.53)、式 (4.54) 可得菲利普公式的 $f-F$ 关系式为

$$f = B^2(1 + \sqrt{1 + AF/B^2})/F + A \tag{4.55}$$

前述在推求 $f-F$ 关系时，积分下限均从零开始，其含义是下渗过程是从土壤含水量为零时刻开始。所以式 (4.52)、式 (4.55) 只适用于降雨前极其干旱的情况，也就是土壤前期含水量趋于零的情况。当土壤前期含水量不为零时，则应看成下渗量的一部分，此时 $f-F$ 就应用 $f-W$ 代替，其中 $W = W_0 + F$ (或 $P_a + F$)，F 为本次降雨量的下渗量。因降雨前的土壤含水量一般不为零，用 W 代替上述两式中的 F 便得到常用的 $f-W$ 关系式如下

$$f = f_c + (f_0 - f_c)e^{(f_0 - KW - f)/f_c} \tag{4.56}$$

$$f = B^2(1 + \sqrt{1 + AW/B^2})/W + A \tag{4.57}$$

应用下渗模型进行产流量计算的关键是确定模型参数，常采用优选法。先假定一组参

4.2 降雨产流量预报

数,可得到相应的 $f-t$ 与 $f-W$,应用 $f-t$ 与 $f-W$ 便可求出每一场暴雨的产流量(计算方法见表 4.12)。然后将每一场暴雨的计算产流量与实测产流量比较,若两者拟合较好,则相应的参数即为所求。否则,重新调整参数,直至两者拟合较好为止。

表 4.12   超 渗 产 流 计 算   单位: mm

时间/(时:分)	P	W	f	ΔW	RS	时间/(时:分)	P	W	f	ΔW	RS
14:39		12.8				15:01	2.3	35.1	2.0	2.0	0.3
14:41	0.3	13.1	5.0	0.3		15:03	0.5	35.6	1.9	0.5	
14:43	0.6	13.7	4.9	0.6		15:05	0.5	36.1	1.9	0.5	
14:45	0.7	14.4	4.7	0.7		15:07	0.5	36.6	1.9	0.5	
14:47	2.7	17.1	4.5	2.7		15:09	0.5	37.1	1.9	0.5	
14:49	2.8	19.9	3.8	2.8	0.0	15:11	0.3	37.4	1.8	0.3	
14:51	3.4	23.2	3.3	3.3	0.1	15:13	0.3	37.7	1.8	0.3	
14:53	4.0	26.0	2.8	2.8	1.2	15:15	0.3	38.0	1.8	0.3	
14:55	4.0	28.6	2.6	2.6	1.4	15:17	0.1	38.1	1.8	0.1	
14:57	5.0	30.9	2.3	2.3	2.7	15:19	0.1	38.2	1.8	0.1	
14:59	5.0	33.1	2.2	2.2	2.8	Σ	33.9			25.4	8.5

表 4.12 是黑矾沟小流域 1964 年 8 月 2 日的一场洪水的产流量计算实例,下渗方程采用菲利普公式,取 $A=0.1$,$B=5.6$,实测径流深为 9.1mm。从计算结果看,菲利普下渗公式和所选的参数值对该次洪水的产流量计算是合适的。

3. 初损后损法

初损后损法是简化了的下渗曲线法。该法将降雨过程中的总损失概化成两部分:初损和后损。初损是指开始产流以前的损失,包括下渗、植物截留、填注等;后损是指产流开始后的损失,如图 4.20 所示。一次降雨的降雨径流关系可用下式表示

$$R=P-I_0-\bar{f}t_r \tag{4.58}$$

式中 P、R——次降雨量和径流量;

I_0——初损值;

$\bar{f}$——后损期的平均下渗率;

t_r——后损历时。

因此,利用式(4.58)对一次降雨的产流量 R 进行计算时,需要具备确定 I_0 和 $\bar{f}$ 的方案。t_r 则可以由已知的降雨历时扣除初损历时(由初损值 I_0 推算)而得。由于各次降雨的 I_0 和 $\bar{f}$ 并非常数,要应用历史雨洪资料分析出每次降雨的 I_0 和 $\bar{f}$,然后进行综合,找出其变化规律。

(1)初损值变化规律的确定。一次降雨的初损值可用比较降雨量累积线与相应的流量过程线确定。对于小流域,由于汇流时间短,流域出口断面流量的起涨时刻大体反映了产流开始时刻。因此,常以起涨时刻以前的累积雨量作为初损的近似值,如图 4.21 所示,

t_1 以前的雨量即为 I_0。对于较大流域，当产流面积偏于上游时，用上述方法求出的 I_0 就会偏大。这时，要考虑汇流时间的影响。若在流域内有控制面积较小的流量站，最好用该站的雨洪资料求出初损值作为全流域的参证。

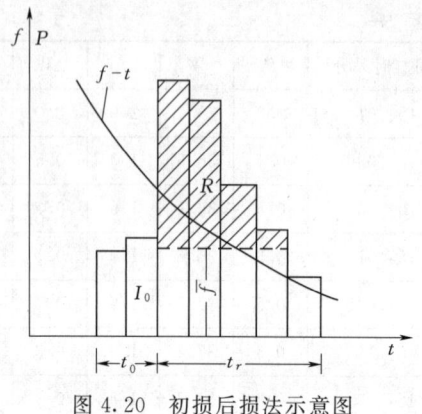

图 4.20　初损后损法示意图　　　　图 4.21　初损值的确定

影响各次降雨的 I_0 的因素首先是前期影响雨量 P_a（或前期土壤含水量 W_0），其次是雨强 i。在相同的雨强下，P_a 大则下渗量小，初损值亦小。反之，则初损值大。同理，在相同的 P_a 情况下，如降雨初期的雨强愈大则初损值愈小。因此，在实际工作中常以相关图的形式表示 I_0 的变化规律，常见的有 P_a-I_0 相关图或 P_a-i-I_0 相关图。后者的 i 采用初损期的平均雨强或产流开始时刻的雨强 $i_{产}$，如图 4.22 所示。

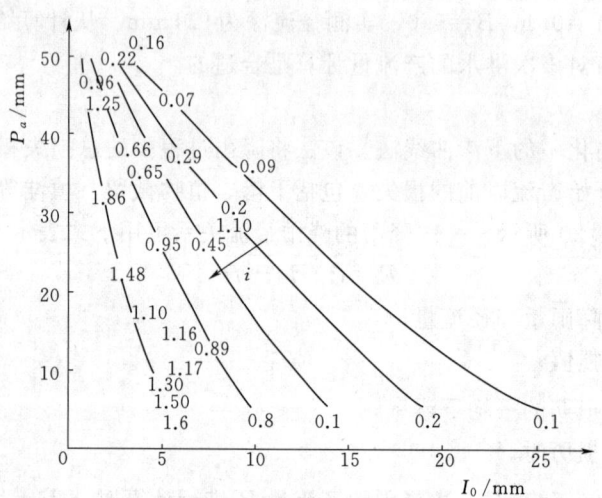

图 4.22　叶柏寿径流实验站文化沟 P_a-$i_{产}$-I_0 相关图

（2）后损期平均下渗率变化规律的确定。在确定了一次降雨的初损值后，用式（4.58）就可求得该次降雨的后损期的平均下渗率 $\bar{f}$。影响 $\bar{f}$ 的主要因素是产流期的雨强（即产流期的雨量 P_{t_r} 与产流历时 t_r 之比值）和产流开始时土壤含水量（即前期影响雨量 P_a 和初损值 I_0 两部分）。因此，也可以用相关图的形式表示 $\bar{f}$ 的变化，例如 $\bar{f}$-P_a-t_r 或 $\bar{f}$-P_{t_r}-t_r 相关图，如图 4.23 所示。

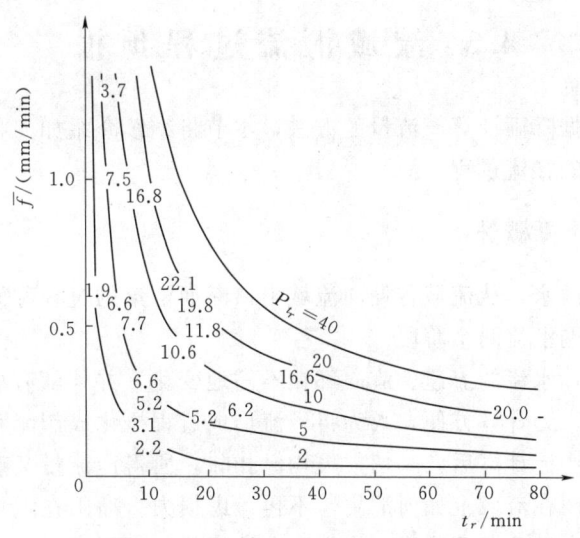

图 4.23 叶柏寿径流实验站文化沟 $\bar{f}$-P_{t_r}-t_r 相关图

(3) 产流量计算。有了如图 4.22、图 4.23 即初损后损法的产流方案,降雨后产流量计算见表 4.13。表中第 2 列为流域平均时段雨量。首先根据该次降雨的 P_a 查 P_a-$i_{\overline{r}}$-I_0 以确定初损值。查图用试错法进行。即假定一 I_0 值,以 P_a、I_0 查得 $i_{\overline{r}}$,计算该 $i_{\overline{r}}$ 与满足 I_0 时的雨强是否相同,若不相同则重新假设 I_0 并查图,直至两者相符时的 I_0 即为所求。经试错求得 $I_0=25$mm,因此第 1、2 两个时段的降雨全部下渗,且第 3 个时段还需 6mm 作为初损。按时段平均雨强计,应在 9:30 开始产流。又 21—24 时之间雨强很小,估计不能满足平均后损,故可确定产流历时 $t_r=11.5$h,即 9:30—21:00,产流期雨量 $P_{t_r}=51.9$mm。由 P_{t_r} 和 t_r 查 $\bar{f}$-P_{t_r}-t_r 相关图得 $\bar{f}=$ 1.5mm/h,则各时段的下渗量如表中第 4 列;第 2、第 4 列之差即为第 5 列本次降雨各时段的产流量。

表 4.13　　　　　　　　　初损后损法产流量计算表　　　　　　　　单位:mm

时间	时段降雨量	初损量	下渗量	产流量
1 日　3—6 时	1.2	1.2		
1 日　6—9 时	17.8	17.8		
1 日　9—12 时	36.0	6.0	3.8	26.2
1 日　12—15 时	8.8		4.5	4.3
1 日　15—18 时	5.4		4.5	0.9
1 日　18—21 时	7.7		4.5	3.2
1 日　21—24 时	1.9		1.9	0
Σ	78.8	25.0	19.2	34.6

4.3 流域汇流过程预报

上一节介绍了根据降雨计算产流量的方法，本节将继续介绍如何将降雨产生的径流计算成为流域出口断面的径流过程。

4.3.1 流域汇流计算概述

降落在流域上的雨水，从流域各处向流域出口断面汇集的过程称为流域汇流。流域汇流包括坡地汇流和河网汇流两个阶段。

在坡地汇流阶段，水流的流速、流向都在不停地变化，并伴随有植物截留、填洼、雨期蒸发、下渗等损失。为计算方便，人为将径流形成过程概化成产流和汇流两个阶段来处理。因此，降雨经过产流计算后，一切损失均已扣除，所得产流量又有净雨量之称。在汇流计算时就只研究净雨在流域上如何汇集，不再考虑损失。净雨在坡地汇流过程中，有的沿着坡面流向河槽，有的垂向下渗形成壤中流和地下径流后再流入河槽。地面径流流速较大，且流程短，因而汇流历时较短，地下径流是通过土壤中各种孔隙的水流，流速小，汇流历时长；壤中流则介于两者之间。壤中流在流动过程中有时受阻，部分水流又会回归地面成为回归流到达河槽。

在河网汇流阶段，各种水源的径流在汇流时间上的差异就不再存在。河槽中水流的汇流速度比坡地大得多，但因汇流的路径长，汇流时间也比较长。对于大、中流域，地面径流在河槽中的汇流时间远较在坡地的汇流时间长。因此，在研究地面径流汇流时，常忽略坡面汇流阶段；而对于地下径流和壤中流，汇流时间主要取决于坡地汇流阶段，故侧重点也应放在坡地汇流阶段。

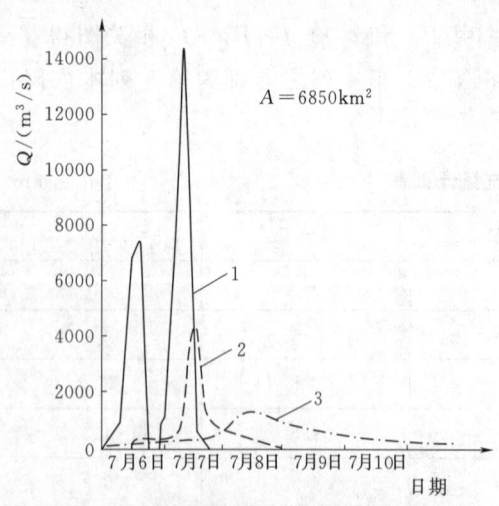

图 4.24 蒋家集站流域降雨、坡地出流、流域出流过程
1—降雨过程；2—坡地出流（河网总入流）过程；3—流域出流过程

流域出口断面的出流过程滞后于净雨过程，其变化较净雨过程平缓得多，这就相当于流域对净雨起了调节作用。如何计算流域的调蓄作用就是汇流计算要解决的问题。对于降雨径流预报，流域的调蓄作用带来了预见期。因此，流域愈大，由降雨预报流域出口断面流量过程的预见期也愈长。流域对净雨的调蓄作用如图 4.24 所示。图中实线是降雨过程，虚线是径流在流域各处经过坡地汇流阶段的出流，即各种水源径流进入河网的总入流过程。显然，坡地出流过程比降雨过程明显滞后，且总量也小得多，在降雨终止后相当长时间内仍有径流进入河槽，其原因除了一部分降雨耗于损失外，就是坡地对径流的调蓄作用所造成。图中的点划线是流域出流过程，显然较河网总入流过程滞后且

峰值降低但总量相等，这就是河网对径流调蓄作用的结果。

流域的坡地与河网没有明确的分界。因为河网应包括流域上所有汇集水流的大小河渠和沟涧，真正的坡地距离是不长的。大面积的坡地出流现在还无法测到，为了将坡面和河网分开来研究计算，可以由流域出口断面的流量过程及河网槽蓄曲线，用水量平衡原理反推得河网总入流过程。但是这种推算的成果比较粗略，要想和河槽一样列出坡地的不稳流连续方程和运动方程来求解，在确定坡地的自然地理和水力特征方面还有困难。现在比较常用的方法是将坡地和河网看成一个整体，分析研究整个流域的汇流规律。

4.3.2 经验单位线法

经验单位线法是由 L.K. 谢尔曼于 1932 年提出，至今仍是汇流计算中应用最为普遍的方法。它是由流域汇流系统实测的输入输出雨洪资料反推而得。

1. 单位线的基本概念

单位线的定义为：给定流域上均匀分布的单位时段内的单位地面净雨深在流域出口断面所形成的地面径流过程线。

单位净雨深常取 10mm。单位时段可根据流域的大小、汇流历时长短和实际需要而定，一般可取 1h、3h、6h、12h、24h 等，大致是出口站洪水过程线涨洪历时的 $1/4 \sim 1/3$。对于水文预报，还要与流域内雨量拍报的时段长一致。

由于所取的时段不同，单位线就不同，所以经验单位线又称为有因次的时段单位线。

因为实际降雨所产生的净雨量通常不是一个单位，产流历时（又称净雨历时）也不会恰好是一个时段长，为了推求和应用单位线作了如下两个基本假定。

（1）如果单位时段内的净雨深是 n 个单位，则其所形成的出流过程的总历时与单位线相同，而其流量为同时刻单位线流量的 n 倍。

（2）如果净雨历时是 m 个时段，则各时段净雨量所形成的出流过程之间互不干扰，出口断面的流量过程等于 m 个流量过程之和。

上述两个假定的实质与第 3 章关于河槽汇流曲线法是将河段汇流看成一个线性时不变系统一样，也是把流域汇流看成一个线性时不变系统。

2. 单位线的推求

在流域的实测水文资料中选择若干次在洪水量级及降雨时空分布方面有代表性的雨洪过程。各次降雨的历时应较短，洪水过程的峰形要完整，最好是单峰或易于分割成单峰形的复式过程。

按事先确定的计算时段长 Δt 将一次降雨的流域平均降雨过程划分为若干时段，划分时应注意保持原来实测的雨型。利用本流域已有的产流计算方案求得各时段的径流量。若需要分别推求直接径流和地下径流等不同水源的单位线，还应将各时段的径流量划分成不同水源的径流量。在与所选降雨对应的洪水流量过程中，割去与本次降雨无关的前期退水及深层地下径流过程，需要时还应作水源划分，得到不同水源的径流过程。由过程线计算次洪径流量，该量应与由降雨用产流方案求得的时段径流总量相等。但由于观测资料及产流方案、过程分割、水源划分等方面存在误差，两者往往不等，这时应分析原因并作平差修正。一定要使两者相等才能用于推求单位线。

应用已知的时段径流量及其对应的径流过程推求单位线的方法很多,在系统分析中称为系统的识别或鉴别。在实际工作中应用较多的有直接代数解法、试错法、最小二乘法和矩法。后者用于瞬时单位线参数的识别,见后续相关内容。这里只介绍常用的分析法和试错法。

已知一次降雨产生的各时段的径流深为 r_1、r_2、r_3、$\cdots$、r_m,相应的流域出口流量过程各时刻纵坐标值为 Q_1、Q_2、Q_3、$\cdots$、Q_L。

若取单位径流深为 10mm,单位线各时刻纵坐标为 q_1、q_2、q_3、$\cdots$、q_T。由单位线的基本假定知

$$Q_1 = \frac{r_1}{10}q_1$$

$$Q_2 = \frac{r_1}{10}q_2 + \frac{r_2}{10}q_1$$

$$Q_3 = \frac{r_1}{10}q_3 + \frac{r_2}{10}q_2 + \frac{r_3}{10}q_1$$

$$\cdots$$

$$Q_t = \sum_{i=1}^{m} \frac{r_i}{10} q_{t-i+1} \tag{4.59}$$

由式 (4.59) 知,以时段数表示的单位线底宽为

$$T = L - m + 1 \tag{4.60}$$

因此,只有当 $m=1$ 时,$T=L$,可由式 (4.59) 直接解得各 q 值,若 $m>1$,则 $T<L$,式 (4.59) 所列方程数就多于待求未知数 q 的个数,称为矛盾方程组。

(1) 直接代数解法(又称分析法)。

由式 (4.59) 移项得

$$q_1 = Q_1 \frac{10}{r_1}$$

$$q_2 = \left(Q_2 - \frac{r_2}{10}q_1\right)\frac{10}{r_1}$$

$$q_3 = \left(Q_3 - \frac{r_2}{10}q_2 - \frac{r_3}{10}q_1\right)\frac{10}{r_1}$$

$$\cdots$$

$$q_t = \left(Q_t - \sum_{i=2}^{m} \frac{r_i}{10} q_{t-i+1}\right)\frac{10}{r_1} \tag{4.61}$$

应用式 (4.61) 即可求得各 q 值。

表 4.14 是用分析法推求直接径流单位线的实例。推求时,首先要将直接径流过程分解为各个时段径流深形成的过程,然后再由其中之一个过程转换为单位线。

按式 (4.61),表中 7 日 12 时即第一个时段末的流量 $Q_1=186$ 只与 $r_1=24.5$ 有关,因此 $q_1 = 186 \times 10/24.5 = 76$;第二个时段末的 Q_2 与 r_1、r_2 有关,$q_2 = \left(667 - \frac{20.3}{10} \times 76\right)\frac{10}{24.5} = 209$;同理,$q_3 = \left(1935 - \frac{20.3}{10} \times 209 - 0\right)\frac{10}{24.5} = 616$;余类推,可

得表中第 6 列，即单位线，第 7、第 8 列为经过修匀后的结果。

表 4.14 分析法推求单位线计算实例（$F=5290\text{km}^2$）

时间	流量 Q_d /(m³/s)	直接径深 r_d /mm	部分径流过程/(m³/s) 24.5	20.3	单位线 Q /(m³/s)	单位线成果 修匀/(m³/s)	时段数（$\Delta t=6\text{h}$）
7 日 6 时	0		0		0	0	0
7 日 12 时	186	24.5	186	0	76	76	1
7 日 18 时	667	20.3	512	155	209	209	2
8 日 0 时	1935		1509	426	616	616	3
8 日 6 时	2450		1198	1252	489	489	4
8 日 12 时	1900		907	993	370	356	5
8 日 18 时	1280		529	751	216	235	6
9 日 0 时	850		412	438	168	160	7
9 日 6 时	560		218	342	89	110	8
9 日 12 时	400		218	182	89	78	9
9 日 18 时	277		96	181	39	50	10
10 日 0 时	202		123	79	50	35	11
10 日 6 时	142		39	103	16	23	12
10 日 12 时	80		44	36	18	12	13
10 日 18 时	40		0	40	0	0	14
11 日 0 时	0			0			
合计/mm		44.8	44.8		10	10	

由表 4.14 的计算可知，应用式（4.61）推求单位线时，显然将多余的方程舍弃了。R 的时段愈多，舍弃的方程也就愈多。若所选降雨历时不长，即 r 的时段数少，则出流过程中的主要部分都已用到，由此推得的单位线可认为误差不会太大。

分析法计算方便，因而应用较广，但其缺点是误差传递。由式（4.61）可以看出，当 Q_1 或 r_1 有误差而使计算的 q_1 产生误差时，q_2 因采用了 q_1 也就有了误差，依次类推，误差就传递下去。所以对求得的单位线坐标要进行修匀，如表 4.14 的第 7 列。如果由于误差传递使单位线出现明显的锯齿状甚至有负值时，可以试用逆时序推算，例如在表 4.14 中以 10 日 18 时流量作为 Q_1 起算。如仍不能得到合理的成果，应改用其他方法推求，或改换其他洪次的资料再做。

（2）试错法。常用的试错法是假定一条单位线，根据该假定单位线与已知时段径流量按式（4.59）计算流域出流过程，再与实测出流过程进行比较，若两者基本相符，则所假定的单位线即为所求。否则，修正原假定再试算，直至计算与实测过程相符为止。

此外，还可以用 W.T. 科林提出的试错法。该方法首先假定一条单位线，用以计算一次降雨过程中除最大时段径流量外其余各时段径流量所形成的流量过程，从实测流量过程中减去这些过程，就得到最大时段径流量所形成的过程，将此过程转化成单位线。若此单位线与假定的相差较大，可将两者的均值作为重新假定的单位线代入重复上述计算，直至两条单位线基本符合即为所求。

表 4.15 是用科林试错法推求单位线的实例。该次洪水由 4 个时段径流深形成,其中第一时段的为最大。先假定一条单位线如第 4 列,用以分别推算出 7.0mm、2.0mm、3.5mm 径流所形成的过程如第 5~第 7 列;第 8 列为 5~7 列之和;3、8 两列之差即为 21.0mm 径流所形成的径流过程,如第 9 列;将第 9 列各值乘 $\frac{10.0}{21.0}$,得单位线如第 10 列。因此单位线与原假定的基本符合,略加以修匀整理即得采用的成果如第 11 列。若求得的单位线与原假定单位线相差较大,则以 4、10 两列的平均值作为新假定的单位线,重复上述步骤,直至两者基本符合为止。修正后单位线所包围的面积仍应等于 10mm,如第 11 列,$\sum q \Delta t / A = 511 \times 3 \times 3600 / 552 \times 10^3 = 10\text{mm}$,说明计算无误。

表 4.15 试错法推求单位线计算实例（$F=552\text{km}^2$）

时间	时段净雨深 r /mm	径流过程 Q /(m³/s)	假定单位线 q /(m³/s)	部分径流过程			部分径流过程之和 /(m³/s)	21.0mm 径流过程 /(m³/s)	10.0mm 径流过程 /(m³/s)	采用单位线	
				7.0 /(m³/s)	2.0 /(m³/s)	3.5 /(m³/s)				q /(m³/s)	时段数 $\Delta t=6\text{h}$
9 月 19 日 18 时		0	0					0	0	0	0
9 月 19 日 21 时	21.0	20	8	0			0	20	10	10	1
9 月 20 日 0 时	7.0	111	50	6	0		6	105	50	50	2
9 月 20 日 3 时	2.0	334	140	35	2	0	37	297	141	141	3
9 月 20 日 6 时	3.5	270	75	98	10	3	111	159	75	76	4
9 月 20 日 9 时		212	54	53	28	18	99	113	54	53	5
9 月 20 日 12 时		165	34	38	15	49	102	63	30	32	6
9 月 20 日 15 时		111	22	24	11	26	61	50	24	23	7
9 月 20 日 18 时		80	19	15	7	19	41	39	19	19	8
9 月 20 日 21 时		62	16	14	4	12	30	32	16	16	9
9 月 21 日 0 时		50	14	11	4	8	23	27	13	13	10
9 月 21 日 3 时		45	13	10	3	7	20	25	13	12	11
9 月 21 日 6 时		40	11	9	3	6	18	22	11	11	12
9 月 21 日 9 时		36	10	8	3	5	16	20	10	10	13
9 月 21 日 12 时		32	9	7	2	5	14	18	9	9	14
9 月 21 日 15 时		28	8	6	2	4	12	16	7	8	15
9 月 21 日 18 时		26	7	6	2	4	12	14	7	7	16
9 月 21 日 21 时		22	6	5	2	3	10	12	6	6	17
9 月 22 日 0 时		18	5	4	2	2	8	10	5	5	18
9 月 22 日 3 时		16	4	4	1	2	7	9	4	4	19
9 月 22 日 6 时		12	3	3	1	2	6	6	3	3	20
9 月 22 日 9 时		10	2	2	1	2	5	5	3	2	21

4.3 流域汇流过程预报

续表

时间	时段净雨深 r /mm	径流过程 Q /(m³/s)	假定单位线 q /(m³/s)	部分径流过程 /(m³/s) 7.0	2.0	3.5	部分径流过程之和 /(m³/s)	21.0mm 径流过程 /(m³/s)	10.0mm 径流过程 /(m³/s)	采用单位线 q /(m³/s)	时段数 $\Delta t=6\mathrm{h}$
9月22日12时		6	1	1	1	1	3	3	1	1	22
9月22日15时		4	0	1	0	1	2	2	0	0	23
9月22日18时		2	0	0	0	0	0	2			
9月22日21时		0						0			
合计/mm	33.5	33.5	10.0	7.0	2.0	3.5	12.5	21.0	10.0	10.0	

科林试错法适用于在多时段径流中有一时段径流量特别大的情况,这时迭代计算收敛较快。但是,不论是以计算与实测流量过程比较或是以计算与原假定的单位线比较,由于对误差的控制都带有主观性,所得的单位线往往不是最优解。

在实际工作中,分析法与试错法还可以结合使用。也就是先按分析法求出前 n 个时段的 q 值,当 q 值出现振荡时可按其变化趋势假定整个单位线,再按试错法进行。

3. 单位线的时段转换

在实际应用单位线时所采用的时段长往往与已知单位线的时段长不相符合,不能任意移用;另一方面,在将不同流域的单位线进行地区综合时,各流域的单位线时段长也应相等。为了解决上述问题就要进行单位线的时段转换。具体方法如下:

假定时段净雨量连续不断,到达某一时刻后,流域出口断面的流量就成了不变的常数,如图 4.25(a)所示。图中的虚线即为流域出口断面的流量过程线,又称 S 曲线。显然 S 曲线在某时刻的纵坐标就等于若干个 10mm 净雨所形成的出现先后不一的单位线在该时刻的纵坐标之和。当单位线已知后,就可求得 S 曲线,见表 4.16。

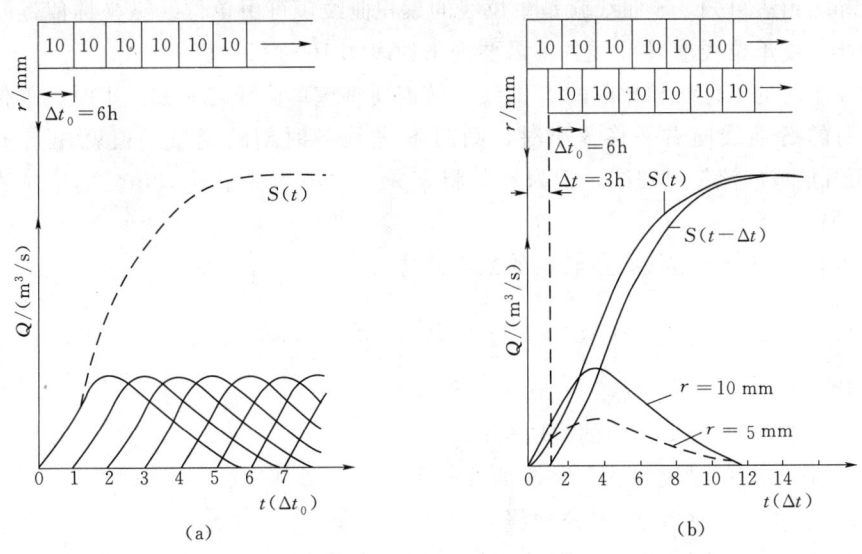

图 4.25 单位线的时段转换

表 4.16　　　　　　　　　　　　　**S 曲 线 计 算 表**

时段 ($\Delta t=6h$)	单位线 q /(m³/s)	净雨深 r /mm	部分径流/(m³/s)				S 曲线 /(m³/s)
			$r_1=10$	$r_2=10$	$r_3=10$	…	
(1)	(2)	(3)	(4)				(5)
0	0		0				0
1	76	10	76	0			76
2	209	10	209	76	0		285
3	616	10	616	209	76	0	901
4	489	10	489	616	209	⋮	1390
5	356	10	356	489	616		1746
6	235	⋮	235	356	489		1981
7	160		160	235	356		2141
8	110		110	160	235		2251
9	78		78	110	160		2329
10	50		50	78	110		2379
11	35		35	50	78		2414
12	23		23	35	50		2437
13	12		12	23	35		2449
14	0		0	12	23		2449
⋮				0	12		2449
					0		⋮

表 4.16 中第（2）列为 6 小时单位线，取自表 4.14。第（5）列即为第（4）列中同时刻流量之和。由表可知，S 曲线就是单位线的累积曲线，可由单位线纵坐标值逐时段累加而得。因此，由单位线求 S 曲线并不需要列出如表 4.16 进行计算。

已知 6 小时的单位线和相应的 S 曲线，若需要将该单位线转换成 3 小时的单位线，只需将 6 小时的 S 曲线向右平移 3 小时，则两 S 曲线各时刻的流量差值就相当于 3 小时 5mm 净雨所形成的流量过程线，记为 q'。将 q' 乘以 2 即为 3 小时 10mm 的单位线。如图 4.25（b）所示。

应用 S 曲线进行单位线时段转换的数学公式可写为

$$q(\Delta t, t) = \frac{\Delta t_0}{\Delta t}[S(t) - S(t - \Delta t)] \tag{4.62}$$

式中　$q(\Delta t, t)$ ——所求时段为 Δt 的单位线；

　　　Δt_0 ——原单位线的时段长；

　　　$S(t)$ ——时段为 Δt_0 的 S 曲线；

　　　$S(t-\Delta t)$ ——移后 Δt 的 S 曲线。

在应用表 4.17 进行单位线的时段转换时，若令 $P = \Delta t / \Delta t_0$，当 P 等于整数时，$S(t-\Delta t)$ 曲线可直接将 $S(t)$ 曲线向下移 P 个时段而得，当 P 不等于整数时，应将 $S(t)$

曲线画在方格纸上，根据该图形内插出有关时刻的纵坐标值，如表 4.17 第（4）列，为了求得 $S(t-3)$ 和 $S(t-9)$，应内插出 $t=3$、9、15、21、…时刻 $S(t)$ 的值。将第（4）列向下移 3 小时和 9 小时即 $S(t-3)$ 和 $S(t-9)$，按式（4.62）可求得转换后的单位线如第（8）、第（12）列。

表 4.17　　　　　　　　　　　单位线时段转换计算表

时间 t/h	原单位线 ($\Delta t_0=6h$)		$S(t)$ (含内插)	$S(t-3)$	(4)-(5)	单位线 ($\Delta t=3h$)		$S(t-9)$	(4)-(9)	单位线 ($\Delta t=9h$)	
	时序	$q(t)$				时序	$q(t)$			时序	$q(t)$
(1)	(2)	(3)	(4)	(5)	(6)	(7)	(8)	(9)	(10)	(11)	(12)
0	0	0	0		0	0	0		0	0	0
3			25	0	25	1	50		25		
6	1	76	76	25	51	2	102		76		
9			155	76	79	3	158	0	155	1	103
12	2	209	285	155	130	4	260	25	260		
15			500	285	215	5	430	76	424		
18	3	616	901	500	401	6	802	155	746	2	497
21			1161	901	260	7	520	285	876		584
24	4	489	1390	1161	229	8	458	500	890		593
27			1585	1390	195	9	390	901	684	3	456
30	5	356	1746	1585	161	10	322	1161	585		
33			1883	1746	137	11	274	1390	493		
36	6	235	1981	1883	98	12	196	1585	396	4	264
39			2066	1981	85	13	170	1746	320		
42	7	160	2141	2066	75	14	150	1883	258		
45			2204	2141	63	15	126	1981	223	5	149
48	8	110	2251	2204	47	16	94	2066	185		
51			2296	2251	45	17	90	2141	155		
54	9	78	2329	2296	33	18	66	2204	125	6	83
57			2358	2329	29	19	58	2251	107		
60	10	50	2379	2358	21	20	42	2296	83		
63			2400	2379	21	21	42	2329	71	7	47
66	11	35	2414	2400	14	22	28	2358	56		
69			2428	2414	14	23	28	2379	49		
72	12	23	2437	2428	9	24	18	2400	37	8	25
75			2445	2437	8	25	16	2414	31		
78	13	12	2449	2445	4	26	8	2428	21		
81			2449	2449	0	27	0	2437	12	9	8
84	14	0	2449	2449				2445	4		
87			2449	2449				2449	0		
90			2449	2449				2449	0	10	0

在应用上述方法进行单位线时段转换时,转换后的单位线时段长一般不宜超过原时段的两倍,或小于原时段长的1/2。因为上述时段转换的方法仍是以线性时不变系统为前提,没有考虑由于降雨或产流强度不同对汇流曲线的影响。所以,不如直接由各种不同降雨历时的实测雨洪资料推求不同时段长的单位线符合要求。

4. 单位线的应用

一个流域根据多次实测雨洪资料求得多条单位线后,经过平均或分类综合,就得到了该流域实用的单位线,即汇流计算方案。降雨后,用产流计算方案求得时段径流深后以单位线推算出流过程的方法如式(4.59),见表4.18。

表 4.18   用单位线推流计算表

时段 ($\Delta t=3h$)	单位线 q /(m³/s)	地面净雨 r_d /mm	部分地面径流/(m³/s) $r_1=5mm$	$r_2=162mm$	$r_3=37mm$	总地面径流 $Q_{面}$ /(m³/s)
0	0		0			0
1	8.4	5	4	0		4
2	49.6	162	25	136	0	161
3	33.8	37	17	804	31	852
4	24.6		12	548	184	744
5	17.4		9	399	125	533
6	10.8		5	282	91	378
7	7.0		4	175	64	243
8	4.4		2	113	40	155
9	1.8		1	71	26	98
10	0		0	29	16	45
11				0	7	7
12					0	0
合计	157.8	205				3220

5. 单位线存在的问题及改进

单位线来自实测径流过程,它已综合反映了坡地、河槽水流的运动规律和流域调蓄作用。在实际工作中经常遇到的是,流域的下垫面情况虽然没有变化,但由各次雨洪资料分析得到的单位线并不完全相同,产生这种现象的主要原因就是单位线的基本假定与实际情况不完全相符。

单位线的基本假定是认为流域的汇流系统为线性时不变系统,即符合倍比、叠加原理。事实上,河槽中的水流运动是非线性的,大小洪水的汇流速度是不相同的,一般大洪水流速大,汇流速度快,用大洪水求得的单位线过程尖瘦、洪峰高且峰现时间早;小洪水一般流速小,汇流速度慢,求得的单位线过程平缓、洪峰低而且峰现时间迟。在实用时,可按一次净雨总量或净雨强度的大小分级,分别确定单位线以便选用。如图4.26所示。

单位线的另一个假定就是降雨或净雨在流域内均匀分布。事实上,全流域均匀降雨产流的情况是少见的。流域愈大,这种不均匀状况就更为突出。暴雨中心在上游的洪水,汇流路径长，受到流域的调蓄作用也大，洪水过程必然较平缓，由此洪水求得的单位线也平缓、峰低且峰现时间偏后。反之，若采用暴雨中心在下游的洪水分析单位线，则单位线的过程尖瘦，峰高且峰现时间早。实用中，一方面为了考虑降雨产流分布不均匀的影响，可按暴雨中心的位置分类，分别确定单位线，如图 4.27 所示；另一方面，使用单位线的流域面积不宜太大，以减小降雨分布不均匀的影响。对于大流域，可划分成若干小流域或单元面积再分别计算。

此外，由不同水源组成的洪水所求单位线的形状也不同。地下径流所占比重大的洪水过程线比较平缓，退水历时也长，由此洪水分析的单位线也比较平缓。反之，若采用地面径流所占比重较大的洪水，所得单位线就较尖瘦。若对各次洪水的水源进行划分，则可按划分后的过程分别求得不同水源的单位线，以便在汇流计算时分别采用，如图 4.28 所示。

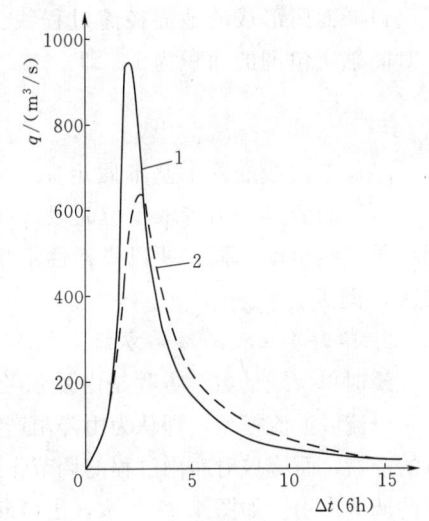

图 4.26　不同净雨强度的单位线
1—$r \geqslant 15\text{mm/h}$；2—$15\text{mm/h} > r \geqslant 10\text{mm/h}$

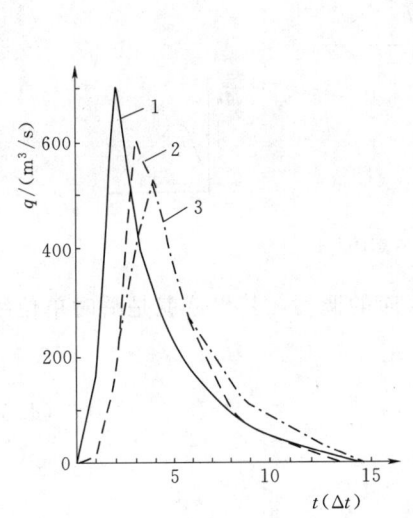

图 4.27　暴雨中心位置不同的单位线（衢县站）
1—暴雨中心在下游；2—在中游；3—在上游

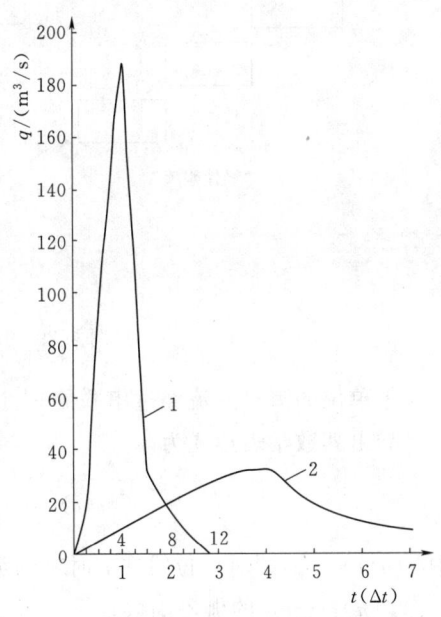

图 4.28　不同水源的单位线（莲塘口站）
1—直接径流为主；2—地下径流为主

4.3.3　瞬时单位线法

1. 瞬时单位线的基本概念

瞬时单位线定义为：给定流域上均匀分布的瞬时刻（即 $\Delta t \rightarrow 0$）的单位地面净雨在流

域出口断面所形成的地面径流过程线。其纵坐标常以 $u(0,t)$ 或 $u(t)$ 表示。瞬时单位线和时间轴所包围的面积为 1，即

$$\int_0^\infty u(0,t)\mathrm{d}t = 1 \tag{4.63}$$

经验单位线的两个基本假定完全适用于瞬时单位线，即瞬时单位线也属线性汇流模型。所不同的是，前者取单位时段，亦称时段单位线，用图表表示，有因次，时段长短不同，单位线也就不同，所以概括性不强。后者所取时段为无限小，可用数学方程表示，无因次，概括性强。

2. 瞬时单位线的数学方程

瞬时单位线的数学方程是由爱尔兰教授纳希 (J.E.Nash) 于 1957 年提出的。纳希设想了一个流域汇流模型，即认为由降雨产生的出口断面洪水过程是流域净雨过程 $r(t)$ 经流域调节的产物，而流域对净雨过程的调节作用，又可假定为是由 n 个相同的串联的线性水库对入流的调节作用。如图 4.29 所示，出口断面的流量过程是由净雨经过 n 个线性水库调蓄的结果。这里线性水库是指水库的蓄量 W 与泄流量 Q 之间为线性函数关系，即 $W=KQ$。

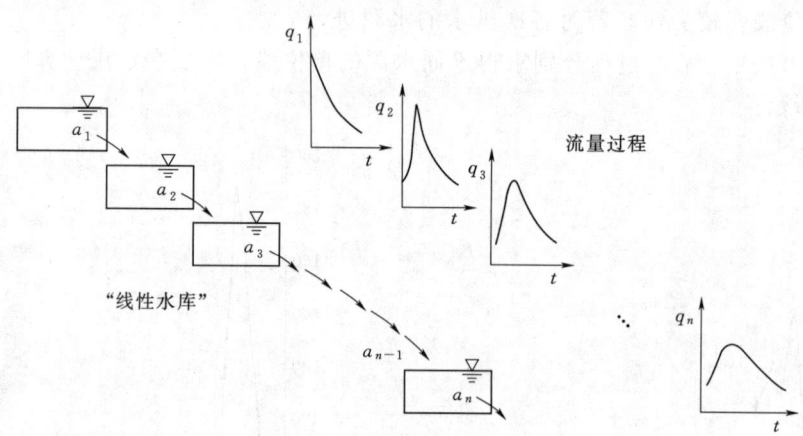

图 4.29　J.E.纳希模型示意图

一个单位的瞬时入流经过串联的 n 个等效线性水库的调蓄，其出流就是瞬时单位线，可以推导出其数学表达式为

$$u(t) = \frac{1}{K\Gamma(n)}\left(\frac{t}{K}\right)^{n-1} e^{-t/K} \tag{4.64}$$

式中　$u(t)$——瞬时单位线在 t 时刻的纵坐标；

　　　$\Gamma(n)$——n 的伽玛函数；

　　　n——反映流域调蓄能力的参数，相当于线性水库的个数或水库调节次数；

　　　K——反映流域调蓄能力的参数，可看成是线性水库的蓄泄系数，相当于线性水库的传播时间。

式（4.64）的图形如图 4.30 所示。由图 4.30（a）可见，若 K 不变，n 越大，瞬时单位线 $u(t)$ 变化越平缓，n 越小，其变化越陡峭。同理，若 n 不变，K 变化引起瞬时单位线 $u(t)$ 的变化规律如图 4.30（b）所示。

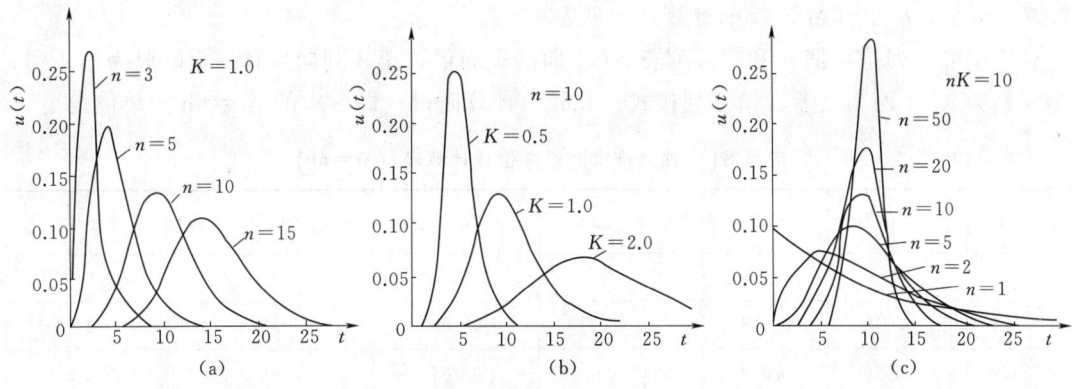

图 4.30 不同 n、K 的瞬时单位线

在式 (4.64) 中，n 是线性水库的个数或对入流的调节次数。然而作为方程中的参数，在与实际资料配合时 n 并不一定是整数，但它仍是一个表示流域调蓄能力的参数。K 是一个具有时间因次的水库蓄泄系数，即 "线性水库" 出流滞后于入流的时间。nK 则是流域滞时。如图 4.30 (c) 所示，当 nK 不变，n 愈大则每次调蓄的 K 愈小，出流过程愈尖瘦。当 $n \to \infty$，出流过程趋近于一个瞬时单位入流，但比入流滞后了 nK 时间。就是说，这样的流域调蓄作用非常小，出流过程仅是入流过程后移 nK 时间。反之，nK 不变，K 愈大则 n 愈小，流域调蓄作用也愈大，出流过程显著展平。当 $n=1$ 时，其出流就是退水过程。

3. 瞬时单位线的时段转换

瞬时单位线是由瞬时净雨产生，而实际应用时无法提供瞬时净雨，故必须将瞬时单位线转换成净雨深为 10mm 的时段单位线才可使用。转换的方法采用 S 曲线法。瞬时单位线的 S 曲线是瞬时单位线的积分曲线，即

$$S(t) = \int_0^t u(t) \mathrm{d}t = \frac{1}{\Gamma(n)} \int_0^{\frac{t}{K}} \left(\frac{t}{K}\right)^{n-1} \mathrm{e}^{-\frac{t}{K}} \mathrm{d}\left(\frac{t}{K}\right) = f\left(n, \frac{t}{K}\right) \tag{4.65}$$

式 (4.65) 表明 $S(t)$ 曲线是 n，$\frac{t}{K}$ 的函数，以不同的 n 和 $\frac{t}{K}$ 代入可制成 $S(t)$ 查用表，见附录Ⅲ。将 $S(t)$ 错后一个时段 Δt，即得 $S(t-\Delta t)$ 曲线。两条 S 曲线之间纵坐标的差值 $u(\Delta t, t)$ 就是无因次时段单位线的纵高，可用方程式表示为

$$u(\Delta t, t) = S(t) - S(t - \Delta t) \tag{4.66}$$

式 (4.66) 是时段长为 Δt 的无因次时段单位线，以 Δt 为间隔，将 $u(\Delta t, t)$ 各时段末的纵坐标加起来，应符合 $\sum u(\Delta t, t) = 1.0$。

有了 $u(\Delta t, t)$，从实用上还需将 $u(\Delta t, t)$ 转换成时段长为 Δt，净雨量为 10mm 的有因次时段单位线，记为 $q(\Delta t, t)$。则 $q(\Delta t, t)$ 与 $u(\Delta t, t)$ 之间的关系为

$$q(\Delta t, t) = \frac{10F}{3.6 \Delta t} \cdot u(\Delta t, t) \tag{4.67}$$

式中　F——流域面积，km^2；

　　　Δt——计算时段长，h。

例如已知某流域面积 $F = 446 km^2$，计算时段长 $\Delta t = 6h$，且已求得 $n = 2.4$，$K = $

7.76，$u(\Delta t, t)$、$q(\Delta t, t)$ 的计算过程见表 4.19。

表中第 3 列是根据 n 和第 2 列查 $S(t)$ 曲线表而得；第 3 列向后移一个时段为第 4 列；第 5 列为 3、4 两列之差；第 6 列按式（4.67）计算而得，即所求的 $\Delta t = 6h$ 的单位线。

表 4.19　　　　　应用 $S(t)$ 曲线推求时段单位线计算表　（$\Delta t = 6h$）

t/h	$\dfrac{t}{K}$	$S(t)$	$S(t-\Delta t)$	$u(\Delta t, t)$	$q(\Delta t, t)/(m^3/s)$	$t(\Delta t)$
0	0	0		0	0	0
6	0.773	0.106	0	0.106	22	1
12	1.546	0.340	0.106	0.234	48	2
18	2.320	0.565	0.340	0.225	46	3
24	3.093	0.733	0.565	0.168	35	4
30	3.866	0.844	0.733	0.111	23	5
36	4.639	0.912	0.844	0.068	14	6
42	5.412	0.951	0.912	0.039	8	7
48	6.186	0.972	0.951	0.021	4	8
54	6.959	0.985	0.972	0.013	3	9
60	7.732	0.992	0.985	0.007	2	10
66	8.505	0.996	0.992	0.004	1	11
72	9.278	0.998	0.996	0.002	0	12
78	10.052	0.999	0.998	0.001		
84	10.825	1.000	0.999	0.001		
			1.000			
Σ				1.000	206	

4. 参数 n、K 的确定

因为式（4.64）已定，要求某一流域的瞬时单位线就成了推求该流域的 n、K 值。根据纳希介绍参数 n、K 可用矩法确定。

依据《实用水文统计》教材，随机变量系列的概率密度函数可以用变量系列的各阶矩表示。例如，一阶原点矩即随机变量系列的均值，它是密度曲线所包围面积的形心至原点的距离；二阶中心矩即方差，它表示随机变量系列对均值的离散程度等等。瞬时单位线 $u(t)$ 就是流域上瞬时净雨沿时程分配的函数。借用上述概念，描述瞬时单位线 $u(t)$ 特征的参数 n、K 必然与其各阶矩值存在着某种联系。又出口断面的出流过程 $Q(t)$ 是各时段的净雨与单位线相乘后叠加而得，那么，瞬时单位线 $u(t)$、净雨过程 $r(t)$ 和出流过程 $Q(t)$ 三者的形状特征之间必然存在着一定的关系。应用这种关系可根据 $r(t)$ 和 $Q(t)$ 推求 n、K。这就是矩法确定参数 n、K 的基本思路。

采用矩法，可求得瞬时单位线 $u(t)$ 的一阶原点矩和二阶中心矩分别为

$$M^{(1)}(u) = nK$$
$$N^{(2)}(u) = nK^2$$

联立求解上述两式即可求得 n 和 K。

$$K = \frac{N^{(2)}(u)}{M^{(1)}(u)} \tag{4.68}$$

$$n = \frac{M^{(1)}(u)}{K} \tag{4.69}$$

且有

$$M^{(1)}(u) = M^{(1)}(Q) - M^{(1)}(r) \tag{4.70}$$
$$N^{(2)}(u) = N^{(2)}(Q) - N^{(2)}(r) \tag{4.71}$$

式中 $M^{(1)}(Q)$、$M^{(1)}(r)$ 和 $M^{(1)}(u)$——流域出口断面流量过程 $Q(t)$、净雨量过程 $r(t)$ 和 $u(t)$ 的一阶原点矩（图 4.31）；

$N^{(2)}(Q)$、$N^{(2)}(r)$ 和 $N^{(2)}(u)$——$Q(t)$、$r(t)$ 和 $u(t)$ 的二阶中心矩。根据实测 $Q(t)$ 过程（已割除地下水）和 $r(t)$ 过程资料求得 $M^{(1)}(Q)$、$M^{(1)}(r)$ 和 $N^{(2)}(Q)$、$N^{(2)}(r)$ 后，可得 $M^{(1)}(u)$ 和 $N^{(2)}(u)$ 值，再计算得 n 和 K；查专用表可求得 $S(t)$ 曲线，然后转换为时段单位线。求矩计算实例见表 4.20 和表 4.21。

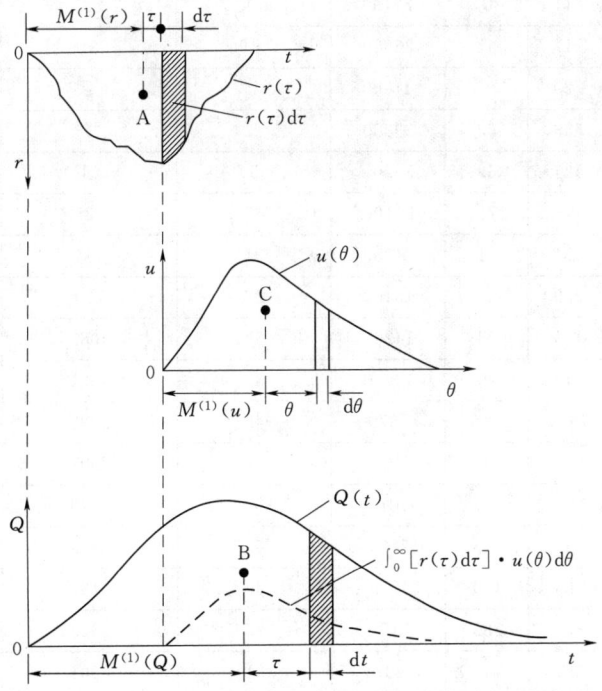

图 4.31 出流量过程、净雨量过程和 $u(t)$ 三者原点矩之间关系图

第4章 流域降雨径流预报

表 4.20　　　　　　　　　　净雨量求矩计算示例

时间	r_i	t_i	$r_i t_i$	$t_i - M^{(1)}(r)$	$[t_i - M^{(1)}(r)]^2$	$r_i[t_i - M^{(1)}(r)]^2$
2日8时						
2日14时	5.5	3	16.5	−10.3	106.1	583
2日20时	13.5	9	122	−4.3	18.5	250
3日2时	41.0	15	615	1.7	2.9	118
3日8时	5.8	21	122	7.7	59.3	344
∑	65.8		875.5			1295

注　r 单位为 mm，t 单位为 h。

表 4.21　　　　　　　　　　出流量求矩计算示例

时间	Q_t	$\overline{Q}_i$	t_i	$\overline{Q}_i t_i$	$t_i - M^{(1)}(r)$	$[t_i - M^{(1)}(r)]^2$	$Q_i[t_i - M^{(1)}(r)]^2$
2日8时	0						
2日14时	1.0	0.5	3	1.5	−57	3249	1620
2日20时	2.0	1.5	9	13.5	−51	2601	3900
3日2时	29.0	15.5	15	232	−45	2025	31400
3日8时	92.8	60.9	21	1280	−39	1521	92600
3日14时	229	161	27	4350	−33	1089	175000
3日20时	412	321	33	10600	−27	729	234000
4日2时	540	476	39	18600	−21	441	210000
4日8时	681	611	45	27400	−15	225	137000
4日14时	753	717	51	36600	−9	81	58100
4日20时	687	720	57	41000	−3	9	6480
5日2时	578	633	63	39800	3	9	5700
5日8时	470	524	69	36200	9	81	42400
5日14时	359	414	75	31100	15	225	93200
5日20时	242	301	81	24300	21	441	133000
6日2时	175	209	87	18100	27	729	152000
6日8时	131	153	93	14200	33	1089	167000
6日14时	89.0	110	99	10900	39	1521	167000
6日20时	61.0	75.0	105	7870	45	2025	152000
7日2时	42.5	52.0	111	5770	51	2601	135000
7日8时	27.1	34.8	117	4070	57	3249	113000
7日14时	17.0	22.1	123	2720	63	3969	87800
7日20时	10.5	13.8	129	1780	69	4761	65700
8日2时	6.1	8.3	135	1120	75	5625	46700
8日8时	0	3.1	141	437	81	6561	20300
∑		5638		338454			2330800

注　Q 单位为 m³/s，t 单位为 h。

$$M^{(1)}(r) = \frac{\sum r_i t_i}{\sum r_i} = \frac{875.5}{65.8} = 13.3(\text{h})$$

$$M^{(1)}(Q) = \frac{\sum \overline{Q_i} t_i}{\sum \overline{Q_i}} = \frac{338454}{5637.5} = 60(\text{h})$$

$$N^{(2)}(r) = \frac{\sum r_i [t_i - M^{(1)}(r)]^2}{\sum r_i} = \frac{1295}{65.8} = 19.7(\text{h}^2)$$

$$N^{(2)}(Q) = \frac{\sum \overline{Q_i} [t_i - M^{(1)}(Q)]^2}{\sum \overline{Q_i}} = \frac{2330800}{5637.5} = 413(\text{h}^2)$$

$$M^{(1)}(u) = M^{(1)}(Q) - M^{(1)}(r) = 60\text{h} - 13.3\text{h} = 46.7(\text{h})$$

$$N^{(2)}(u) = N^{(2)}(Q) - N^{(2)}(r) = 413\text{h}^2 - 19.7\text{h}^2 = 393.3(\text{h}^2)$$

根据表 4.20 和表 4.21 以及上述公式，求得

$$K = \frac{N^{(2)}(u)}{M^{(1)}(u)} = \frac{393.3}{46.7} = 8.42(\text{h}) \qquad n = \frac{M^{(1)}(u)}{K} = \frac{46.7}{8.42} = 5.55$$

5. 综合瞬时单位线

实测资料表明瞬时单位线的参数 n、K 与流域特征（如流域面积 F、主河道平均坡度 J 等）有一定的关系，因此可建立瞬时单位线参数与流域特征的综合公式。这种综合公式形式表示的瞬时单位线称为综合瞬时单位线。使用时，只要根据流域特征 F、J 等就可确定瞬时单位线参数，从而求出瞬时单位线。

在实际工作中，并不直接用瞬时单位线的参数 n、K 进行地区综合，而是令 $m_1 = nK$，$m_2 = 1/n$，然后以 m_1、m_2 代替 n、K 进行综合，建立以下形式的综合公式

$$\left. \begin{array}{l} m_1 = K_1 F^\alpha J^\beta \\ m_2 = K_2 J^y \end{array} \right\} \tag{4.72}$$

式中　α、β、y——指数；

$\quad\quad K_1$、K_2——系数；

$\quad\quad F$——流域面积；

$\quad\quad J$——主河道平均坡度。

m_1 称洪峰滞时，反映流域汇流时间。一般 m_1 对洪水过程影响较大；m_2 主要影响峰现时间，对洪峰的大小影响较小。m_1 受流域特征的影响变化较大，m_2 比较稳定。因此，为简单起见，对一定的地区，一般将 m_2 固定，对 m_1 进行综合。例如江苏省平原区 $m_2 = 1/2$，$m_1 = 2.94(F/J)^{0.35}$。

瞬时单位线是线性汇流计算模型，因此模型中的参数 m_1 是不考虑非线性的。而实际上汇流过程是非线性的，受降雨强度、降雨历时、水力条件等影响，因此在综合时，除江苏和山东的某些地区外，许多省（区）都考虑了参数 m_1 的非线性改正。

当流域缺乏实测雨洪资料，无法直接分析单位线时，可利用综合瞬时单位线（即瞬时单位线参数的地区综合公式）由设计流域的特征值 F、J 等求得 m_1、m_2 值，并进一步求出 n、K。然后由 n、K 和选择的时段 Δt，利用 $S(t)$ 曲线表，求出无因次时段单位线，再转换成 10mm 净雨的时段单位线，即可作为汇流计算方案。暴雨洪水图集中一般还提供

了各种不同 m_1、m_2 的无因次时段单位线，使应用更为方便。

4.3.4 等流时线法

1. 基本概念

假设流域中水流汇集速度分布均匀。等流时线是指将流域各处径流能在同一时刻到达出口的点连接而成的线，即汇流历时的等值线。若自流域最远处到达出口断面所需的汇流历时为 τ，取计算时段为 Δt，在流域图上按时距 $\Delta \tau = \Delta t$ 绘制等流时线，两线间的面积 Δf 上的净雨深 r 将在同一时段内经出口流出。按线性叠加原理，出口断面各时刻的流量为

$$Q_1 = r_1 \Delta f_1 / \Delta t$$
$$Q_2 = r_1 \Delta f_2 / \Delta t + r_2 \Delta f_1 / \Delta t$$
$$Q_3 = r_1 \Delta f_3 / \Delta t + r_2 \Delta f_2 / \Delta t$$
$$\cdots$$
$$Q_t = \sum_{i=1}^{n} r_{t-i+1} \Delta f_t / \Delta t \tag{4.73}$$

式中 $i = 1、2、3、\cdots、n$——流域上划分的等流时面积数。

绘制流域的等流时线时，一般的做法是认为在流域汇流中河槽汇流是主要的，在流域图内沿干流及主要支流按间距 ΔL 划分，$\Delta L = V \Delta t$，V 为河流的平均流速。在连接各河的划分点时，应考虑流域内地形的变化及各河系间分水岭的影响，就得到了等流时线如图 4.32（a）所示。量得各等流时线间的面积，可绘制等流时面积（或称汇流面积）分配曲线 $\Delta f = f(\tau)$，如图 4.32（b）所示。V 由流域内的实测流速资料估算，可以取一次洪水的平均值或洪峰阶段的平均值作为初估值，通过计算出口过程与实测过程的比较调整后确定。

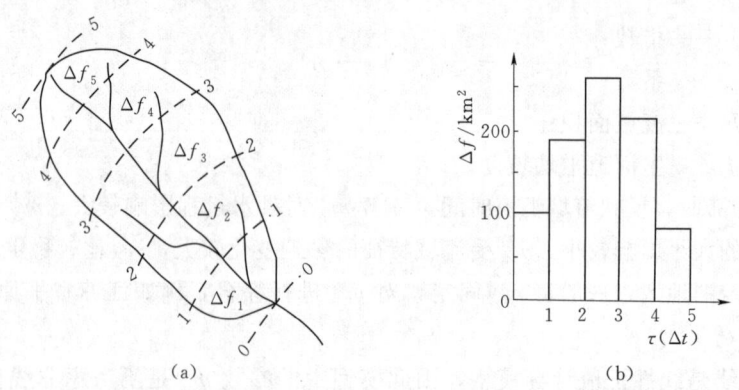

图 4.32 流域上的等流时线与等流时线面积分配曲线

当已知流域时段净雨，利用等流时面积分配曲线计算出口径流过程的方法见表 4.22。如果流域内降雨产流分布不均匀，同一时段内各等流时面上的净雨不同，因各部分来水有明确的汇流面积，可以分别计算。但是，本方法仍将流域汇流作为线性时不变系统。

事实上，流域内真实的等流时线一定是互相交错无法绘制的，随着汇流速度沿程随时间的变化，等流时线在流域内的位置及间距也是不断变动的。图 4.32（a）仅是一种很粗

略的假设。表 4.22 的计算以汇流速度不变即 $\Delta f = f(\tau)$ 不变为前提,所得过程与实测的必然有差异。一般是计算过程提前出现,涨水及洪峰偏高,退水偏低,洪水历时较短。这时由于忽略了汇流速度的变化即流域调蓄作用造成的,同时也包含了绘制等流时线划分等流时面积的误差,因此,对表 4.22 的计算结果还要进行调蓄改正处理才能符合实际。

表 4.22　　　　　　　　用等流时线法计算流域出口径流过程

时间	净雨量 r /mm	汇流面积 Δf /km²	$r\Delta f/\Delta t/(\mathrm{m}^3/\mathrm{s})$			出口流量 Q /(m³/s)
			11.2	21.6	5.3	
7月3日6时			0			0
7月3日12时	11.2	104	54	0		54
7月3日18时	21.6	188	97	104	0	201
7月4日0时	5.3	262	136	188	26	350
7月4日6时		214	111	262	46	419
7月4日12时		86	45	214	64	323
7月4日18时		0		86	53	139
7月5日0时				0	21	21
7月5日6时					0	0
合计	38.1	854				1507

2. 调蓄改正法

克拉克(Clark)较早提出的调蓄改正法是以净雨终止至流量过程退水段第一个拐点,即坡地漫流终止的时距为坡地汇流时间,如图 4.33 所示。按该历时划分等流时线所计算的是坡地出流过程,称为漫流过程。以一个蓄泄关系为线性的水库调蓄作用模拟河槽的调蓄,也就是采用 $x=0$ 条件下的马斯京根流量演算法,将漫流过程作为入流演算出流,就得到经过调蓄改正的出流过程。

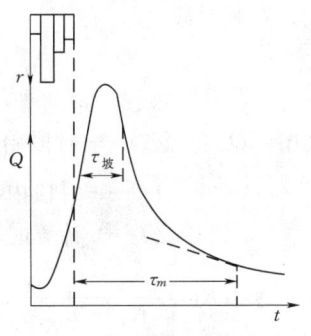

图 4.33　坡地汇流与流域汇流历时的确定

在克拉克之后,我国也有采用若干个线性水库串联演算(纳希瞬时单位线)或马斯京根分段连续演算等方法模拟河槽调蓄作用,对坡地出流过程进行调蓄改正。但是。这些方法在实用上往往由于汇流历时 τ 值不易确定,粗略地划分等流时线存在着误差以及各次洪水演算系数不稳定等原因不易得到满意的结果。此外,为了处理汇流速度变化对流域汇流造成的非线性影响,还可以根据不同洪水的水力条件例如流速,选用不同汇流历时划分等流时线所对应的汇流曲线,称变动等流时线法。这些方法在使用上一般都不及单位线简便,因而在实际工作中并不多见。

应该指出,等流时线法由流域的地形地貌条件出发确定汇流曲线,对流域出口流量形成的物理机制进行模拟,是属于概念性模型一类的。它的优点是有明确的产流场,可以分别按各等流时面积计算产流量以处理降雨空间不均匀的影响;在流域调节作用方面抓住了河槽调蓄这个主要环节进行调蓄改正,对于较大流域是符合实际的。可以说,这些思路都成为了后来发展的分单元进行产流计算、分坡地与干流河槽进行汇流计算的降雨径流流域模型的基础。

4.3.5 地下径流汇流计算

根据地下水流运动的基本微分方程可以导出地下水径流的流域汇流模型,但在应用这类模型时需要有足够的资料,包括地下水位及有关的水文地质和土壤特性等数据。这在一般流域上难以实现。常用的地下径流汇流计算方法是以水量平衡方程和线性水库的蓄泄关系为基础的水文学方法,即线性水库演算法,即 $x=0$ 条件下的马斯京根流量演算法。

由于地下水的水面比降很平缓,可以认为其涨落洪蓄泄关系相同,则地下径流的水量平衡方程和蓄泄关系可表示为

$$I_g - Q_g = \frac{\mathrm{d}W_g}{\mathrm{d}t}$$

$$W_g = K_g Q_g \tag{4.74}$$

式中　I_g——地下水库的入流量;

　　　Q_g——出流量;

　　　W_g——地下水库蓄水量;

　　　K_g——蓄泄常数,反映地下水的平均汇集时间。

当已知 I_g,合解上两式,可得 Q_g 值。实际计算时,可将上式写为有限差形式的演算式。对某时段 Δt,有

$$Q_{g2} = \frac{\Delta t}{K_g + 0.5\Delta t}\overline{I_g} + \frac{K_g - 0.5\Delta t}{K_g + 0.5\Delta t}Q_{g1} \tag{4.75}$$

式中　Q_{g_1},Q_{g_2}——时段始、末地下径流出流量,m³/s;

　　　$\overline{I_g}$——时段内地下水库的入流量,m³/s;

　　　Δt——计算时段,h。

令 $KKG = \dfrac{K_g - 0.5\Delta t}{K_g + 0.5\Delta t}$,则 $\dfrac{\Delta t}{K_g + 0.5\Delta t} = 1 - KKG$ 故式(4.75)可改写为

$$Q_{g2} = (1 - KKG)\overline{I_g} + KKG \cdot Q_{g1} \tag{4.76}$$

若时段内的地下净雨深为 RG,则有

$$\overline{I_g} = \frac{1000 RG \cdot F}{3600 \Delta t} = \frac{RG \cdot F}{3.6 \Delta t} \tag{4.77}$$

式中　RG——时段内地下净雨深,mm;

　　　F——流域面积,km²;

其余符号意义同式(4.75)。

把 $\overline{I_g}$ 的表达式代入式(4.76),即可得到由 RG 推求 Q_g 的公式如下:

$$Q_{g2} = RG(1 - KKG)U + KKG \cdot Q_{g1} \tag{4.78}$$

其中

$$U = \frac{F\ (\mathrm{km}^2)}{3.6 \Delta t\ (\mathrm{h})}$$

式中　U——折算系数。

4.4 流域水文模型

4.4.1 流域水文模型概论

流域水文模型在进行水文规律研究和解决生产实际问题中起着重要的作用。随着现代科学技术的飞速发展,以计算机和通信为核心的信息技术在水文水资源及水利工程科学领域的广泛应用,使流域水文模型的研究得以迅速发展并广泛应用于水文基本规律研究、水旱灾害防治、水资源评价与开发利用、水环境和生态系统保护、气候变化及人类活动对水资源和水环境影响等领域。因此,流域水文模型的开发研究具有广泛的科学意义和实际应用价值。

自然界中的水文现象是由众多因素相互作用的复杂过程,水文现象虽然发生在地表范围内,但与大气圈、岩石圈、生物圈都有着十分密切的关系,属于综合性的自然现象,水文科学属于地学范畴。迄今为止,人们还不可能对所有水文现象的有关要素进行实际观测,不能用严格的物理定律来描述水文现象各要素间的因果关系,还有许多问题未解决,严格的水文规律有待人们去认识和探索。

随着对水文现象及其各要素间因果关系认识水平的逐步提高和研究的不断深入,人们将复杂水文现象加以概化,即忽略次要的与随机的因素,保留主要因素和具有基本规律的部分,据此建立具有一定物理意义的数学物理模型,并在计算机上实现,这种仿水文现象称之为"水文模拟"。被模拟的水文现象称为原型,模拟则是对原型的种种数学物理和逻辑的概化。所以说,流域水文模型是模拟流域水文过程所建立的数学结构,水文模拟首先就是要开发研制一个水文模型。

目前,国内外开发研制的水文模型众多,结构各异,分类方法也有所不同。综观这些分类方法,大致可以归纳为以下几类。

1. 按模型构建的基础分类

按模型构建的基础分类,流域水文模型可分为物理模型、概念性模型和黑箱子模型 3 类。若一个模型的每一个关系式均是严格的以物理定律为基础,则该模型是物理模型;若一个模型的结构、参数具有物理意义,但其结构不是严格的以物理定律为基础,则该模型是概念性模型;若一个模型的关系式无任何物理意义,则该模型是黑箱子模型。

(1) 物理模型。根据物理或力学上的一些基本定律对水文现象进行描述的模型称为物理模型。其特点是:对水文现象的描述机制清楚,具有物理严密性,通用性好,预测和外延能力强;但由于模型的结构复杂,应用上不可避免地要遇到求解非线性数学难题和估计初始值、边界值和参数值的困难。受人们对水文现象认识水平、水文现象及其边界条件的复杂性和原始资料的局限与可靠性等因素的限制,现阶段完全物理化的物理模型应用于流域水文模拟还存在很大的难度。

(2) 概念性模型。以物理成因机制作为基础,对水文现象提出假设、概化和数学模拟的模型称为概念性模型。其特点是:模型结构较物理模型简单,具有一定的物理成因机制,易于推广应用,当假设条件与实际情况相近,概化合理时,预测效果好,但通用性较物理模型差。随着人们对水文现象认识水平的不断提高,物理成因机制的逐步物理化,概念性模型可以发展为物理模型。概念性模型既可以描述自然界中水循环的全过程,称为全程模型;也可以描述水循环的子过程,称为分量(或分层)模型,如蒸散发模型、产流模型、水源划分模型、汇流模型等。

(3) 黑箱子模型。主要依靠数学手段来确定水文现象各影响因素间关系的模型称为黑箱子模型。其特点是:模型结构简单,易研究、易掌握和易推广应用;但因其结构和参数缺少成因机制,模型的通用性和外延能力差,有时可能会得出与通常物理意义上不同的结果。

2. 按对流域水文过程描述的离散程度分类

按对流域水文过程描述的离散程度分类,流域水文模型可分为集总式模型、分布式模型和半分布式模型3类。一般来说,概念性模型和黑箱子模型是集总式模型,而物理模型是分布式模型。

(1) 集总式模型。集总式模型最基本的特征是将流域作为一个整体来描述或模拟降雨径流形成过程。不同的集总式模型尽管可能具有不同的模型结构和特征参数,但模型本身大多数都不具备从机制上考虑降雨和下垫面条件空间分布不均匀对流域降雨径流形成影响的功能。与集总式模型相反,若考虑流域内各处地质、地貌、土壤、植被、降水等要素的不均匀性,将流域划分为若干个小单元;每个小单元上用一组参数反映其流域特征;以小单元作为水文模拟的基本单元,小单元出口与流域出口用河网连接,并通过河网汇流而得到全流域的总输出过程,则该模型称为分散性模型。

(2) 分布式模型。分布式模型最基本的特征是按流域各处气候信息(如降水)和下垫面特性(如地形、土壤、植被、土地利用)要素信息的不同,将流域划分为若干小单元;在每一个单元上用一组参数反映其流域特征,具有从机理上考虑降雨和下垫面条件空间分布不均匀对流域降雨径流形成影响的功能。根据模型的结构和性质,分布式模型大致可分为以下两类。

1) 构建于概念性模型基础上的分布式模型。构建于概念性模型基础上的分布式模型,简称为"分布式概念模型"或"准分布式模型"或"松散耦合型分布式模型"。其主要特点是在每一个水文模拟的小单元上应用概念性集总式模型来计算净雨,再进行汇流演算,计算出流域出口断面的流量过程。如构建于新安江模型基础上的分布式模型,构建于 CLS 模型基础上的分布式模型等。

2) 以物理方程为基础的分布式模型。以物理方程为基础的分布式模型,简称为"分布式物理模型"或"紧密耦合型分布式模型"。其主要特点是在每一个水文模拟的小单元上应用连续方程和运动方程来构建相邻模拟单元之间的时空关系,应用数值计算方法求解。典型的有 SHE 模型以及它的变形、TOPKAPI 模型、DBSIN 模型、WetSpa 模型。以物理方程为基础的分布式模型又可以分为以水动力学原理为主要基础和以水文学原理为主要基础两类。SHE 模型属于前者,而 DBSIN 模型属于后者。

(3) 半分布式模型。半分布式模型是介于集总式模型和分布式模型之间的一种模型。其典型代表是以地形为水文过程空间变异性基础的 TOPMODEL。由于 TOPMODEL 和

TOPKAPI模型既不同于分布式概念模型的结构，又不同于分布式物理模型的结构，国内外一些学者称其为具有一定物理基础的半分布式模型。

3. 其他分类

（1）按数学处理方法分类。按数学处理方法分类，流域水文模型可分为确定性模型和随机模型。若模型中每一个结构的关系都是确定的，则该模型是确定性模型，否则是随机模型。确定性模型表示各确定因素之间的关系，随机模型则表示各不确定因素或随机因素间的概率关系，两者数学处理方法不同。

（2）按模型结构分类。按模型结构分类，流域水文模型可分为线性模型和非线性模型。若模型描述的自变量和因变量之间的关系既满足叠加性 $\left(\Phi\left[\sum_{i=1}^{n}x(t)\right]=\sum_{i=1}^{n}\Phi[x(t)]\right)$ 又满足均匀性（$\Phi[n \cdot x(t)]=n \cdot \Phi[x(t)]$），则该模型是线性模型；虽满足叠加性，但不满足均匀性，或者既不满足均匀性也不满足叠加性，则该模型是非线性模型。

（3）按模型参数分类。按模型参数分类，流域水文模型可分为时不变模型和时变模型。若模型的各参数不随时间变化，则该模型是时不变模型；反之，若模型的参数中至少有一个随时间而变，则该模型是时变模型。

4.4.2 概念性流域水文模型（新安江模型）

从前面的介绍可知，流域水文模型的种类很多，但目前在水文学科领域研究时间长、影响大、发展快、付之实用的主要还是概念性流域水文模型。所谓概念性流域水文模型，就是依据实际发生的水文规律、具体的研究对象和目的，寻找影响规律的各因素，并区别主要因素和次要因数，进而提出假设和概化，建立尽可能符合水文实际，结构和参数均有较为明确物理意义的模型。概念性水文模型的核心是模型的结构和参数。

下面主要介绍国内应用较为普遍的新安江模型。1973年，河海大学赵人俊教授领导的研究组在编制新安江洪水预报方案时，汇集了当时在产汇流理论方面的研究成果，并结合大流域洪水预报的特点，设计了国内第一个完整的流域水文模型——新安江流域水文模型，以下简称新安江模型。最初研制的是二水源新安江模型，20世纪80年代中期，借鉴山坡水文学的概念和国内外产汇流理论的研究成果，提出了三水源新安江模型。三水源新安江模型蒸散发计算采用三层模型；产流计算采用蓄满产流理论；用自由水蓄水库结构将总径流划分为地表径流、壤中流和地下径流3种；流域汇流计算采用线性水库；河道汇流采用马斯京根分段连续演算或滞后演算法。

1. 模型结构

为了考虑降水和流域下垫面分布不均匀的影响，新安江模型的结构设计为分散性的，分为蒸散发计算，产流计算，分水源计算和汇流计算4个层次结构。每块单元流域的计算流程如图4.34所示。

图中方框外为参数，方框内为状态变量。输入为实测降雨量过程 $P(t)$ 和蒸发皿蒸发过程 $EM(t)$；输出为流域出口断面流量过程 $Q(t)$ 和流域实际蒸散发过程 $E(t)$。模型各层次结构的功能、计算采用的方法和相应参数见表4.23。

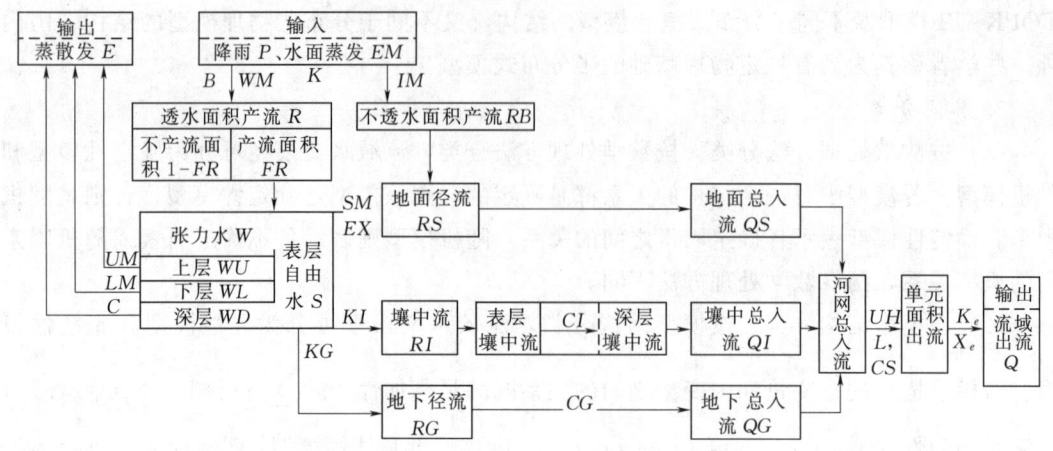

图 4.34 三水源新安江模型流程图

表 4.23 新安江模型各层次结构功能、计算采用的方法和相应参数表

层次	（第一层次）	（第二层次）	（第三层次）		（第四层次）	
功能	蒸散发计算	产流计算	水源划分		汇流计算	
			二水源	三水源	坡面汇流	河道汇流
方法	三层模型	蓄满产流	稳定下渗率	自由水蓄水库	单位线或线性水库或滞后演算法	马斯京根或滞后演算法
参数	KC、UM、LM、C	WM、B、IM	f_c	SM、EX、KG、KI	UH 或 CS、CI、CG	KE、XE 或 L

2. 模型计算

（1）流域分块。为了考虑降雨分布不均和下垫面分布的不均匀性，采用自然流域划分法或泰森多边形法将计算流域划分为 N 块单元流域，在每块单元流域内至少有一个雨量站；单元流域大小适当，使得每块单元流域上的降雨分布相对比较均匀，并尽可能使单元流域与自然流域的地形、地貌和水系特征相一致，以便于能充分利用小流域的实测水文资料以及对某些具体问题的分析处理；若流域内有水文站或大、中型水库，通常将水文站或大中型水库以上的集雨面积单独作为一块单元流域；单元流域出口与流域出口用河网连接。

对划分好的每块单元流域分别进行产流、汇流计算，得到单元流域出口的流量过程；对单元流域出口的流量过程进行出口以下的河道汇流计算，得到该单元流域在全流域出口的流量过程；将每块单元流域在全流域出口的流量过程线性叠加，即为全流域出口总的流量过程。

（2）蒸散发计算。流域蒸散发在流域水量平衡中起着重要的作用。植物截流、地面填洼水量及土壤蓄水量的消退都耗于蒸散发。据资料统计，在湿润地区的年蒸散发量约占年降水量的 50%；在干旱地区约占 90%。因为流域内基本都没有蒸散发的实测值，所以只能采用间接的方法来推求。蒸散发计算成果正确与否将直接影响模型产流计算成果。国内外理论和实验研究证实，土壤蒸散发过程大体上可以划分为 3 个基本阶段，即土壤含水量供水充分的稳定蒸散发阶段、蒸散发随土壤含水量变化而变化的变比例蒸散发阶段和常系数深层蒸散发扩散阶段。土壤蒸散发过程的不同阶段不仅反映了不同的物理现象，而且也揭示了不同阶段蒸散发的定量规律。

在新安江模型中，流域蒸散发计算没有考虑流域内土壤含水量在面上分布的不均匀性，而是按土壤垂向分布的不均匀性将土层分为三层，用三层蒸散发模型计算蒸散发量。参数有流域平均张力水容量 WM（mm），上层张力水容量 UM（mm），下土层张力水容量 LM（mm），深层张力水容量 DM（mm），蒸散发折算系数 KC 和深层蒸散发扩散系数 C。具体计算公式见本章第一节。

（3）产流计算。产流计算中采用蓄满产流。蓄满是指包气带的土壤含水量达到田间持水量。蓄满产流是指：降水在满足田间持水量以前不产流，所有的降水都被土壤所吸收；降水在满足田间持水量以后，所有的降水（扣除同期蒸发量）都产流。其概念就是设想流域具有一定的蓄水能力，当这种蓄水能力满足以后，全部降水变为径流，产流表现为蓄量控制的特点。湿润地区产流的蓄量控制特点，解决了产流计算在这些地区处理雨强和入渗动态过程的问题；而降雨径流理论关系的建立，解决了考虑流域降雨不均匀的分布式产流计算问题。

按照蓄满产流的概念，采用蓄水容量面积分配曲线来考虑土壤缺水量分布不均匀的问题。应用蓄水容量面积分配曲线可以确定降雨空间分布均匀情况下蓄满产流的总径流量。具体方法见 4.2 节。

（4）水源划分。按蓄满产流模型计算出的总径流量 R 中包括了各种径流成分，由于各种水源的汇流规律和汇流速度不相同，相应采用的计算方法也不同。因此，必须进行水源划分。

1）二水源的水源划分结构。霍顿（Horton）的产流概念认为：当包气带土壤含水量达到田间持水量后，稳定下渗量成为地下径流量 RG，其余成为地面径流 RS。二水源的水源划分结构就是根据霍顿的产流概念，用稳定下渗率 f_c 进行水源划分的，具体划分方法见 4.2 节。

二水源的水源划分结构简单，计算与应用方便。但方法经验性强，因为用一般分割地下径流的方法所分割出来的地面径流实际上常常包括了大部分壤中流在内。国内外学者研究成果表明，雨止至地面径流终止点之间的历时，实际上比较接近于壤中流的退水历时，远远大于地面径流的退水历时。所以，稳定下渗率 f_c 的界面就不是在地面，而是在上土层和下土层之间。存在的主要问题：①用 f_c 划分水源是建立在包气带岩土结构为水平方向空间分布均匀的基础上，这假定往往与实际情况不符。②用 f_c 划分水源没有考虑包气带的调蓄作用，在某些流域实际计算结果表明，壤中流的坡面调蓄作用有时比地面径流大得多；f_c 直接进入地下水库没有考虑坡面垂向调节作用，即包气带的调蓄作用；由于地表径流和壤中流的汇流规律和汇流速度不同，两者合在一起采用同一种方法进行计算，常会引起汇流的非线性变化。③对许多流域资料的分析表明，即使是同一流域，各次洪水所分析出的 f_c 也不相同，而且有的时候变化很大，很难进行地区综合和在时空上外延，应用时任意性大，常造成较大误差。

2）三水源的水源划分结构。三水源的水源划分结构应用了山坡水文学的概念，去掉了 f_c，用自由水蓄水库结构解决水源划分问题。自由水蓄水库结构如图 4.35 所示。

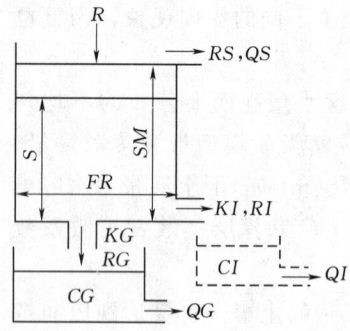

图 4.35 自由水蓄水库结构图

自由水蓄水库结构考虑了包气带的垂向调蓄作用。按蓄满产流模型计算出的总径流量 R，先进入自由水蓄水库调蓄，再划分水源。从图 4.35 可见，产流面积上自由水蓄水库设置了两个出口，一个为旁侧出口，形成壤中流 RI；另一个为向下出口，形成地下径流 RG。根据蓄满产流的概念，只有在产流面积 FR 上才可能产生径流，而产流面积是变化的，所以，自由水蓄水库的底宽 FR 也是变化的。在图 4.35 中还设置了一个壤中流水库，该水库用于壤中流受调蓄作用大的流域，即将划分出来的壤中流再进行一次调蓄计算。该水库一般是不需要的，故在图中用虚线表示。

由于饱和坡面流的产流面积是不断变化的，所以在产流面积 FR 上自由水蓄水容量分布是不均匀的。三水源划分结构是采用类似于流域蓄水容量面积分配曲线的流域自由水蓄水容量面积分配曲线来考虑流域内自由水蓄水容量分布不均匀的问题。流域自由水蓄水容量面积分配曲线的线型为

$$\frac{f}{F}=1-\left(1-\frac{S'}{MS}\right)^{EX} \tag{4.79}$$

式中 S'——流域单点自由水蓄水容量，mm；

MS——流域单点最大的自由水蓄水容量，mm；

EX——流域自由水蓄水容量面积分配曲线的方次；

其余符号同前。

流域自由水蓄水容量面积分配曲线与各水源的关系描述如图 4.36 所示。图中，KG 为流域自由水蓄水容量对地下径流的出流系数；KI 为流域自由水蓄水容量对壤中流的出流系数。

由式（4.79）和图 4.36，S_0 计算公式为

$$S_0 = \int_0^{AU}\left(1-\frac{f}{F}\right)\mathrm{d}S' = \int_0^{AU}\left(1-\frac{S'}{MS}\right)^{EX}\mathrm{d}S' \tag{4.80}$$

对式（4.80）积分得

$$S_0 = \frac{MS}{EX+1}\left[1-\left(1-\frac{AU}{MS}\right)^{EX+1}\right] \tag{4.81}$$

当 $AU = MS$ 时，$S_0 = SM$，将其代入式（4.81）得

$$SM = \frac{MS}{EX+1} \tag{4.82}$$

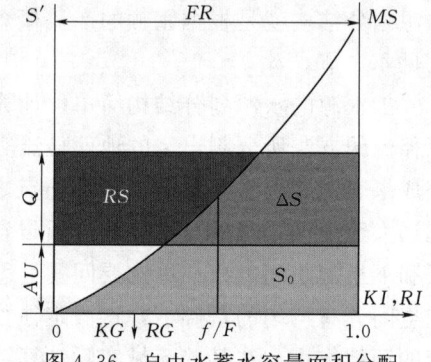

图 4.36 自由水蓄水容量面积分配曲线与各水源关系图

根据式（4.82）可求得流域单点最大的自由水蓄水容量 MS 为

$$MS = SM(1+EX) \tag{4.83}$$

与 S_0 值相应得纵坐标值 AU 为

$$AU = MS\left[1-\left(1-\frac{S_0}{SM}\right)^{\frac{1}{1+EX}}\right] \tag{4.84}$$

产流面积 FR 为

$$FR = \frac{R}{PE} \tag{4.85}$$

为了考虑上时段和本时段产流面积不同而引起的 AU 变化，包为民教授提出如下转换公式

$$AU = MS\left[1 - \left(1 - \frac{S_0 \cdot FR_0/FR}{SM}\right)^{\frac{1}{1+EX}}\right] \tag{4.86}$$

当 $PE + AU < MS$，地面径流 RS 为

$$RS = FR\left[PE + S_0 \cdot FR_0/FR - SM + SM\left(1 - \frac{PE + AU}{MS}\right)^{EX+1}\right] \tag{4.87}$$

当 $PE + AU \geq MS$，地面径流 RS 为

$$RS = FR(PE + S_0 \cdot FR_0/FR - SM) \tag{4.88}$$

本时段的自由水蓄量为

$$S = S_0 \cdot FR_0/FR + (R - RS)/FR \tag{4.89}$$

相应的壤中流和地下径流为

$$RI = KI \cdot S \cdot FR$$
$$RG = KG \cdot S \cdot FR \tag{4.90}$$

本时段末即下一时段初的自由水蓄量变为

$$S_0 = S(1 - KI - KG) \tag{4.91}$$

式中 FR_0 和 FR——上一时段和本时段的产流面积比例。

在对自由水蓄水库进行水量平衡计算时，通常是将产流量 R 作为时段初的入流量进入自由水蓄水库的，而实际上它是在时段内均匀进入的，这就会造成向前差分的误差。这种误差有时会很大，需要认真对待和解决。解决的方法是：每个计算时段的入流量 R，按 5mm 为一段划分为 N 段，即

$$N = INT\left(\frac{R}{5} + 1\right) \tag{4.92}$$

将计算时段 Δt 划分为 N 段，按 $\Delta t' = \Delta t/N$ 作为时段长进行水量平衡计算，这样处理就可以大大地减小因差分所造成的误差。

由于产流面积 FR 是随着自由水蓄水容量的变化而变化的，当计算时段长改变以后，它也要做相应的改变。改变后计算时段和产流面积分别用 $\Delta t'$ 和 $FR_{\Delta t/N}$ 表示，则

$$FR_{\Delta t/N} = 1 - (1 - FR)^{\frac{\Delta t'}{\Delta t}} = 1 - (1 - FR)^{\frac{1}{N}} \tag{4.93}$$

由于自由水蓄水库的蓄水量对地下水的出流系数 KG、对壤中流的出流系数 KI、地下水消退系数 CG 和壤中流消退系数 CI 都是以日（24h）为时段长定义的，当计算时段长改变以后，它们都要做相应的改变。若将一天划分为 D 个计算时段，时段的参数值以 $KG_{\Delta t}$ 和 $KI_{\Delta t}$ 表示，则

$$KI_{\Delta t} = \frac{1 - [1 - (KI + KG)]^{\frac{1}{D}}}{1 + KG/KI} \tag{4.94}$$

$$KG_{\Delta t} = KI_{\Delta t} \times \frac{KG}{KI} \tag{4.95}$$

计算时段改变后，$KG_{\Delta t}$ 和 $KI_{\Delta t}$ 要满足以下两个关系式，即

$$KI_{\Delta t} + KG_{\Delta t} = 1 - [1 - (KI + KG)]^{\frac{1}{D}} \quad (4.96)$$

$$KG_{\Delta t}/KI_{\Delta t} = KG/KI \quad (4.97)$$

（5）汇流计算。

1）二水源汇流计算。地面径流汇流采用单位线法，计算公式为

$$QS_t = RS_t \times UH \quad (4.98)$$

式中　QS——地面径流，m^3/s；

　　　RS——地面径流量（单位数）；

　　　UH——时段单位线，m^3/s。

地下径流汇流可采用线性水库或滞后演算法模拟。当采用线性水库时，计算公式为

$$QG(t) = CG \times QG(t-1) + (1 - CG) \times RG(t) \times U \quad (4.99)$$

式中　QG——地下径流，m^3/s；

　　　CG——消退系数；

　　　RG——地下径流量，mm；

　　　U——单位换算系数，$U = \dfrac{\text{流域面积 } F(\text{km}^2)}{3.6 \times \Delta t(\text{h})}$。

单元面积河网总入流为地面径流与地下径流出流之和，计算公式为

$$QT(t) = QS(t) + QG(t) \quad (4.100)$$

式中　QT——单元面积河网总入流，m^3/s。

单元面积河网汇流可采用线性水库或滞后演算法模拟。当采用滞后演算法时，计算公式为

$$Q(t) = CR \times Q(t-1) + (1 - CR) \times QT(t-L) \quad (4.101)$$

式中　Q——单元面积出口流量，m^3/s；

　　　CR——河网蓄水消退系数；

　　　L——滞后时间，h。

需要指出的是，单元面积河网汇流计算在很多情况下可以简化。这是由于单元流域的面积一般不大而且其河道较短，对水流运动的调蓄作用通常较小，将这种调蓄作用合并在前面所述的地面和地下径流中一起考虑所带来的误差通常可以忽略。只有在单元流域面积较大或流域坡面汇流极其复杂的情况下，才考虑单元面积内的河网汇流。

从单元面积以下到流域出口是河道汇流阶段。河道汇流计算采用马斯京根分段连续演算法。参数有槽蓄系数 KE（h）和流量比重因素 XE，各单元河段的参数取相同值。为了保证马斯京根法的两个线性条件，每个单元河段取 $KE \approx \Delta t$。已知 KE、XE 和 Δt，求出 C_0、C_1 和 C_2，即可用下式进行河道演算

$$Q(t) = C_0 \times I(t) + C_1 \times I(t-1) + C_2 \times Q(t-1) \quad (4.102)$$

式中　Q、I——出流和入流，m^3/s。

有关马斯京根法的基本原理、计算方法在河道洪水预报部分已有详细介绍，在此不再赘述。

2）三水源汇流计算。地表径流的坡地汇流可以采用单位线，也可以采用线性水库，

采用单位线的计算公式见式（4.98），采用线性水库的计算公式为
$$QS(t)=CS\times QS(t-1)+(1-CS)\times RS(t)\times U \quad (4.103)$$
式中　　QS——地表径流，m^3/s；

CS——地面径流消退系数；

RS——地表径流量，mm。

表层自由水侧向流动，出流后成为表层壤中流进入河网。若土层较厚，表层自由水还可以渗入到深层土，经过深层土的调蓄作用才进入河网。壤中流汇流可采用线性水库或滞后演算法模拟。当采用线性水库时，计算公式为
$$QI(t)=CI\times QI(t-1)+(1-CI)\times RI(t)\times U \quad (4.104)$$
式中　　QI——壤中流，m^3/s；

CI——消退系数；

RI——壤中流径流量，mm。

地下径流汇流计算采用线性水库时，与式（4.99）相同。

单元面积河网总入流
$$QT(t)=QS(t)+QI(t)+QG(t) \quad (4.105)$$
单元面积河网汇流采用滞后演算法时，与式（4.101）相同。

单元面积以下河道汇流与二水源计算方法相同。

3. 模型参数

流域水文模型大多数都是基于对流域尺度上实测响应的解释来构建的，包括模型中所考虑的因素、描述方式和结构组成。影响流域降雨径流形成过程的因素众多，由于各因素所起的作用、描述或者概化方式及结构组成不同，所包含的参数也不同。若按参数所具有的意义，可分为物理参数和经验参数；若按参数是否随时间变化，可分为时变参数和时不变参数；若按参数在流域降雨径流形成过程中所起的作用，可分为蒸散发参数、产流参数、分水源参数和汇流参数；若按参数对模型模拟计算精度影响程度的大小，可分为敏感性参数和不敏感性参数；若按参数确定方法，可分为直接量测参数、试验分析参数和率定参数。

流域水文模型中所包含的参数大致可分为以下3类：

（1）具有明确物理意义的参数。可直接量测或用物理试验和物理关系推求。

（2）纯经验参数。可以通过实测水文资料、气象资料及其他有关的资料反求。

（3）具有一定物理意义的经验参数。可以先根据其物理意义确定参数值的大致范围，然后用实测水文、气象资料及其他有关的资料确定其具体数值。

4. 模型参数概念分析方法

新安江模型是一个通过长期实践和对水文规律认识基础上建立起来的一个概念性水文模型。模型大多数参数具有明确的物理意义，它们在一定程度上反映了流域的基本水文特征和降雨径流形成的物理过程。因此，原则上可以按其物理意义通过实测、实验、比拟等方法来确定。但由于模型是在假设、概化和判断的基础上建立起来的，加上水文要素又十分复杂，在当前的观测技术条件下，人们准确地获得一个流域内水循环诸要素的时空变化值虽然取得了令人鼓舞的进展，但还存在相当大的困难。因此，实践中人们

常采用参数的概念分析方法，即先按实测值或参数物理意义初定参数初值范围；然后根据输入，通过模型计算输出；再将输出过程与实测过程进行比较，作优化调试；根据特定的目标准则（有约束条件）确定参数的最优值。下面介绍新安江模型各参数的概念分析方法。

(1) 蒸散发能力折算系数 KC。KC 是影响产流量计算最为重要和敏感参数，产流计算中 KC 控制着水量平衡，因此，对水量计算是最重要的。在蒸散发模型中，普遍应用的一个物理量称为流域蒸散发能力 EP。流域蒸散发能力是指供水充分情况下的流域日蒸散发量。它决定于气象因素、土壤特性及植被状况等一些下垫面因素。国内广泛采用的方法是直接借助于水文站或气象站蒸发皿的观测值来推求流域蒸散发能力。

关于 KC 的分析方法在本章的蓄满产流模型中已介绍过。由于资料等方面的原因，在实际模拟计算中 KC 值往往变化很大，最后须经模型调试后确定。

(2) 流域平均张力水容量 WM。流域平均张力水容量 WM 表示流域干旱程度，分为上层 UM、下层 LM 和深层 DM 三层。WM 的分析方法可参照本章降雨径流经验相关图法中 I_m 的确定。根据经验，南方湿润地区 WM 约为 120～150mm，半湿润地区 WM 约为 150～200mm。UM 为上层张力水蓄水容量，它包括了植物截留量。在植被和土壤发育一般的流域，其值可取为 20mm；在植被和土壤发育较差的流域，其值可取小些；如果研究流域植被和土壤发育较好则其值可取大些。LM 为下层张力水蓄水容量。其值可取为 60～90mm。根据试验，在此范围内蒸散发大约与土湿成正比。DM 为深层张力水蓄水容量，$DM=WM-UM-LM$。

WM 在模型中相对不敏感。WM 不影响流域蒸散发计算，对蒸散发计算起主要作用的是 UM 和 LM。WM 只表示流域蓄满的标准，在水量平衡中起作用的是流域相对缺水量 $WM-W_0$。但 WM 取值不能太大或者太小。若 WM 取值太小，则在产流计算中 W_0 就有可能出现负值，若出现这种情况，流域蓄水容量面积分布曲线就变得无任何意义，也使得产流计算无法进行。若 WM 取值太大，会影响计算产流过程分布，这将对确定流域蓄水容量面积分布曲线指数 B 值带来困难。因此，所采用的 WM 值只要在产流计算中不出现负值就可以不再作调试了。

(3) 流域蓄水容量面积分布曲线指数 B。B 值反映划分单元流域张力水蓄水分布的不均匀程度。在一般情况下其取值与单元流域面积有关。在山丘区，若单元流域面积较小，只有几平方千米，则 $B=0.1$ 左右；若单元流域面积中等，有几百到 1 千平方千米，则 $B=0.2\sim0.3$；若单元流域面积有几千 km^2，则 $B=0.4$ 左右。

(4) 不透水面积占全流域面积的比例 IM。IM 值可由大比例尺的地形图，通过地理信息系统（GIS）技术量测出来，也可用历史上干旱期小洪水资料来分析。干旱期降了一场小雨，此时所产生的小洪水认为完全是不透水面积上产生的，求出此场洪水的径流系数，该值就是 IM。在天然流域，$IM=0.01\sim0.02$；随着人类活动影响的日益加剧和城镇化建设进程的加快，该值有明显增大的趋势，在都市地区该值可能很大。

(5) 深层蒸散发扩散系数 C。C 值主要取决于流域内深根植物的覆盖面积。对该值目前缺乏深入研究，根据现有经验，在南方多林地区 C 为 0.15～0.20；在北方半湿润地区 C 为 0.09～0.15。

(6) 自由水蓄水容量 SM。SM 反映表土蓄水能力。SM 受降雨资料时段均化的影响，当用日作为时段长时，在土层很薄的山区，其值为 10mm 或更小一些；而在土深林茂透水性很强的流域，其值可取 50mm 或更大一些；一般流域在 10～20mm 之间。当计算时段长减小时，SM 要加大。这个参数对地面径流和地下径流的比重起着决定性作用，因此很重要。水源划分不但取决于表土的蓄水能力，而且与蓄水的层次深浅有关。当蓄水能力小，则溢出多，RS 大，且多蓄于浅层，多产生 RI，少产生 RG；反之，当蓄水能力大，则溢出少，RS 少，蓄水除浅层外还能到深层，能产生较多的 RG，而产生的 RI 则变化不大。所以，SM 大，则地下径流所占比重相对大，地面径流所占比重相对小，洪峰流量相对小；反之，SM 小，则地面径流所占比重相对大，地下径流所占比重相对小，洪峰流量相对大。

(7) 自由水蓄水容量面积分布曲线指数 EX。EX 值反映流域自由水蓄水分布的不均匀程度，在山坡水文学中，它大体上反映了饱和坡面流产流面积的发展过程。由于目前对此参数研究不多，难于定量。鉴于饱和坡面流由坡脚向坡上发展时，产流面积的增加逐渐减慢，故认为 EX 应大于 1.0，一般 EX 为 1.0～1.5。

(8) 自由水蓄水库对地下水和壤中流的日出流系数 $KG+KI$。KG 的大小反映基岩和深层土壤的渗透性，KI 的大小反映表层土的渗透性。在模型中这两个出流系数是并联的，其和 $KG+KI$ 代表出流的快慢，其比 KG/KI 代表地下径流与壤中流的比，对于一个特定流域它们都是常数。$1-(KG+KI)$ 为消退系数，它决定了直接径流的退水快慢，如图 4.37 所示。

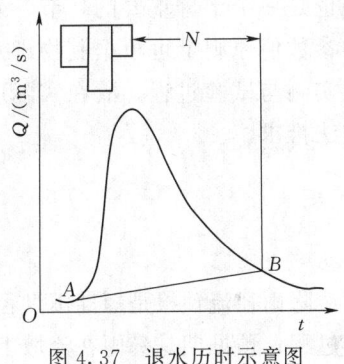

图 4.37 退水历时示意图

中等流域退水历时一般在 3d 左右，故取 $KG+KI=0.7$；若退水历时为 2d，则取 $KG+KI=0.8$；若退水历时远大于 3d，表示深层壤中流在起作用，应考虑用壤中流消退系数 CI 来解决。

可用历史洪水资料中的流量过程线分割地下水方法来粗估，$KG/KI=RG/RI$。不同流域的 KG/KI 比可以相差很大。

(9) 地下水消退系数 CG。CG 可根据枯季地下径流的退水规律来推求，$CG=Q_{t+\Delta t}/Q_t$。当枯季地下径流退水很慢时，也可以用旬平均或月平均流量进行估算。不同地区、不同流域该值变化较大，若以日作为计算时段长，则 $CG=0.950\sim0.998$，大致相当于消退历时为 20～500 天。

(10) 壤中流消退系数 CI。若无壤中流则 $CI\to 0$，若壤中流丰富则 $CI\to 0.9$，相当于汇流时间为 10d。CI 可根据退水段的第一个拐点（地面径流终止点）与第二个拐点（壤中流终止点）之间的退水段流量过程来分析确定。但由于这两个拐点难以确切确定，即使这两个拐点确定好了，两拐点间的退水流量也只是以壤中流为主要成分，还包含一定比例的地下径流形成的流量。因此，分析确定的 CI 值通常还要通过模型模拟来检验。

(11) 河网单位线 UH。UH 值取决于河网的地貌特征。一般用经验方法推求，详细见 4.3 节。

（12）地面径流消退系数 CS。CS 可根据洪峰流量与退水段的第一个拐点（地面径流终止点）之间的退水段流量过程来分析确定。但由于这部分退水流量也只是以地面径流为主，可能还包含一定比例的壤中流形成的流量。因此，分析确定的 CS 值通常还要通过模型模拟来检验。

（13）河网蓄水消退系数 CR。CR 代表坦化作用，其值取决于河网的地貌条件，可通过河网地貌推求。因与时段长短有关，其值应视洪水特性而定。

（14）滞后时间 L。L 代表平移作用，其值取决于河网的地貌条件，可通过河网地貌推求。

（15）马斯京根法参数 KE、XE。KE、XE 取值取决于河道特征和水力特性，可根据河道的水力特性采用水力学方法或水文学方法推求出，详细见第 3 章。

5. 参数率定

原则上，任何模型的任一参数都可通过参数率定方法确定。然而，模型参数的率定是一个十分复杂、困难的问题。流域水文模型除了模型的结构要合理外，模型参数的率定也是一个十分重要的环节。新安江模型的参数大都具有明确的物理意义，因此，它们的参数值原则上可根据其物理意义直接定量的。但由于缺乏降雨径流形成过程中各要素的实测与试验过程，故在实际应用中只能依据出口断面的实测流量过程，用系统识别的方法推求。

本 章 小 结

降雨径流预报是短期雨洪径流预报的重要组成部分，其理论依据是降雨径流形成的物理过程；预见期是暴雨在流域上的汇集时间。降雨径流预报分为两个部分：降雨产流量预报；径流过程线预报（流域汇流预报）。

降雨产流量预报是指由降雨量推求其产流量（径流量、净雨量），其实质就是产流计算，即扣损计算。不同的扣损方法就形成了不同的产流量预报方法。常用的预报途径有：降雨径流经验相关图法；下渗曲线法（初损后损法）；在上述基础上发展起来的模拟流域产流规律的产流数学模型法。预报途径的选择往往取决于流域的产流方式。流域产流方式有蓄满产流与超渗产流。降雨径流经验相关图法通常是用于以蓄满产流为主的湿润地区的降雨产流量预报；下渗曲线法（初损后损法）通常是用于以超渗产流为主的干旱地区的降雨产流量预报；产流数学模型有蓄满产流模型与超渗产流模型。

流域汇流预报是指由降雨所产生的径流量（净雨量）来预报流域出口断面处的洪水过程线，其实质就是流域汇流计算。汇流计算可分为地面径流、地下径流的汇流计算。地面径流汇流计算方法有经验单位线法、瞬时单位线法、等流时线法；地下径流汇流计算采用马斯京根法。

流域水文模型在进行水文规律研究和解决生产实际问题中起着重要的作用，流域水文模型是模拟流域水文过程所建立的数学结构。

水文模型按构建的基础可分为物理模型、概念性模型、黑箱子模型；水文模型按对流域水文过程描述的离散程度可分为集总式模型、分布式模型、半分布式模型；水文模型按数学处理方法可分为确定性模型、随机模型；水文模型按模型结构可分为线性模型、非线性模型；水文模型按模型参数可分为时不变模型、时变模型。

思 考 与 练 习

4.1 为什么说降雨径流预报是一种基本的、重要的方法？它的依据是什么？预见期如何？

4.2 何谓降雨产流量预报？其实质是什么？目前由降雨推求产流量的途径有哪些？

4.3 次洪水降雨径流相关图的一般形式有哪几种？在建立降雨径流相关图时需要计算的相关要素有哪些？需要经过哪些环节？如何应用降雨径流相关图来计算一次降雨所形成的产流量及其过程？

4.4 何谓流域蒸发能力 E_m？它是如何推算的？目前国内推求流域蒸发量时常用的三层蒸发计算模式的依据是什么？如何应用三层、两层、一层蒸发计算模式计算流域蒸发量？

4.5 蓄满产流有何特点、一般发生在什么地区？蓄满产流中的蓄满的含义是什么？蓄满产流模型的产流量计算需要解决哪两个问题？

4.6 何谓流域蓄水容量曲线？选配流域蓄水容量曲线的线形有何实用意义？蓄满产流模型的降雨径流关系有何特征？如何应用具有特殊线形的流域蓄水容量曲线来建立降雨径流关系并计算产流量？

4.7 试叙述蓄满产流模型从径流总量中划分直接径流、地下径流的方法。

4.8 何谓降雨产流量预报模型？目前我国常用的降雨产流量预报模型有哪两种？

4.9 何谓水文模型？有哪些分类方法？

4.10 何谓概念性流域水文模型？其核心是什么？

4.11 试述新安江模型的结构与计算方法。三水源的新安江模型与两水源的新安江模型相比有哪些改进？

4.12 流域水文模型参数可以分为哪几类？新安江模型有哪些参数？

4.13 按表1所给资料，推求某水文站6月22日—25日的前期影响雨量 P_a。

表 1　　　　　　　某水文站实测雨量与蒸发能力资料

时间	雨量 P/mm	蒸发能力 E_m/(mm/d)	P_a/mm	备　注
6月20日	90	5.0	80	
6月21日	100	5.0	100	
6月22日	10	5.0		$I_m=100$mm
6月23日	1.5	5.0		
6月24日		5.0		
6月25日		5.9		

4.14 某流域由实测雨洪资料绘制 $P+P_a$-R 相关图，如图1所示，该流域有一场降雨见表2，降雨初期流域前期影响雨量 $P_a=20$mm，求各时段净雨深。

表2　　　　　　　　　　某流域实测雨量过程

时间	5日6时	5日12时	5日18时
降雨量/mm		30	50

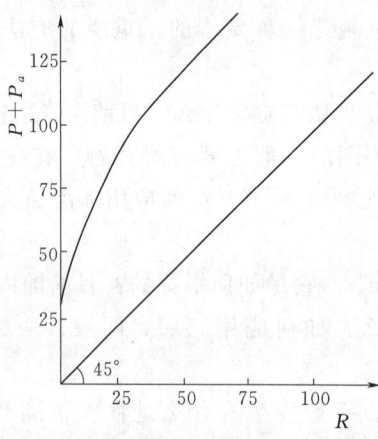

图1　某流域 $P+P_a$-R 相关图

4.15 某流域一次降雨洪水过程，已求得各时段雨量 P、蒸发量 E 及产流量 R，见表3，经洪水过程资料分析，该次洪水的径流深为71.8mm，其中地下径流深为28.0mm。试推求稳定下渗率 f_c。

表3　　　　　　某流域4月一次洪水相应的 P-E、R 过程

时间	$P-E$/mm	R/mm	$\dfrac{R}{P-E}$
4月16日8时			
4月16日14时	4.2	2.0	0.48
4月16日20时	14.6	10.5	0.72
4月17日2时	31.6	29.1	0.92
4月17日8时	25.9	25.9	1.00
4月17日14时	3.2	3.2	1.00
4月17日20时	0.5	0.5	1.00
4月18日2时	0.6	0.6	1.00

4.16 某流域降雨过程见表4，初损 $I_0=35$mm，后期平均下渗能力 $\overline{f}=2.0$mm/h，试以初损后损法计算地面净雨过程。

表4　　　　　　　　　　某流域一次降雨过程

时段（$\Delta t=6$h）	1	2	3	4	合计
雨量/mm	15	60	72	10	157

4.17 某流域的等流时线如图 2 所示,各等流时面积 ω_1、ω_2、ω_3 分别为 41、72、65km^2,其上一次降雨,它在各等流时面积上各时段的地面净雨见表 5,其中时段 $\Delta t = 2h$,与单元汇流时间 $\Delta \tau$ 相等。试求流域出口断面的地面径流过程。

表 5　某流域的等流时面积及一次降雨情况

时段（Δt） 净雨/mm 面积/km^2	ω_1	ω_2	ω_3
1	10	9	4
2	12	25	20
3	13	20	4

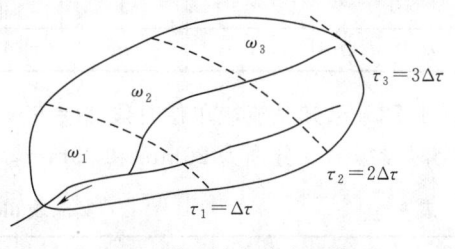

图 2　某流域的等流时线

4.18 某流域等流时线如图 3 所示,各等流时面积 ω_1、ω_2、ω_3、ω_4 分别为 20km^2、40km^2、35km^2、10km^2,时段 $\Delta t = \Delta \tau = 2h$。若流域上有一次降雨,净雨在流域上分布均匀,其净雨有两个时段,各时段净雨依次为 18mm,36mm,试求该降雨形成的洪峰流量和峰现时间及总的地面径流历时。(洪峰流量以 m^3/s 计,时间以 h 计)

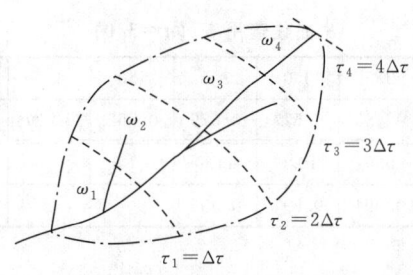

图 3　某流域的等流时线

4.19 已知某流域的一次地面径流及其相应的地面净雨过程 $Q_s - t$、$R_s - t$,见表 6。(1) 求流域面积;(2) 推求该流域 6h、10mm 单位线。

表 6　某流域一次暴雨产生的地面净雨过程

时间	7日8时	7日14时	7日20时	8日2时	8日8时	8日14时	8日20时	9日2时	9日8时	9日14时	9日20时	10日2时
地面净雨/mm	0	35.0	7.0	0								
地面径流/(m^3/s)	0	20	94	308	178	104	61	39	21	13	2	0

4.20 已知净雨强度为 10mm 的持续降雨形成的流量过程线 $S(t)$ 见表 7,试推 2h、10mm 的单位线 $q(2, t)$。

表 7　某流域 10mm 的持续降雨形成的流量过程线 $S(t)$

时间/h	0	1	2	3	4	5	6	7	8	…
$S(t)$/(m^3/s)	0	16	226	301	341	361	371	376	376	…

第4章 流域降雨径流预报

4.21 某流域面积 $F=108\text{km}^2$，已知 $S(t)$ 曲线见表8，推求单位时段 $\Delta t=3\text{h}$，单位净雨深为10mm的单位线 $q(3,t)$。

表8　　　　　　　　　　某流域的流量 $S(t)$ 曲线

t/h	0	3	6	9	12	15	18
$S(t)/(\text{m}^3/\text{s})$	0	0.2	0.6	0.8	0.9	0.96	1.0

4.22 已知某流域单位时段 $\Delta t=6\text{h}$，单位净雨深10mm的单位线见表9，一场降雨有两个时段净雨，分别为25mm和35mm，推求其地面径流过程线。

表9　　　　　　　　　某流域6h、10mm的单位线

时间（6h）	0	1	2	3	4	5	6	7	8
单位线 $q/(\text{m}^3/\text{s})$	0	430	630	400	270	180	100	40	0

4.23 已知某流域面积为 2650km^2，由暴雨洪水资料优选出纳希瞬时单位线参数 $n=3.0$，$K=6.0\text{h}$。该流域一次降雨产生的地面净雨有2个时段，分别为15mm、40mm，求该次降雨产生的地面流量过程（S 曲线查用表见表10）。

表10　　　　　　　　　S 曲线查用表（$n=3.0$）

t/k	0	1.0	2.0	2.5	3.0	3.5	4.0	4.5	5.0	5.5	6.0	6.5
S	0	0.080	0.323	0.456	0.577	0.679	0.762	0.837	0.875	0.918	0.938	0.957
t/k	7.0	7.5	8.0	9.0	10.0	11.0						
S	0.970	0.980	0.986	0.994	0.997	0.999						

第5章 水库水文预报

5.1 概　　述

我国各省（市、自治区）修建了许多大、中、小型水库，小型水库已遍布全国，这些水利水电工程在防洪、抗旱、发电、航运、水产养殖等水资源综合开发利用上发挥了积极的作用。

在河道中上游，利用河谷两岸适宜于蓄水的地形，修筑拦河坝及泄水建筑物，在坝前形成了较原河道范围大得多的蓄水区，成为水库。在平原区，利用原有洼地或湖泊，在周围修筑堤防及配套的进水泄水工程以蓄泄来水，成为平原水库。洪水期，水库以上集水面积形成的洪水波进入水库，若水库的泄洪方式不变，则下泄流量只随库内水位高低而变。在洪水入库时，库内水位低且受泄洪工程的泄洪能力所限，出流量较小，大量洪水被拦蓄于库内，水位上升直至入库流量与出库流量相等时，水位达到最高，蓄水量也最大，之后入流减少，库内蓄水量逐渐泄出，水位下降。然而，大多数水库是多目标综合利用的水利枢纽工程，下泄流量按事先确定的调度运用方案，启用不同的泄水工程和以不同的闸门孔数及启高人为控制的。这些方案的制订既要兼顾水库上下游防洪的要求，又要考虑库内能适时拦蓄足够的水量以满足灌溉、发电、航运、供水、水产养殖等多方面在非汛期的兴利需要。因此，如何做到合理蓄泄，既保证安全度汛又能充分利用水资源，发挥水库工程的预期效益，便成为优化水库调度所要研究的课题。在解决防洪与兴利矛盾的调度决策中，水文预报是必不可少的依据。水库水文预报的内容很多，有水情预报、冰情预报、泥沙预报、水质预报、风浪预报等。预见期也有短期、中期和长期。但其中最基本的、目前在实用中能满足精度要求的是短期洪水预报。本章所介绍的就是水库在洪水期库内水位及出流量的预报，这是水库水情预报中最主要的项目。

一个水库的水位与出流量预报方案由两部分组成。一是水库的入流预报方案，有一定的预见期；二是水库调洪演算方案，与河段流量演算一样，仅是水量平衡计算，没有预见期。因此，库水位与出流量的预报取决于预报入库流量过程所具有的预见期。

与制作河段或流域的预报方案相比，制作水库水情预报方案时，不仅要了解拦河坝以上集水面积的自然地理情况，掌握有关的水文气象资料，还要了解水库的设计标准、各种特征水位及相应库容、库区的地质地形状况、各种工程的型式和主要部分的尺寸，掌握库水位与库容关系曲线、库水位与各种泄水工程下泄流量关系曲线以及水库的调度运用方案。

5.2 建库后河道水力要素和水文特性的变化

在河道上修建水库蓄水后,水力要素与水文特性发生了改变,如:水深和水面面积大大增加,水面比降变缓,流速减慢,糙率减小;原河槽两岸的部分陆地变为水面,使径流系数增大,地下水位抬升;水库淹没区的汇流规律也与天然河道不同。

5.2.1 汇流速度的变化

根据水力学原理,建库前河道水流属于扩散波,建库后水库水流属于惯性波,波速明显加大。库区水流波速计算式为

$$C = v + \sqrt{gh} \tag{5.1}$$

式中 C——波速,m/s;
  v——断面平均流速,m/s;
  h——库区平均水深,m;
  g——重力加速度,m/s²。

洪水传播时间为 $\tau = L/3.6C$,其中 L 为库区回水长度(km)。

由上式可知,因 h 值大大增加,建库后波速增大很多,使库区洪水传播时间大大缩短。例如,丰满水库回水河段长 $L=155$km,高水位时 $h=19.3$m,假定 $v=0$,可求得 $\tau=3$h,与实测结果基本一致,比建库前的 $\tau=15\sim18$h 缩短 $5\sim6$ 倍。

5.2.2 洪水过程及洪峰流量的变化

建库后因 τ 值减少,流域汇流历时缩短,在流域汇流曲线上的反映是峰值增高,峰现时间提前,涨水段变陡,涨洪段水量增多,洪水历时减小,如图5.1所示。

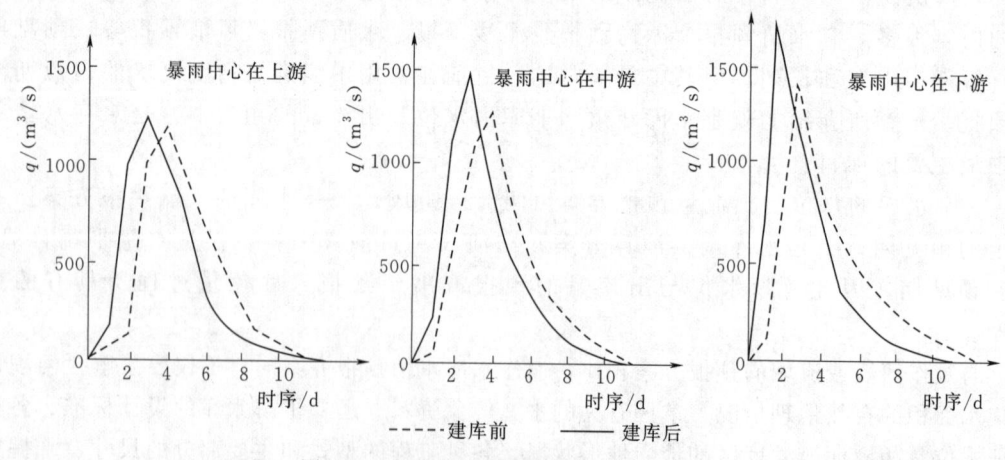

图 5.1 丰满水库建库前后单位线变化图

图 5.2 是流溪河水库建成前后入库站与坝址站洪峰流量相关图,图中坝址流量为洪峰流量 2h 最大流量平均值。由图可知,建库后的洪峰流量约增大 40%。据已有的一些分析

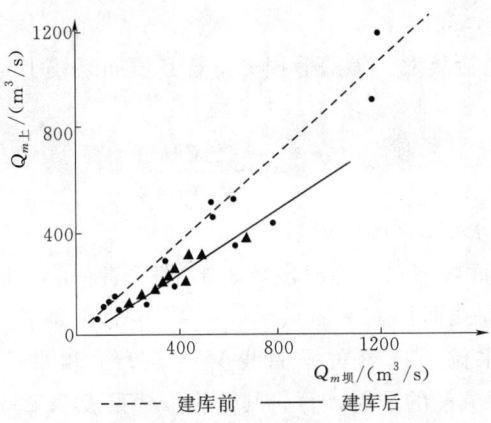

图 5.2 流溪河水库建库前后洪峰流量相关图

资料,洪峰流量一般增大 20%~30%,与建库后汇流条件的改变情况有关。

由于上述变化,当利用建库前实测资料编制入库流量预报方案时,应根据建库前后水文特性变化规律加以改正。

5.3 入库流量预报

5.3.1 入库流量与坝址流量

入库流量是指建库以后通过水库周边进入水库的地面径流量和地下径流量。坝址流量则是指建库以前把分散的入库流量演算到水库坝址的流量。

按来水区域不同,入库径流量由 3 个部分组成,一是库区上游各入库站实测的径流量,即上游来水量;二是入库站以下到水库回水末端处区间面积上汇入库内的径流量,即区间来水量;第三部分是库面直接承受的降水量所转化的径流量,如式(5.2)所示

$$I = q_{上游} + q_{区间} + q_{库面} \tag{5.2}$$

对于许多大中型水库,通常有一个入库水文站,如黄河三花区间支流洛河上的故县水库,水库以上汇流面积 $5371 km^2$,入库水文站卢氏站汇流面积 $4624 km^2$,入库水文站控制了 86% 水库以上汇流面积。

5.3.2 入库流量过程的推求

制作入库洪水预报方案,需要一定数量的实测入库洪水过程资料,除了入库水文站有实测洪水过程外,水库的周边入流没有实测资料,因此,需要利用水库的观测资料通过水量平衡方程反推实测的入库洪水过程。

$$\frac{1}{2}(I_1 + I_2)\Delta t - \frac{1}{2}(O_1 + O_2)\Delta t = V_2 - V_1 \tag{5.3}$$

式中 I_1、I_2——时段始、末的入库流量,m^3/s;

O_1、O_2——时段始、末的出库流量,m^3/s;

V_1、V_2——时段始、末的库容值,m^3;

Δt——时段长,s。

水库出库流量中应包括蒸发、渗漏等损失量,其值如果较小时,可忽略不计。

上式可以写为

$$\overline{I} = \overline{O} + \frac{\Delta V}{\Delta t} \tag{5.4}$$

式中 $\overline{I}$、$\overline{O}$——时段平均入库、出库流量;

ΔV——Δt 内的库容变量,即时段始、末的库容差值,由时段始、末库水位查水位库容曲线而得。

根据上式,并利用水位－库容关系曲线 $V=f(H)$ 和水位-出流量关系曲线 $O=f(H)$,就可以进行入库流量的还原计算,其计算步骤见表5.1。

表5.1　　　　某水库某年8月中旬洪水入库流量过程还原计算

观测时间	库水位H/m	相应库容V/万m^3	$\pm\Delta V$/万m^3	时段历时Δt/万 s	$\pm\frac{\Delta V}{\Delta t}$/$(m^3/s)$	出库流量O/(m^3/s)	时段平均出库流量$\overline{O}$/(m^3/s)	时段平均入库流量$\overline{I}$/(m^3/s)
13日12时	69.73	2055				3.47		
			80	0.36	222		3.49	225
13日13时	86	2135				3.50		
			79	0.36	219		3.51	223
13日14时	99	2214				3.51		
			101	0.36	281		3.44	284
13日15时	70.14	2315				3.37		
			82	0.36	228		110	338
13日16时	26	2397				216		
			65	0.36	180		229	409
13日17时	36	2462				242		
			64	0.36	178		257	435
13日18时	45	2526				271		
⋮	⋮	⋮	⋮	⋮	⋮	⋮	⋮	⋮

在反推入库流量过程时,常由于坝前水位代表性不强和观测次数不够,以及它可能受到风浪影响或计算时段选取不当等原因,使反推的入流过程发生锯齿形变化,甚至出现负值,难以反映真实的入库流量过程。为此,一方面要提高库容曲线的精度和增加水位观测次数,另一方面,对观测的水库水位过程要进行合理性检查和校正。计算时段可以通过试错确定,有时可以在一次洪水还原计算过程中采用不同的 Δt。当入库站距水库回水末端河段较长时,需要考虑入库站至回水末端之间河段内洪水波的变形问题。应将入库站的流量过程用河道流量演算法将上游站来水演算到回水末端,但一般水库无回水末端的实测水文资料,洪水演算的参数只能视具体情况近似确定。

5.3.3 入库流量的预报

如上所述,入库流量由上游来水量、区间来水量以及库面直接承受的降水量组成。对于上游来水量,如果在建库前和建库后均有实测水文资料,便可根据以上流域地理和水文特征确定适当的水文模型,根据实测的降水和流量资料建立水文模型用于预报。

库面产流可以直接根据降水减去蒸发得到,对于库面面积较大、或者是河道型的水库,要考虑不同地点降水到坝址的汇流。

5.3 入库流量预报

建库后造成了一定范围的回水区，如区间面积较大，则区间入流在整个水库入流中也占有一定的比例，不容忽视，对它的预报应予重视。区间来水量一般缺乏实测资料，由于制作预报方案比较困难，除采用第 4 章介绍的方法外，另简要的介绍几种方法如下。

1. 区间入流系数法

该法是假定区间和入库站以上流域的产流和汇流规律基本相同，在推求区间来水量和入流过程时，将各入库站的流量之和乘以一个系数 α，作为区间入流量。α 值大致等于区间面积 $F_区$ 与入库站以上面积 $F_上$ 之比值，即 $\alpha = \dfrac{F_区}{F_上}$。

这个方法是近似的，只有当区间面积不大，降雨分布比较均匀，区间与上游入库站来水的同步性较好时，才能采用。

当流域内降雨分布不均时，α 值是变化的。若雨量偏于上游，α 值减小，雨量偏于下游，α 值增大。为了求得变化规律，可根据实测降雨洪水资料，分析计算各次降雨的区间平均雨量 $\overline{P}_区$ 与入库站以上流域平均雨量 $\overline{P}_上$ 的比值 $\dfrac{\overline{P}_区}{\overline{P}_上}$（作为反映降雨分布不均的指标）和相应的区间来水总量 $W_区$ 与上游入库站来水总量 $W_上$ 的比值 $\alpha = \dfrac{W_区}{W_上}$。计算成果见表 5.2，并据此绘制 $\alpha = f\left(\dfrac{\overline{P}_区}{\overline{P}_上}\right)$ 关系曲线，如图 5.3 所示。作业预报时，只要算得 $\dfrac{\overline{P}_区}{\overline{P}_上}$ 就可以从图上查得相应的 α 值，从而可求得区间的入流。

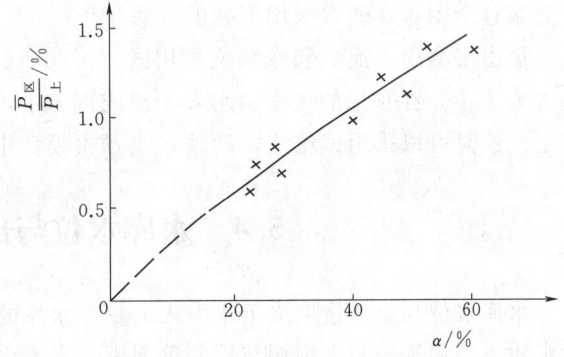

图 5.3 $\alpha = f\left(\dfrac{\overline{P}_区}{\overline{P}_上}\right)$ 关系曲线

表 5.2 $\alpha = \dfrac{W_区}{W_上}$ 关 系 计 算 表

洪号	区间平均降雨量 $\overline{P}_区$ /mm	入库站以上平均雨量 $\overline{P}_上$ /mm	$\dfrac{\overline{P}_区}{\overline{P}_上}$	一次洪水总量 W /亿 m³	入库站来水量 $W_上$ /亿 m³	区间来水量 $W_区$ /亿 m³	$\alpha = \dfrac{W_区}{W_上}$ /%
1	42	70	0.60	0.583	0.474	0.109	23
2	137	185	0.74	1.062	0.856	0.206	24
3	34	40	0.85	0.349	0.275	0.074	27
4	58	80	0.72	0.960	0.750	0.210	28
5	218	218	1.00	1.441	1.030	0.411	40
6	323	230	1.40	1.830	1.144	0.686	60
7	131	105	1.26	0.863	0.595	0.268	45
8	139	98	1.42	0.743	0.489	0.254	52

2. 指示流域法

指示流域法的基本原理是水文比拟法，即在区间面积内找出具有实测资料的，或者在上游找出类似有实测资料的，而其自然地理和水文特征对整个区间又有代表性的小河流域，作为指示流域，分析其产流和汇流规律。例如采用降雨-径流经验关系和单位线汇流的预报方案，则降雨-径流经验关系可以移用到区间流域，单位线可以转换为无因次单位线而后移用到区间流域。如果采用水文模型如新安江模型，模型中产流参数可以直接移用，汇流方面的参数需要根据流域特性移用。

3. 水量平衡法

如区间流域内缺少实测资料，或虽有小面积站，但反映区间流域特性较差，可根据前述之水量平衡原理进行还原计算的方法，求得入库流量过程，以此过程扣掉上游各入库站的相应流量过程，从而推得区间的来水过程。然后以相应之区间降雨资料，进行分析计算，率定水库区间面积的预报模型和方案。这样推出的区间的来水过程通常是锯齿状，为了克服这个困难，通常采用下列的方法：

设由实测出库流量和库水位采用式（5.4）反推出来的入库洪水为 $I_{反推}$、预报的入库洪水为 $I_{预报}$。在预报的入库洪水 3 个组成部分中，只有区间来水 $q_{区间}$ 预报模型的参数需要率定。这时可以采用试错法，调整 $q_{区间}$ 预报模型中的参数，使得 $I_{反推}$ 与 $I_{预报}$ 拟合最好。

5.4 水库水位与出流量预报

水库水位与出流量取决于水库入流量、水库的库容曲线、渗漏损失、蒸发损失、以及泄水建筑物的规模和人为调节控制等因素。水库出流量主要指经水库挡水建筑物下泄的流量，水库的出流预报，是指对水库入流经过水库的调节作用后的出库流量以及水库的水位变化。调节计算的基本原理是水量平衡。

5.4.1 水库调洪演算基本原理

水库调洪演算的基本原理，是逐时段地联立求解水库的水量平衡方程式和水库的蓄泄方程。水库在 Δt 时段的水量平衡方程式为

$$\frac{1}{2}(I_1+I_2)\Delta t - \frac{1}{2}(O_1+O_2)\Delta t + (P-E)\overline{A} = V_2 - V_1 \tag{5.5}$$

水库蓄量与出流量关系一般为

$$O=f(V) \quad 或 \quad Z=f(V) \quad 或 \quad O=f(Z) \tag{5.6}$$

式中 I_1、I_2——时段始、末的入库流量；

O_1、O_2——时段始末的出库流量；

V_1、V_2——时段始末的水库蓄水量；

P——时段内水库水面降水量；

E——时段内水库水面蒸发量以及库区渗漏量；

$\overline{A}$——时段内水库水面积平均值；

Z——水库水位。

除库区降大雨外，一般情况下，$(P-E)\overline{A}$ 项小，可忽略，则式（5.5）可简化为

$$\frac{1}{2}(I_1+I_2)\Delta t - \frac{1}{2}(O_1+O_2)\Delta t = V_2 - V_1 \tag{5.7}$$

联解式（5.6）和式（5.7），即可预报 $O(t)$ 和 $Z(t)$，其计算方法与第 3 章相同，不再赘述。因式（5.7）的关系单一，其演算方法可简化。以下介绍一些常用的方法。

5.4.2 水库调洪演算方法

1. 试算法

试算法是最基本的，也是应用最广的调洪计算方法。它是将水量平衡方程式（5.7）与蓄泄关系式（5.6）联立起来，逐时段地进行下泄流量的试算。对于无闸控制自由泄流，具体演算步骤如下：

（1）根据库容曲线和拟定的泄流建筑物型式和尺寸，用水力学中的泄流公式计算并绘制蓄泄曲线 $O=f(V)$。

（2）根据水库汛期的控制运用方式，确定调洪的起始条件，即确定起调水位 Z_1 和相应的库容 V_1、下泄流量 O_1。

（3）假定第一时段末的出流量 O_2，由式（5.7）求得第一时段末的蓄水量 V_2。

（4）由 V_2 在 $O=f(V)$ 上查得 O_2，此值应与假定的 O_2 相等，否则，重新假定 O_2 试算，直至相等为止。

O_2 确定后由 $O=f(Z)$ 查得库内水位 Z_2。逐时段假定 O_2、O_3、…，每次都重复上述第（3）、（4）步骤，可得出流及水位过程。

2. 图解法

将式（5.7）改写为

$$\frac{V_2}{\Delta t}+\frac{O_2}{2}=\left(\frac{V_1}{\Delta t}+\frac{O_1}{2}\right)+\overline{I}-O_1 \tag{5.8}$$

式（5.8）等号右端为已知项（其中 I_2 系预报值），等号左端有未知项 V_2 和 O_2，但都是库水位 Z 的函数，可由水库的库容曲线 $V=f(Z)$ 和出流曲线 $O=f(Z)$ 建立 $\frac{V}{\Delta t}+\frac{O}{2}=f(Z)$ 关系曲线。如图 5.4 所示为黄壁庄水库的调洪演算曲线。预报时，由时段初库水位 Z_1 查图 5.4 中关系曲线得 $\frac{V_1}{\Delta t}+\frac{O_1}{2}$ 和 O_1 值，因 $\overline{I}$ 已知，则代入式（5.8）得 $\frac{V_2}{\Delta t}+\frac{O_2}{2}$ 值，再查图 5.4 即求出预报的时段末库水位 Z_2 和出流量 O_2 值。逐时段计算即得库水位与出流量过程。此法又称半图解法，具体演算见表 5.3。

若将式（5.8）改写成

$$\frac{V_1}{\Delta t}-\frac{O_1}{2}+\overline{I}=\left(\frac{V_2}{\Delta t}+\frac{O_2}{2}\right) \tag{5.9}$$

在图 5.4 中绘制 $\frac{V}{\Delta t}-\frac{O}{2}=f(Z)$ 关系曲线，则可直接从图上逐时段推求 Z_t 和 O_t 值，如图 5.5 所示。此法又称全图解法或蓄率中线法。

表 5.3 黄壁庄水库半图解法调洪演算示例

时间	I_t (m³/s)	$\bar{I}_t$ (m³/s)	$\dfrac{V}{\Delta t}+\dfrac{O}{2}$ (m³/s)	计算的 O_t (m³/s)	计算的 Z_t (m)
5日5时	6540	6950	41500	310	114.53
5日7时	7360		48140	350	115.55
5日9时	8100	7730	55520	470	116.58
5日11时	9040	8570	63620	730	117.62
5日13时	7500	8270	71160	1500	118.56
5日15时	6060	6780	76440	2170	119.15
5日17时	6940	6500	80770	2770	119.63
5日19时	8200	7570	85570	3420	120.11

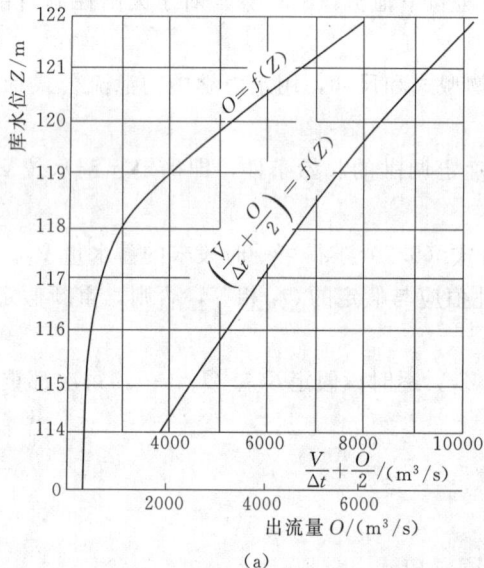
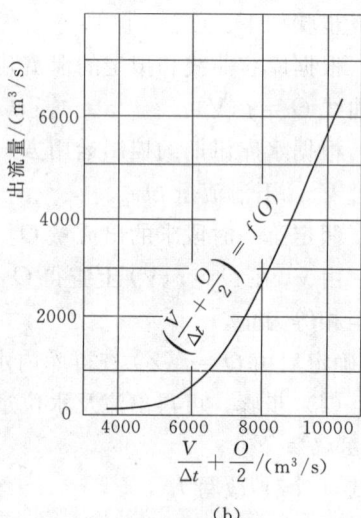

图 5.4 黄壁庄水库调洪演算曲线

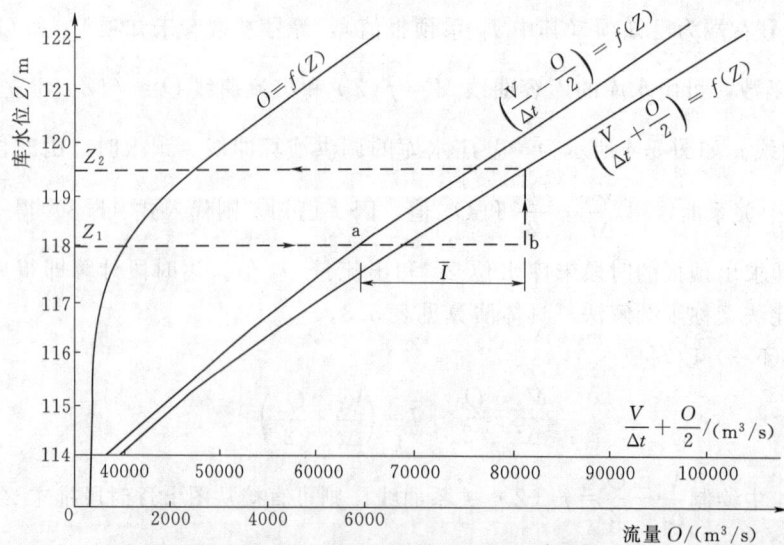

图 5.5 黄壁庄水库蓄率中线法调洪演算曲线

3. 以入流量为参数的时段库水位相关法

因 V_2 和 O_2 是 Z_2 的函数，V_1 和 O_1 是 Z_1 的函数，则由式（5.8）可知

$$Z_2 = f(Z_1, \bar{I}) \tag{5.10}$$

可根据实测资料建立上式以 $\bar{I}$ 为参数的 Z_2 与 Z_1 关系曲线，如图 5.6 所示。预报时，按 Z_1 值和预报的 $\bar{I}$ 值，查图得 Z_2 值。表 5.4 为王快水库的 $Z_2 = f(Z_1, \bar{I})$ 关系线计算表。

表 5.4　　　　　王快水库的 $Z_2 = f(Z_1, \bar{I})$ 关系线计算表（$\Delta t = 2h$）

Z_1 /m	V_1 /m	O_1 /(m³/s)	Z_2 /m	V_2 /m	O_2 /(m³/s)	$\Delta V = V_2 - V_1$ /10⁴m³	$\Delta V/\Delta t$ /(m³/s)	$\frac{O_1+O_2}{2}$ /(m³/s)	$\bar{I}$ /(m³/s)
166	1500	113	167	2000	120	500	231	116	347
168	2500	127	169	3100	133	600	278	130	408
170	3700	139	171	4500	143	800	370	141	511
172	5400	148	173	6400	152	1000	463	150	613
174	7400	156	175	8500	160	1100	510	158	668
176	9600	164	177	10800	168	1200	556	166	722
178	12000	171	179	13300	175	1300	602	173	775
180	14800	178	181	16300	182	1500	694	180	874
182	18000	185	183	20000	188	2000	926	186	1112

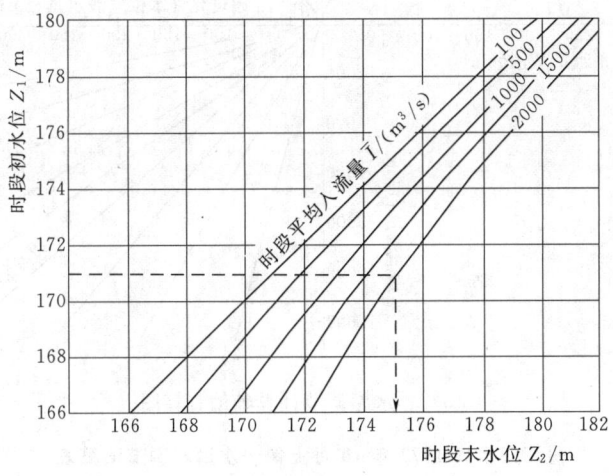

图 5.6　王快水库 $Z_2 = f(Z_1, \bar{I})$ 关系曲线

4. 考虑上下游要求的调节演算

有闸门等泄水建筑物控制的水库，为有计划地满足水库蓄水量和下游泄流量的要求，一般在入库洪水预报值的基础上选择和制订合理的调节演算方案。

根据水量平衡原理

$$V_p = V_0 + (W_I - W_O) = V_0 + \Delta V_m \tag{5.11}$$

$$V'_m = V_0 + W_I \tag{5.12}$$

式中　V_p——允许最高库水位的库容，m^3；
　　　V_0——开始调节计算时的水库蓄水量，m^3；
　　　W_I——次洪水的入库总水量，m^3；
　　　W_O——次洪水调节演算总出水量，m^3；
　　　ΔV_m——允许最高库水位与起始水位之间的库容，m^3；
　　　V'_m——水库不泄洪情况下入库洪水所形成的水库蓄水量，m^3。

为了便于水库调节计算，可先绘制辅助查算图，如图 5.7 所示。图中第 1、第 2 象限是根据水库的库容曲线和式（5.11）与式（5.12）计算后建立；第 4 象限是根据泄流总量 W_O 及不同的泄洪历时 t，按 $\overline{O}=\dfrac{W_O}{t}$ 式计算不同 t 时的 $\overline{O}$，并可求得相应的不同库水位，从中选择最合理的泄洪计划。表 5.5 和图 5.8 是丹江口水库 1973 年 10 月一次洪水过程的水库调节演算表和成果示意图。

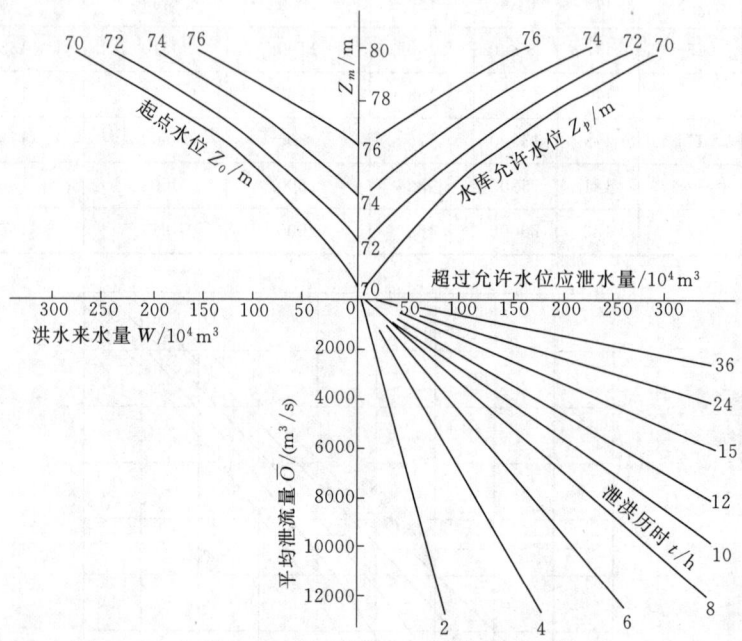

图 5.7　水库调节计算辅助查算图

表 5.5　　　　　　　丹江口水库 1973 年 10 月上旬一次洪水调节演算表

时间	预报入流量 $I/(m^3/s)$	时段平均入流量 $\overline{I}/(m^3/s)$	拟定的平均洪流量 $\overline{O}/(m^3/s)$	$\dfrac{\Delta V}{\Delta t}=\overline{I}-\overline{O}$ $/(m^3/s)$	$\sum\dfrac{\Delta V}{\Delta t}$ $/(m^3/s)$	$\dfrac{\Delta V}{\Delta t}$ $/(m^3/s)$	推算的水位 Z/m
3日 8时	1380	1400	840	560	560	178310	154.08
3日14时	1420					178870	10
3日20时	1470	1445	1000	445	1005	179315	11
4日 2时	1520	1495	1000	495	1500	179810	13

续表

时间	预报入流量 $I/(\mathrm{m^3/s})$	时段平均入流量 $\bar{I}/(\mathrm{m^3/s})$	拟定的平均洪流量 $\bar{O}/(\mathrm{m^3/s})$	$\dfrac{\Delta V}{\Delta t}=\bar{I}-\bar{O}$ $/(\mathrm{m^3/s})$	$\sum\dfrac{\Delta V}{\Delta t}$ $/(\mathrm{m^3/s})$	$\dfrac{\Delta V}{\Delta t}$ $/(\mathrm{m^3/s})$	推算的水位 Z/m
4日8时	1580	1550	1150	400	1900	180210	14
4日14时	1680	1630	1150	480	2380	180690	15
4日20时	1770	1725	1150	575	2955	181265	17
5日2时	1880	1825	1150	675	3630	181940	19
5日8时	2020	1950	1150	800	4430	182740	22
5日14时	2160	2090	1100	990	5420	183730	25
5日20时	2440	2300	1100	1200	6620	184930	28
6日2时	2780	2610	1100	1510	8130	186440	33
⋮	⋮	⋮	⋮	⋮	⋮	⋮	⋮

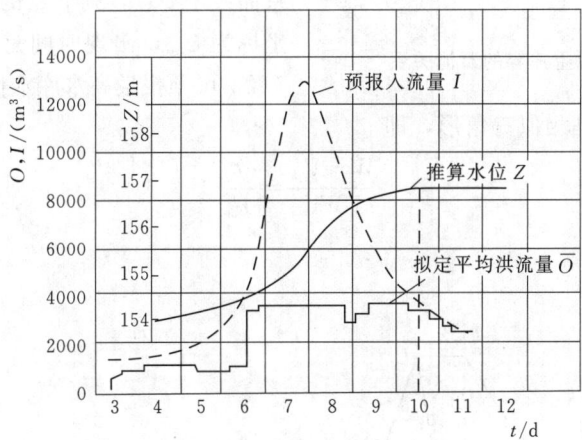

图5.8 丹江口水库一次洪水的最高水位推算图

5.5 中小型水库的水文预报

我国中小型水库数量甚大，分布甚广。其特点是集水面积不大，库容量小，洪水汇流历时短，调蓄能力弱，一般只要求预报水库最高水位（流量）及其出现时间。因此，对中小型水库常采用简易的预报方法：把入库洪水过程概化为三角形，溢洪道无闸门控制。

5.5.1 起涨水位为溢洪道底高程时的预报方法

当水库上游洪水进入水库前，水库水位已达溢洪道底部高程，入库洪水进入水库后，溢洪道开始溢流，即水库边蓄边溢。其蓄泄关系如图5.9所示，水量平衡方程为

$$V_m=\dfrac{I_m}{2}T-\dfrac{O_m}{2}T=\dfrac{I_m}{2}T\left(1-\dfrac{O_m}{I_m}\right)=W\left(1-\dfrac{O_m}{I_m}\right) \tag{5.13}$$

或

$$\frac{O_m}{I_m} = 1 - \frac{V_m}{W}$$

式中 I_m——入库洪水的洪峰流量;
O_m——溢洪道下泄的出流过程洪峰流量;
W——入库洪水总水量;
V_m——入库洪水形成的水库最大调蓄水量;
T——入库洪水的历时。

入库洪水过程用第4章介绍的方法由降雨径流预报求得。溢洪道水深 h 与泄流量 O 曲线 $O=f(h)$ 用水力学方法计算,并制作成 $V=f(O)$ 曲线。用图解法进行预报,如图5.10所示。

在 O 轴上量取 0a 等于 I_m 值;在 y 轴上量取 0b 等于 W 值。连接 ab 交 $V=f(O)$ 关系曲线于 c 点,则 c 点的横坐标即为 V_m,纵坐标为 O_m,出现时间是 T',通过曲线 $O=f(Z)$ 可预报最高水库水位 Z_m 值。证明如下:

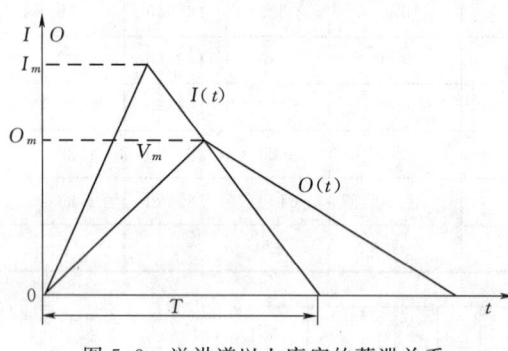

图 5.9 溢洪道以上库容的蓄泄关系

△bcd 和△ba0 是相似三角形,即

$$\frac{W-V_m}{W} = \frac{O_m}{I_m}$$

与式(5.13)符合。

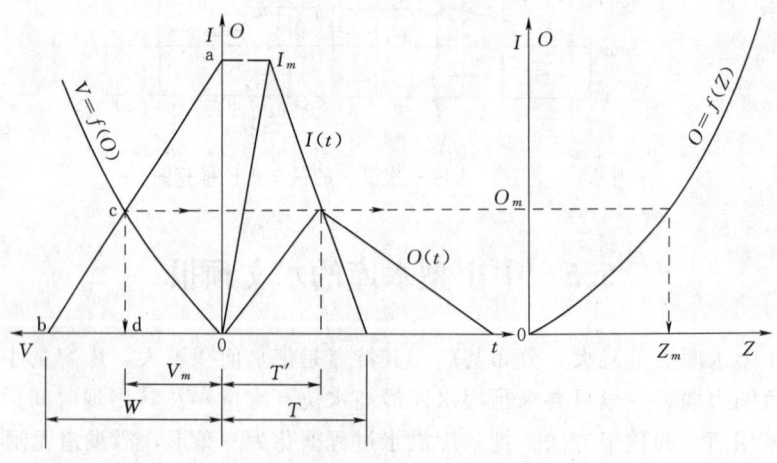

图 5.10 溢洪道以上洪水调节演算图

5.5.2 起涨水位低于溢洪道底高程时的预报方法

当入库洪水流达水库后,因无溢流,水库蓄水,水位抬升,至溢洪道底部高程,其后因入流量大于下泄流量,水库边蓄边泄,如图5.11所示。其中图(a)为溢洪时入库洪水的洪峰尚未出现,图(b)为入库洪峰发生后才溢洪。

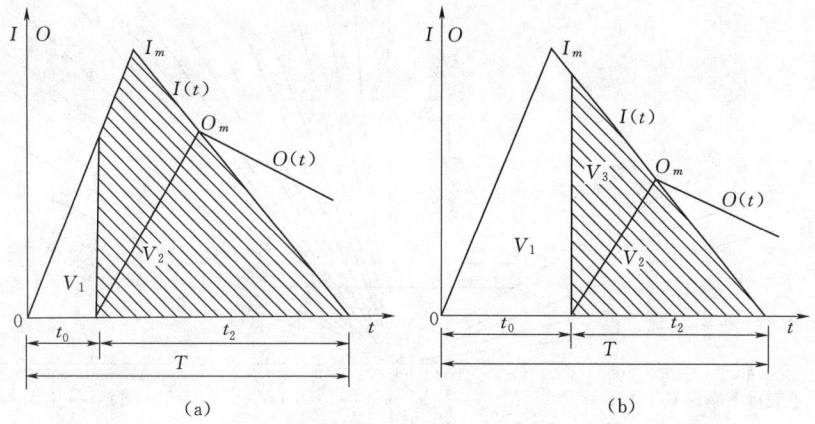

图 5.11 水库的入流与出流概化过程示意图

设入库洪水的涨洪历时与洪水总历时 T 之比为 η。由相似三角形原理可求得

当 $t_0 \leqslant \eta T$ 时

$$\frac{V_2}{W} = 1 - \frac{1}{\eta}\left(\frac{t_0}{T}\right)^2 \tag{5.14}$$

$$V_2 = W - V_1$$

当 $t_0 \geqslant \eta T$ 时

$$\frac{V_2}{W} = \frac{1}{1-\eta}\left(1 - \frac{t_0}{T}\right)^2 \tag{5.15}$$

式中 V_1——起涨水位与溢洪道底部高程之间的库容量;

t_0——入库洪水量蓄满 V_1 所需的时间;

W——入库洪水的总水量。

由水量平衡方程可得

$$V_2 = V_3 + \frac{1}{2}O_m \cdot t_2$$

若水量以万 m³ 计,则上式可写为

$$V_2 = V_3 + 0.18 O_m \cdot t_2 \tag{5.16}$$

式中 V_3——泄流量达 O_m 时溢洪道底以上的库容,如图 5.11 所示。

根据 V_2 由式(5.14)或式(5.15)可求得 t_0,t_2 由 T 和 t_0 求得,V_3 和 O_m 是待预报值。式(5.16)同溢洪道蓄泄关系 $O = f(V)$ 联解即可求得 V_3 和 O_m 值。

一般可采用图解法作简易预报(图 5.12):已知入库洪水过程 $I(t)$,由起涨库水位查库容曲线,求得与溢洪道底部高程之间的库容量 V_2,并计算出 t_0 值和 t_2 值。从图 5.12 中,在 $O = f(V)$ 曲线和 t_2 等值线之间量取一段水平线 ab,线长为 V_2,水平线与 O 轴之交点即为 O_m,通过水库库容曲线 $Z = f(V)$ 可得 O_m 时的库水位 Z_m 值。

如果水库有闸门控制,可在图 5.12 的第 2 象限绘制以闸门开启孔数为参数的等值线,图解方法与上述相同。

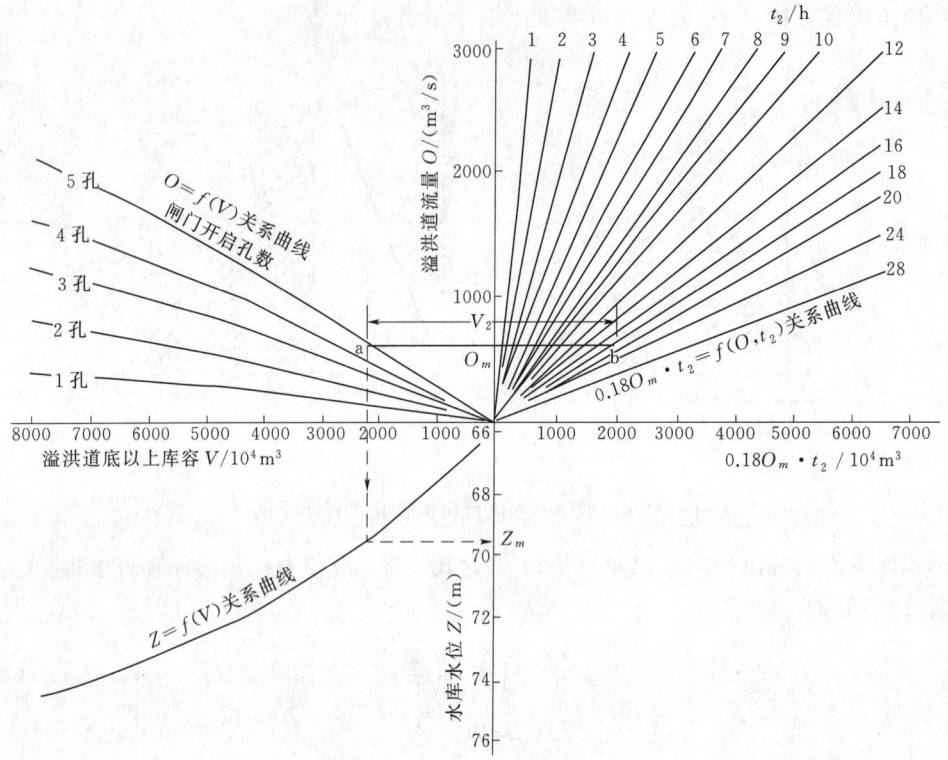

图 5.12 水库简易调洪演算图

中小型水库的图解预报方法很多,可根据水库的情况以及对预报要求,因地制宜采用不同方法。图 5.13 和图 5.14 也属这类方法,可供参考。

由于中小型水库的调节能力弱,汇流历时短,增长预见期的矛盾突出。除用图解法缩短计算时间外,宜结合短期天气预报预估水库水情,及早做好准备。

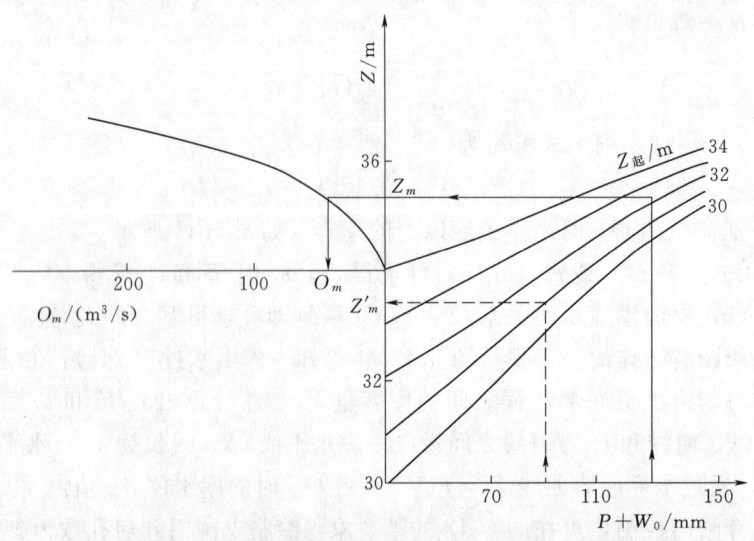

图 5.13 $O_m(Z_m) = f(Z_起, P+W_0)$ 关系图

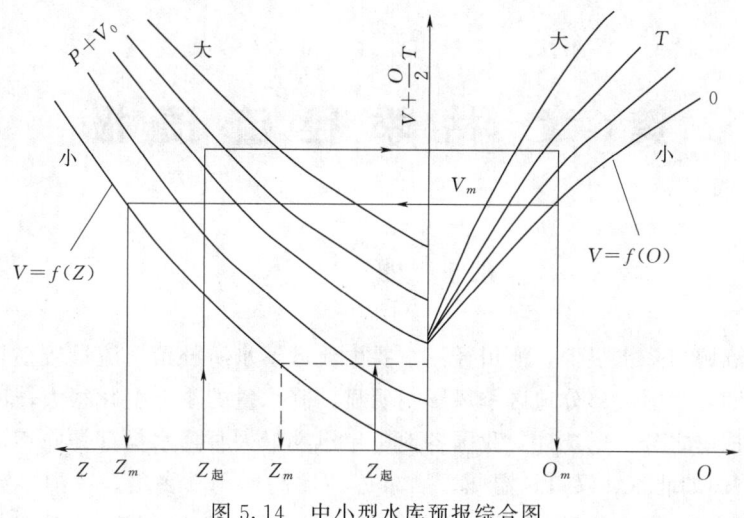

图 5.14 中小型水库预报综合图

本 章 小 结

水库水文预报也是短期雨洪径流预报的一个部分。水库水文预报的内容很多,有水情预报、冰情预报、泥沙预报、水质预报、风浪预报等。本章所介绍的是水库在洪水期库内水位及出流量的预报,这是水库水情预报中最主要的项目。一个水库的水位与出流量预报方案由两部分组成。一是水库的入流预报方案,有一定的预见期;二是水库调洪演算方案,与河段流量演算一样,仅是水量平衡计算,没有预见期。

水库建成以后,在水库蓄水的淹没范围内,水深和水面积大大增加,水面比降变缓,流速减小,糙率减小;原河槽两岸的部分陆地变成水面,使径流系数增大,地下水位抬升。建库前河道洪水波为扩散波,而水库建成蓄水后为惯性波,它们的汇流特性不同。因为建库以后水深大大增加,所以建库后的波速增加很多,从而使库区洪水波传播时间大大缩短,反映在流域汇流曲线上,峰值增高,峰现时间提前,涨洪段水量增加,洪水历时减小。

水库出库流量及水库水位预报需要进行水库的调洪演算。水库调洪演算的常用方法有:试算法、图解法。中小型水库集水面积不大,库容量小,洪水汇流历时短,调蓄能力弱,一般只要求预报水库最高水位(流量)及其出现时间。因此,对中小型水库常采用简易的预报方法,即将入库洪水过程概化为三角形,溢洪道无闸门控制。

思 考 与 练 习

5.1 水库建库前后的汇流速度以及洪峰流量有何变化?何谓坝址洪水、入库洪水、它们有何区别?入库洪水包括哪几个部分?

5.2 水库调洪演算的基本原理是什么?水库调洪演算的方法有哪些?

5.3 中、小型水库预报有何特点?对于中小型水库的入库流量预报一般只需要预报哪几个要素就能满足实用要求?

第6章 枯季径流预报

6.1 概 述

枯季是指流域内降水很少，河川径流主要由流域蓄水所补给，流量较小且经常处于较稳定的消退时期。我国大部分地区季风影响明显，降水量的季节变化很大，河川径流在一年中由汛期与枯季之分。据统计，我国各地历年汛期最大月降水量都是同年最小月降水量的 10 倍以上，例如北京、汉口、温州、酒泉等站还高达 100 多倍。我国多数地区的雨季为 4 个月左右，南方有的地区可长达 6~7 个月，北方干旱地区仅有 2~3 个月。全国大部分地区连续最大 4 个月降水量占全年降水量的 70% 左右。南方大部分地区连续最大 4 个月径流量占全年径流量的 60% 左右，华北平原和辽宁沿海可达 80% 以上。一年中除了雨季，河川径流进入枯水时期。以雨雪或冰川混合补给的河流，洪、枯水的出现时间除与雨季有关外，还受积雪或冰川融化时间的影响。

枯季径流的主要来源是流域蓄水的泄出，其中包括了河网蓄水与地下蓄水的泄出，此外，还有枯季降水。

枯季流域蓄水量的大小首先与前期降水量有关。前期降水量充沛则河网与地下的蓄水量也大，使河流尤其在枯季的初期可以得到较大的补给量。流域内的湖泊能储存较多的前期降水量，在枯季缓慢地补给河流。因此，湖泊率较大的流域，枯季径流量一般较大且稳定。

河网蓄水量的大小与河流的水力条件、河网密度等因素有关。在河槽宽深、比降小、河网密度大的流域，河网蓄水量也大，同时，河网蓄水量分布的面越广其出流历时也越长。地下水对河流的补给及其稳定程度取决于地下水储量大小和河床的切割深度。在土壤渗透性大、岩层疏松、地下水埋深较浅、含水层较多的流域地下水储量就大。在这种流域河床下切越深，下切的含水层越多，得到的补给量也就大；反之，补给量就小，甚至因得不到深层地下水补给而使河道发生断流。在一般情况下，流域面积与河床的切割深度、地下水储量大小成正比。因此，流域面积越大，地下水对河道的补给越丰富且稳定。

枯季降水在南方河流的枯季径流总量中占一定比重。北方河流在枯季降水量较大时对枯季径流总量也有一定影响。枯季降水的产、汇流特点是降水强度一般较小且在流域上分布比较均匀，有的地区冬季降水中有一部分是降雪，积雪融化的强度较缓慢，使降水的下渗与蒸发损失都比较大。由于大部分降水都渗入土层成为表层流或地下径流，出流速度小，再加上河流水位低流速小，因而枯季径流的汇集过程比洪水过程平缓得多。

在枯水季节为了满足用水需要，常出现在河中筑坝拦水以抬高上游水位或用水泵抽取河水、在流域各处打井抽取地下水的情况。这些人为活动往往改变了枯季径流的自然规律，是研究枯季径流预报时不可忽略的因素。

枯水季节河流水位的高低与航运事业直接有关，河流的水量是工农业用水、生活用水、水力发电需水等供水系统管理的依据，也关系到与水质有关的水流自净能力。为了解决水资源供需矛盾，人们常修建水库以拦蓄调节径流。水库拦蓄水量虽以洪水为主，但在连续无雨的枯季，能拦截到的径流也是水资源的重要组成部分。因此，为了合理调度利用水资源，枯季径流预报已愈来愈显示出其重要性。

从枯季径流的产、汇流规律看，洪水与枯水同属于一种水文过程，不能截然分开。许多降雨径流流域模型都是以降雨为输入，以各种水源的径流汇集到流域出口为输出的。用这些模型进行连续预报，则全年各时期的径流量和径流过程都可以得到，没有洪、枯之分。然而，目前大多数实用的预报方法是将洪、枯水分别预报的。原因之一是在防御洪水的斗争中，需要及时掌握河流的涨水、洪峰及退水初期的水文情势以便做出防洪决策，至于退水后期及久旱时的水文情势与防洪无关，可以不作预报；二是枯水径流与洪水径流相比，数值小且变化缓慢，用不着与洪水一样地预报逐时的变化过程。为满足供水需要，只要预报出某一定时段内径流的平均值或总量，如日、旬、月平均流量或月径流总量，甚至几个月的径流总量即可。因此，从实际需要出发，将洪、枯水预报分别制定方案也有利于方案的简化。

我国各地的降水量不仅存在着季节变化，且年际间的差异也很大。贫水地区的年际变化一般大于丰水地区。我国南部地区最大年降水量一般是年最小降水量的 2~4 倍，最大与最小年径流量之比也如此，北部地区的比值年降水量是 3~6 倍，年径流量则是 3~8 倍。缺水矛盾突出的海、滦河、淮河、黄河中下游流域有的站甚至高达 10 多倍。在连续少雨干旱年份因降水和地表水补给量减少，地下水位也会大幅度下降，直接影响到地方的国民经济发展和人民的日常生活。因此，进行枯水预报也是水文部门一项重要的任务。

6.2 枯季径流的消退规律

在由地下水补给为主的枯季，可以认为河流的流量（Q_g）由地下蓄水量（W_g）补给，两者之间为线性关系，其退水流量公式可由下面的水量平衡方程和蓄泄关系方程导出

$$-Q_g(t)=\frac{dW_g(t)}{dt} \tag{6.1}$$

$$W_g(t)=K_g Q_g(t) \tag{6.2}$$

将式（6.2）代入式（6.1），整理后得

$$\frac{dQ_g(t)}{Q_g(t)}=-\frac{1}{K_g}dt \tag{6.3}$$

式（6.3）的解为

$$Q_g(t)=Q_g(0)e^{-\beta_g t} \tag{6.4}$$

式中 $Q_g(0)$——退水开始即 $t=0$ 时河中流量；

β_g——地下水退水指数，$\beta_g=\frac{1}{K_g}$。

对于以河网蓄水量为枯季主要补给的河流，由于其枯季径流也呈缓慢的消退过程，认

为其蓄泄关系也符合线性关系,所以,流量 $Q_r(t)$ 的消退规律可参照式 (6.4),如式 (6.5) 所示

$$Q_r(t) = Q_r(0) e^{-\beta_r t} \tag{6.5}$$

式中　$Q_r(0)$ ——退水开始即 $t=0$ 时河流中的流量;

　　　β_r ——河网蓄水量的退水指数,$\beta_r = \dfrac{1}{K_r}$。

一般情况下,河网蓄水量的消退速度大于地下水的消退速度,故 $\beta_r > \beta_g$,即 $K_g > K_r$。

如果流域的退水过程是上述两种补给的结果,一般不分割水源,可用一个总的退水公式表示

$$Q(t) = Q_0(O) e^{-\frac{t}{k}} \tag{6.6}$$

在《水文学概论》中已介绍了利用退水流量过程求退水系数 K 值的方法。因退水流量的水源组成不同,K 值并非常数,即蓄泄为非线性关系,一般取为折线,其斜率分别代表河网蓄水量补给和地下蓄水量补给为主的消退系数 K_r 和 K_g。

枯季蒸散发的强弱往往影响退水规律,对于地下水埋深浅,蒸发率季节变化大的流域尤为显著。由于我国冬季气温低,蒸散发能力弱,因此退水过程平缓。

6.3　枯季径流预报方法

常用的枯季径流预报方法有 3 种:退水曲线法、前后期径流量相关法和河网蓄水量法。关于标准退水曲线的概念和制作方法可见《水文学概论》教材,这里不再重复,值得注意的是枯季径流预报的预报时段较长,常取为日或旬。现简要介绍前后期径流量相关法和河网蓄水量法。

6.3.1　前后期径流量(流量)相关法

在以地下水补给为主的枯季径流,在无雨的情况下,退水流量过程比较简单,只需要有退水曲线,就可以进行流量预报,故此法实际上是退水曲线的另一种形式,只不过计算时段长多为月或季。

由式 (6.2) 和式 (6.4) 可得

$$W_g(t) = K_g Q_g(0) e^{-\frac{t}{K_g}} \tag{6.7}$$

则相邻时段 $(0 \sim t_1, t_1 \sim t_2)$ 间的蓄水量关系可表示为

$$\frac{W_g(t_1) - W_g(t_2)}{W_g(0) - W_g(t_1)} = \frac{e^{-t_1/K_g} - e^{-t_2/K_g}}{1 - e^{-t_1/K_g}} \tag{6.8}$$

若 K_g 为常数,则相邻时段前后期平均流量呈线性关系,如图 6.1 所示。式 (6.8) 就是运用于以地下水补给为主的枯季径流预报方案。

如果预见期内有较大降雨量,则需考虑降雨量的影响,可以将预见期内降雨作参考,建立如图 6.2 形式的相关图。预报时降雨参数为未知量,需由长期天气预报提供,其误差必然

6.3 枯季径流预报方法

直接影响径流预报精度。图中9月基本流量系地下水补给的水量,不包括地表径流量。

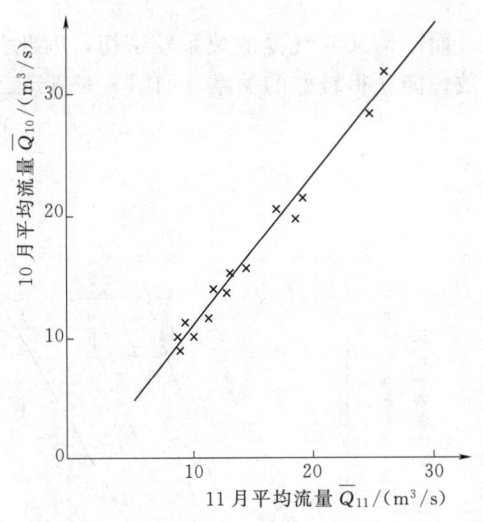

图 6.1 滏阳河东武仕站 $\overline{Q}_{11月} = f(\overline{Q}_{10月})$ 关系曲线

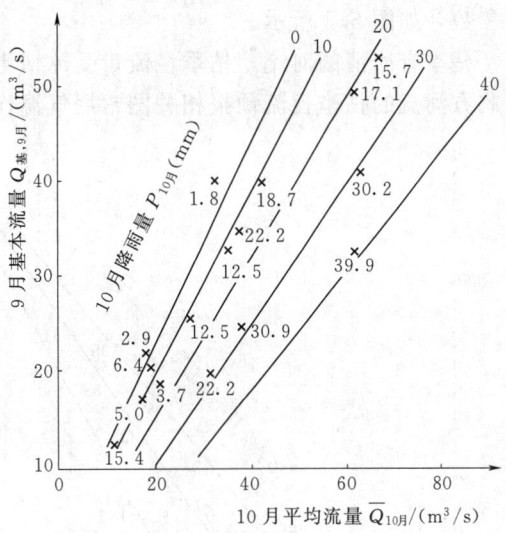

图 6.2 官厅站 $\overline{Q}_{10月} = f(Q_{基,9月}, P_{10月})$ 关系曲线

对枯季降水量小,地下水补给稳定的流域,可建立汛末月平均流量与预报枯季总水量的关系,如图6.3所示,以增加预见期长度。

枯季径流总量往往和汛期径流总量之间存在着一定关系。为避免个别大水年份汛期径流总量受地面径流比重大的影响,可以用汛期的流域吸水量(即降雨减去径流量和蒸发量)与枯季径流总量建立关系,如图6.4所示。

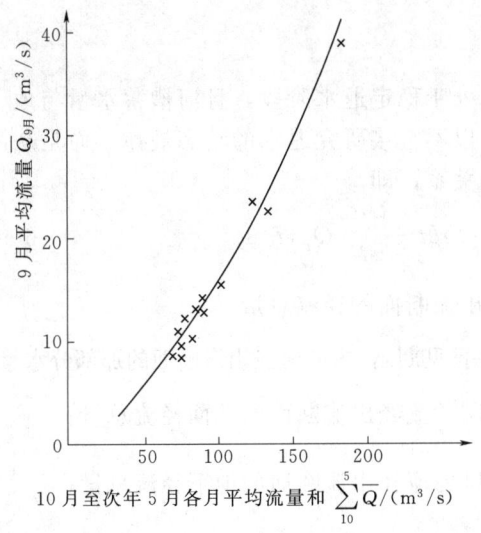

图 6.3 滏阳河东武仕站 $\sum_{10}^{5} \overline{Q} = f(\overline{Q}_{9月})$ 关系曲线

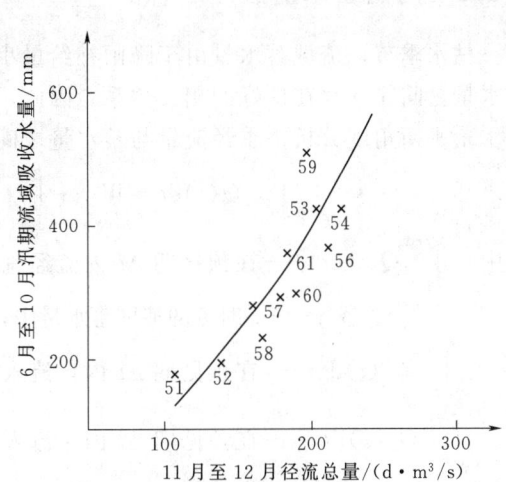

图 6.4 石匣子站汛期流域吸收水量与枯季径流总量相关图

当建立河段上、下游站前后期径流相关图时，若有支流汇入，则可取支流的平均流量为参数，如图 6.5 所示。

枯季有冰情的河流，枯季径流量受冰情影响。而冰情又与气温的关系较密切，因此我国北方河流的枯季径流预报相关图常用气温作参数，能获得较好的关系，如图 6.6 所示。

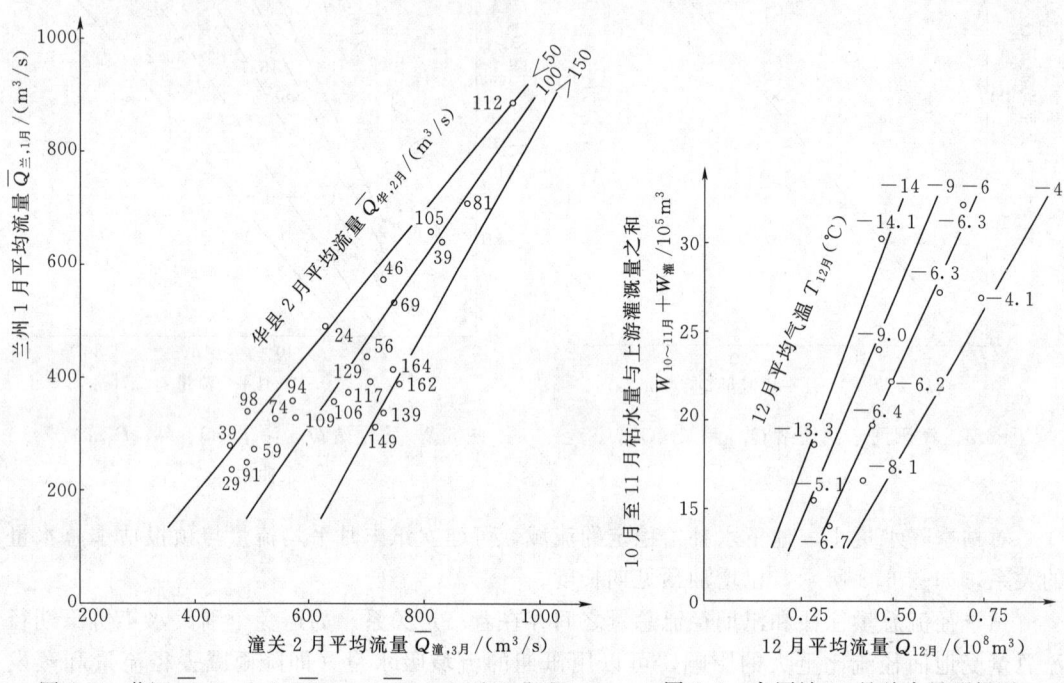

图 6.5　黄河 $\overline{Q}_{潼,2月}=f(\overline{Q}_{兰,1月},\overline{Q}_{华,2月})$ 关系曲线

图 6.6　官厅站 12 月总水量预报图

6.3.2　河网蓄水量法

枯水季节，流域蓄水量由于降雨补给量小，处于稳定退水阶段，且河槽蓄水量与地下蓄水量之间往往存在良好的相关关系。因此，可以不直接研究退水的动态规律，而是从河网水量平衡角度分析枯季经流量与蓄水量之间的关系，即

$$\int_t^{t+\Delta t} Q(t)\mathrm{d}t = W_{\Delta t} + \int_t^{t+\Delta t} Q_s(t)\mathrm{d}t + \int_t^{t+\Delta t} Q_g(t)\mathrm{d}t \tag{6.9}$$

式中　$\int_t^{t+\Delta t} Q(t)\mathrm{d}t$ ——在预报期 Δt 内流经流域出流断面的径流总量；

　　　$W_{\Delta t}$ ——t 时刻的河网蓄水量中，在预见期 Δt 内能流经出流断面的那部分水量；

　　　$\int_t^{t+\Delta t} Q_s(t)\mathrm{d}t$ ——在预见期 Δt 内，流入河网并流经出流断面的地面径流总量；

　　　$\int_t^{t+\Delta t} Q_g(t)\mathrm{d}t$ ——在预见期 Δt 内，流入河网并流经出流断面的地下径流总量；

　　　Δt ——计算时段，即预见期。

式（6.9）的离散形式为

$$\overline{Q(t+\Delta t)}\Delta t = W_{\Delta t} + \overline{Q_s(t+\Delta t)}\Delta t + \overline{Q_g(t+\Delta t)}\Delta t \tag{6.10}$$

式中　$\overline{Q(t+\Delta t)}\Delta t$ ——在预报期 Δt 内流经流域出流断面的径流总量；

6.3 枯季径流预报方法

$\overline{Q_s(t+\Delta t)}\Delta t$——在预见期 Δt 内，流入河网并流经出流断面的地面径流总量；

$\overline{Q_g(t+\Delta t)}\Delta t$——在预见期 Δt 内，流入河网并流经出流断面的地下径流总量；

$\overline{Q(t+\Delta t)}$、$\overline{Q_s(t+\Delta t)}$、$\overline{Q_g(t+\Delta t)}$——预报期 Δt 内流经流域出流断面的平均流量，平均地面流量和平均地下流量；

$W_{\Delta t}$、Δt——同式（6.9）。

一般情况下，枯季降雨量小，地面径流不大，即 $\overline{Q_s(t+\Delta t)}\Delta t$ 可忽略不计，地下径流量是地下蓄水量 W_g 的函数，即

$$\overline{Q_g(t+\Delta t)}\Delta t = f(W_{gt}) \tag{6.11}$$

对较大的流域，流域蓄水量中河网蓄水量常占有比较大的比重，面积越大，比重往往也越大。如果河网蓄量与地下水有较好的水力联系，则河网蓄水量 W_r 与地下蓄水量 W_g 之间存在一定的函数关系

$$W_r = f(W_g) \tag{6.12}$$

故（6.11）可表示为

$$\overline{Q_g(t+\Delta t)}\Delta t = f(W_{rt}) \tag{6.13}$$

$W_{\Delta t}$ 是 t 时刻河网蓄水量 W_{rt} 中的一部分，并随 W_{rt} 值增大而增大，两者间常有较密切的关系。因此，式（6.10）可改写为

$$\overline{Q(t+\Delta t)}\Delta t = f(W_{rt}) \tag{6.14}$$

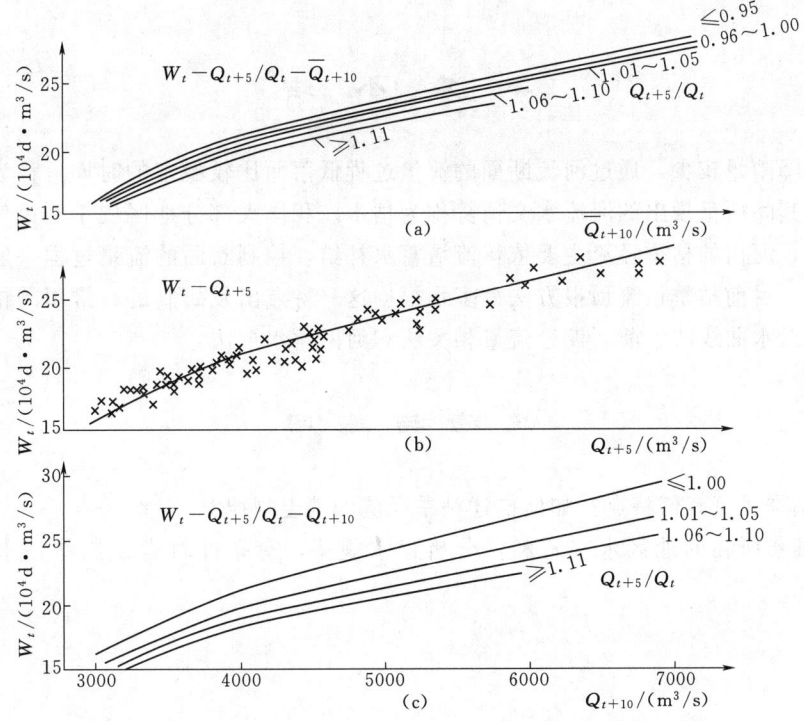

图 6.7 长江宜昌站枯季径流预报曲线

第6章 枯季径流预报

此式即为河网蓄水量法的基本关系式。根据式（6.14）建立的长江宜昌站枯季旬平均径流量预报方案如图6.7（a）所示。图6.7（b）、（c）分别是第5天和第10天的日平均流量预报方案，其关系式与式（6.14）不同，为

$$Q(t+\Delta t) = f(W_{rt}) \tag{6.15}$$

图6.7中参数 $\dfrac{Q_{t+5}}{Q_t}$ 主要反映河网蓄水量的空间分布对预报值的影响。

若预见期降雨量较大，地面径流不可忽略，可加入降雨量 P 作参数，如图6.8所示。预见期（10天）内的流域平均降雨量 $\overline{P_{t+10}}$ 为预报值。

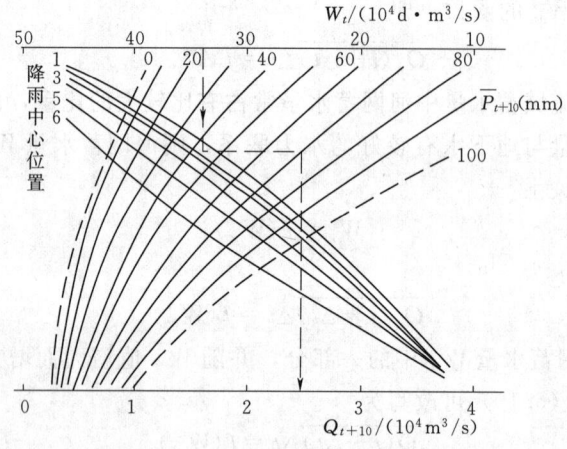

图6.8 长江宜昌站枯季径流预报曲线

本 章 小 结

流域内降雨量较少，通过河流断面的流量过程低落而比较稳定的时期，称为枯水季节或枯水期，其间所呈现出的河流水文情势称为枯水。我国大部分地区属于季风气候区，枯季降雨稀少，河川的枯季径流主要依赖流域蓄水补给，控制断面的流量过程一般呈较稳定的消退规律，目前枯季径流预报方法大多是根据这一特点出发研制的。常用的枯季径流预报方法有：退水曲线法、前后期径流量相关法和河网蓄水量法。

思 考 与 练 习

6.1 枯季径流有何特点？如何描述枯季径流的消退规律？

6.2 搜集所在的地区水文资料，分析退水规律，有条件时尝试制作枯水径流预报方案。

第 7 章 预报方案编制与作业预报

7.1 概述

水文预报方案是预报对象一般性规律的描述和作业预报的基本依据。预报方案编制是一项十分精细的技术工作，其主要内容包括：预报对象（流域、河段）实地踏勘与调研，基础资料收集、整理及数据处理，预报方法的分析论证，软件引进与开发，预报参数分析与率定，方案校核，方案精度评定与成果汇编等。编制科学合理且具有较高实用价值的洪水预报方案，是水情预报人员的一项重要任务。

水文预报方案是利用以往一定时期实测资料分析研究的成果，随着实测资料的增加，或者预报技术的发展，预报方案需要及时修订，以求更加完善。如果由于自然地理条件的演变或人类活动影响，使流域、河段或断面的水文情势发生改变，也要及时修订。由于水文现象具有很强的随机性，故水文预报方案也仅是一种统计规律的描述，是对水文现象的模拟，将它应用到具体的一次水文过程预报时，预报方案的一般统计规律与将出现的个体的特性肯定会存在一定的差异，因此，需要预报员依据经验和对现状的认识，对预报值进行实时校正。多年实践证明，这对于提高预报发布精度至关重要。但长期以来，水文预报学科没有理论严密的实时校正方法，只能依靠经验进行处理。根据经验，在不断地分析总结基础上，结合预报系统的研制，现已开发出一些行之有效的实时校正工具，为预报分析提供支撑工具。

作业预报是水文预报工作的关键环节，是预报方案的应用实践，其工作流程包括：水雨情监视、水文情势分析、预报计算、综合分析、预报修正、精度评定等。当水情或工程运行发生较大变化时，还要根据新的情况及时进行滚动预报。为增长预见期或评估防洪形势，可参考降雨预报或假设不同量级降雨，预测评估相应水文要素，供决策部门参考。

7.2 预报方案编制

7.2.1 编制工作的主要内容及资料收集

1. 主要工作

水文预报是根据已知的信息对未来一定时期内的水文现象作出定性或定量的预测。水文预报方法以水文基本规律、水文模型研究为基础，结合实际需求，构成具体的预报方法或预报方案。预报方案编制是指从明确水文预报任务开始，直至提交能满足一定精度预报方案为止的整个过程，其主要的工作内容有预报对象（流域、河段）实地踏勘与调研；收集资料与数据处理；预报模型和方法的选择；预报软件的引进与开发；参数率定；预报方案的合理性检查和精度评定；提交预报方案编制成果等。

(1) 方案编制完成后应提交相应成果,主要包括:
1) 方案编制报告,包括流域水文特性说明,使用资料可靠性和代表性分析。
2) 采用的预报方法与技术途径,预报方案精度评定和成果分析论证。
3) 主要的分析计算成果及其说明。
4) 应用图标或计算机程序及其使用说明。
5) 模型算法软件实现。

(2) 预报方案在每年汛末或使用一段时间以后,应对其进行评价。当发现下列情况之一时,应对方案进行修订补充或更新。
1) 实测水文资料已超出原水文预报方案数值范围。
2) 积累的新资料表明水文规律已发生变化。
3) 由于自然演变或人类活动影响,使流域、河段或断面水文情势发生改变。
4) 采用新方法、新技术可以提高精度或增长有效预见期。

2. 资料收集

充分而高质量的实测水文资料,是编制水文预报方案的基础。资料收集包括两个方面,一是预报方案编制前;二是在预报方案进行修订补充或更新时,要及时、全面地收集有关新的实测资料。

编制前,首先根据防汛或抗旱等对水文预报的要求,以及水文测站的位置和已有的资料等条件,选择并确定预报流域和断面,必要时还要进行查勘、调研。

要尽量收集已有的水文基础数据,并进行必要的处理。选择采用资料系列足够长、精度良好且有较高代表性的样本,是编好预报方案的基础。不同的预报对象,对使用的资料要求也有区别。

(1) 对于洪水预报方案(包括水库水文预报及水利水电工程施工期预报),要求使用不少于10年的水文气象资料,其中应包括大、中、小洪水各种代表年份,并保证有足够代表性的场次洪水资料,湿润地区不少于50次,干旱地区不少于25次,当资料不足时应使用所有洪水资料。

(2) 对于潮位预报方案制作增水预报方案,应不少于10次热带(温带)气旋资料。制作正常潮位预报方案,应不少于一年的逐时连续潮位资料,并包括高、低潮位值与潮时。

7.2.2 预报模型选择

1. 选择预报模型的基本原则

水文预报大致可分为降雨径流预报、河道洪水预报和其他水文预报3类,各类预报解决的问题和采用的技术均不同。流域降雨径流预报,应用产流模型模拟降雨经扣损后产生的净雨过程,再利用汇流模型模拟净雨过程经坡地汇流和河网调蓄形成流域出口断面洪水(径流)的过程。河道洪水预报,根据河道上游断面的过程或特征值预报河道下游断面的过程或特征值。其他水文预报,泛指冰凌、水质、泥沙、风暴潮等预报。

水文预报常采用的模型主要包括:降雨径流模型(可分为产流模型和汇流模型)、河道洪水演进模型(马斯京根法等)、水力学模型、污染物(泥沙等)输移模型、系统输入—输出模型、相关模型等。

选择预报模型或方法，需要综合考虑预报的目标或对象、预报的时效和精度要求、可利用的历史资料、进行作业预报时能得到的实时资料、预报依据要素向预报目标要素转化的基本物理过程及物理图景或者其间的因果关系、需处理的特殊现象或特殊问题以及可以利用的硬件条件等情况。具体而言，应遵循以下一般原则：

（1）模型的概化和假设条件能符合本地区的产、汇流物理成因和水文规律。

（2）模型要具有一定的模拟精度，预报结果能满足《水文情报预报规范》(GB/T 22482—2008) 规定的误差评定标准。

（3）模型参数的个数应适中，不宜太多。多则带来参数率定的技术困难；但也不能太少，过少会影响预报的精度。在预报结果基本相同时，宜选用结构简单、参数较少的模型。

（4）模型的边界条件和参数应容易定量，并具有稳定性。

（5）运行速度要快，节省机时，增加有效预见期。

2. 选择预报模型的一般规律

世界气象组织在综合大量预报模型实践经验的基础上，得出了初步选择预报模型的一般规律。

（1）在湿润地区，不必过于挑选模型，因为在这样的流域，简单模型和复杂模型一般均可以取得同样好的效果。

（2）在干旱和半干旱地区，一般来说，显式计算土壤含水量的模型要比隐式计算土壤含水量的模型模拟效果好。

（3）在建立模型时，如果所选流域的资料条件好，则适用隐式计算土壤含水量的流域模型，特别是系统模拟模型较之显式计算土壤含水量的模型可能给出更好的预报效果。

7.2.3 预报模型的参数率定

1. 参数率定的基本原理

模型参数是反映流域水文特性的一组待定常数。模型参数大体上可分为两类：一类可以通过量测获得，如流域面积、河长、河道坡度、雨量站权重、分块单元流域面积等，这类参数一经确定不再修改。另一类则随流域降雨径流特性以及下垫面条件而变化，如土壤水蓄水容量、自由水蓄水容量、蒸散发系数等。这类参数具有明确的物理含义，但也与模型设计者对水文现象或水文过程的概化密切相关，这类参数一般通过率定确定。

参数率定是模型识别的主要环节，其目标是寻求模拟客观系统最满意的模型和最佳参数。基本做法是试错法，选定一种模型结构，先假定一组参数，选用一定时期的连续历史资料输入模型，进行模拟计算，根据计算得出的出口断面流量过程与实测流量过程进行比较，求出误差。再调整参数值，比较其结果和误差，直到最后误差为最小，即率定出参数的最优值，使得计算和实测流量过程拟合最优。这组参数依赖于模型的结构和输入输出的信息，尽管它会受到模拟概化的影响和输入信息的随机干扰，但参数的物理机制仍将起主导地位。

2. 参数率定的常用方法

优选参数是参数率定的重要环节，通常采用确定性系数作为目标函数进行参数优选。常用的优选方法有人工试错法、自动优选法及人与计算机联合优选3种。

（1）人工试错法。人工试错法的基本原则是设定一组参数，在计算机上运算，比较模拟值与实测值，人工分析对比或计算其目标函数，再调整参数，重复计算，直至达到最优参数即为所求。人工调试最优参数简单实用，可以充分利用人们的知识技能和实践经验，有利于模型的应用，至今仍是各种模型调试参数所采用的主要方法之一。

（2）自动优选法。自动优选法采用数学优化方法，自动求解参数的最优值。此种方法可以自动地找到一组参数，使给定的目标函数达到最优，常用的优化方法有模式搜索法、单纯形法、转轴法（Rosenbrock法）、惩罚函数法以及仿生优化算法等。但自动优选参数却存在以下问题：由于水文模型的复杂性，增加了参数优选的难度。同时，自动优选如不加约束，常会得出离奇的参数值，即使加了约束，又会遇到各式各样的困难。例如，不同的初始参数会得到不同的"最优"参数；又如非常不同的参数常常能以同样可以接收的精度使输出与实测资料拟合。另外还有参数的局部最优问题。近些年一些新的优化方法如遗传算法（GA）、人工神经网络（ANN）等现代仿生算法应用于参数优化，效果不错。参数自动优选软件的研制是一个较新的研究课题，某些预报方法已有较成熟的自动优化软件，稍加改进即可投入实际应用，但更多的预报模型的参数自动优选软件，需根据流域实际情况研制开发。

（3）人工控制优选与自动化优选参数结合法。人工控制优选参数与自动化优选参数相结合的方法，一般将模型的众多参数按物理意义分类，每类参数中一些不太敏感的参数按经验取值，然后对作用敏感且独立性较强的参数按给定的目标函数进行优选。例如新安江模型中将15个参数分为蒸散发计算、产流量计算、分水源计算及汇流计算4类，部分按经验取值，部分按目标函数优选。这样的做法可以减少优选难度，并易于达到较高的模拟精度，亦有利于使参数取值保持在其物理意义所许可的变幅范围内。

应用实践表明，模型参数的调试，目前尚离不开人的干预。如何在计算机优选中结合预报员的实践经验，这是模型参数自动优选的研究方向。

7.2.4 预报方案编制的计算机处理技术

在实际的预报方案编制过程中，许多方法是经验性的，很不容易直接移植到计算机上。因此，只有总结提炼预报方案人工编制的经验，采用参数自动率定与人工交互调整相结合的方法，才能真正实现预报方案编制的计算机化。本节主要介绍泰森多边形权重的计算、相关图线的定线、降雨产生的次洪水的分割、P-Pa-R相关线的绘制、分类谢尔曼单位线制作、马斯京根方程参数确定等的计算机处理。

1. 泰森多边形计算

（1）人工计算方法。手工计算泰森多边形权重，是早期使用较多的方法，目前已不常用。但在某些特定情况如野外突发事件需要现场处理时，仍有应用价值，这是一项基本技能。透明方格纸法最为简便，其原理已经在《水文学概论》教材中介绍，具体做法是用垂直平分原理手工绘好泰森多边形，将一张透明坐标方格纸覆盖于站网图，人工点计每个站的多边形覆盖的方格（mm^2）数，再求其总和，即可计算出每个站占全流域面积的比例值，它就是泰森权重。在有求积仪的情况下，更为方便，直接量算每个站的泰森多边形图上面积（cm^2），再求其总和后即可获得各站的权重。

（2）Gis泰森多边形法。现在GIS和地理分析中经常采用泰森多边形进行快速的赋值。采用 ArcView 或 ArcGIS 技术,利用雨量站点图层,即可创建泰森多边形。首先将生成的泰森多边形与流域面图层相交,得到流域范围的泰森多边形;其次根据生成的新图层,计算各图斑的泰森多边形的面积;最后,在新图层中新建字段,计算并存储各图斑面积与流域总面积的比例,其数值即泰森权重。

2. 相关图的绘制

(1) 人工处理方法。首先手工摘取欲绘的相关图的成组相关因子和预报因子的点据数据,然后绘于坐标纸上,用人工目估定线,方法简单。

但是,要制作好相关图方案却并不是一项简单的事情。其难点主要是相关因子的选择是一个多方案比较的过程,要寻找到合适的相关因子,其工作量比较大;对三变量的相关图,人工目估定线具有较大任意性,成果的效果因人而异,考虑不周的相关线一旦外延使用,可能会出现较大误差;四变量相关图的形式众多,常用的就有 1—2、1—4 象限式、竖列形式、横排式等多种,线条的摆布和排列更为多变,制作难度较大,使用效果也难以保证。

此外,人工定线还需考虑相关线坡度、走向所代表的规律性,是否符合预报对象的水文规律,并不是单纯地以点线配合的误差大小作为唯一标准。

(2) 计算机交互建图。采取交互模式实现相关图建图,其主要的开发技术思路是:概括各种相关图的实现模式,总结出一套各种常用途径的建图形式,使相关图形式比较引向规范化操作;采用以数据率定相关方程,再实行相关方程图形化,并在此基础上,以交互方式实现相关线的交互修正,直到建立符合要求的相关图。对四变量相关图采用 1—2 二象限横排式的规范模式,即以第 2 象限横坐标为主变量,第 2 象限内置第 1 参变量相关线,第 1 象限内置第 2 参变量相关线,第 1 象限横坐标为预报变量。以人工定线的思路处理其中的细微变化,达到与人工建图同样效果。由于五变量以上的相关图目前手工建图作业亦未能解决其非唯一的任意性,出现这种需求时,只能用相关方程进行计算。

现对其中关键环节的技术处理方法择要介绍。

1) 相关因子变量选择的规范化。水文预报上使用的相关图形式之所以千变万化,是由于在实现相同预报目标的条件下,相关因子的选择可以灵活多变。但是概括起来,可以规范为最常见的瞬时变量、时段涨差和河段落差 3 种。

第一种是瞬时变量因子,它是指观测值如水位、流量等都具有很强时间性的相关因子。

第二种是时段涨差因子,它是指在水位、流量的过程预报中,如果以固定时段长度的涨差代替瞬时变量,则可形成一类新的相关图的相关因子。

第三种是河段落差因子,它是指在从上游站预报下游站水位时,改用上下站同时刻或错时的水位落差作为相关变量的因子。

选择不同的相关因子,不仅预报方案的预报效果各异,在实现计算机建图过程中,对数据处理也各有不同要求。进行预报因子的规范化,便于使用共同的程序来处理相关因子的选择和比较。

2) 相关关系的数学形式。实现相关图计算机建图的主要途径,是以相关方程模型的图形化来实现的。相关方程模型主要采用回归方差或差分方程。

回归方程模型最为常用,由于输入变量个数与回归方程本身有线性和非线性的差别,实际建图时,依然比较复杂。

对于一次回归平面,单输入时有

$$y = ax + b \tag{7.1}$$

多输入时有

$$y = a_1 x_1 + a_2 x_2 + \cdots + a_n x_n + b \tag{7.2}$$

式中　x——系统输入;
　　　y——系统输出;
　　　n——输入变量的个数;
　　　a、b——回归常数。

对于二次曲面,n 个输入变量情况,曲面方程的通式记为

$$\begin{aligned} y = & a_1 x_1 + a_2 x_2 + \cdots + a_n x_n + a_{n+1} x_1^2 + a_{n+2} x_2^2 + \cdots + a_{2n} x_n^2 \\ & + a_{2n+1} x_1 x_2 + a_{2n+2} x_1 x_3 + \cdots + a_{3n-1} x_1 x_n + a_{3n} x_2 x_3 \\ & + a_{3n+1} x_2 x_4 + \cdots + a_{4n-3} x_2 x_n + \cdots + a_m x_{n-1} x_n + b \end{aligned} \tag{7.3}$$

当输入为二变量时,式(7.3)右端除 b 外,项数 $m = 5$;当为 3 个输入时,则 $m = 9$ 项。对任意 n 个输入,$m = 2n + C_n^2$(C_n^2 为 n 个元素取 2 个的组合个数)。

在实际建图过程中发现,恰当选择回归方程的相关因子,对于建图效果有很大的影响。于是可以引入逐步回归方法,只使用对建模精度有显著贡献的因子,而舍去贡献不显著的因子,以提高回归方程的拟合精度。

水位(流量)的差分方程模型也较为常见,各种水位(流量)过程预报相关图当实行等距采样时,由于引进了变量的变化率,就从静态的回归关系演变为系统输入、输出的函数关系。这时相关方程就完全可以借鉴系统识别的方法建模。如果使用线性系统模型,对于多输入、单输出带有系统滞时的线性系统,即

$$\begin{aligned} y_k = & a_1 y_{k-1} + a_2 y_{k-2} + \cdots + a_n y_{k-n} + b_{10} x_{1,k} + b_{11} x_{1,k-1} + \cdots \\ & + b_{1n} x_{1,k-n} + b_{20} x_{2,k-\tau_2} + b_{21} x_{2,k-1-\tau_2} + \cdots + b_{2n} x_{2,k-n-\tau_2} + \cdots \\ & + b_{m0} x_{m,k-\tau_m} + b_{m1} x_{m,k-1-\tau_m} + \cdots + b_{mn} x_{m,k-n-\tau_m} \end{aligned} \tag{7.4}$$

如果用 $K = 1 \sim N$ 组观测数据识别此系数,可以写出它的矩阵方程为

$$y_N = \Phi_N \theta + \varepsilon \tag{7.5}$$

其中

$$y_N = [y_k, y_{k+1}, \cdots, y_N]^T$$

$$\theta = [a_1, a_2, \cdots, a_n, b_{10}, b_{11}, \cdots, b_{1n}, \cdots, b_{m0}, b_{m1}, \cdots, b_{mn}]^T$$

$$\Phi_N = \begin{bmatrix} y_{k-1} & y_{k-2} & \cdots & y_{k-n} & x_{1,k} & x_{1,k-1} & \cdots & x_{1,k-n} & \cdots & x_{m,k-\tau_m} & x_{m,k-1-\tau_m} & \cdots & x_{m,k-n-\tau_m} \\ y_k & y_{k-1} & \cdots & y_{k-n+1} & x_{1,k+1} & x_{1,k} & \cdots & x_{1,k-n+1} & \cdots & x_{m,k+1-\tau_m} & x_{m,k-\tau_m} & \cdots & x_{m,l-k+1-\tau_m} \\ \vdots & \vdots & \vdots & \vdots & \vdots & \vdots & & \vdots & & \vdots & \vdots & & \vdots \\ y_{N-1} & y_{N-2} & \cdots & y_{N-n} & x_{1,N} & x_{1,N-1} & \cdots & x_{1,N-n} & \cdots & x_{m,N-\tau_m} & x_{m,N-1-\tau_m} & \cdots & x_{m,N-n-\tau_m} \end{bmatrix}$$

有了式(7.5)各向量、矩阵的表达式,用各种离线识别算法,即可求出式(7.5)的参数向量 θ,实现相关方程的建模。当式(7.4)取一阶显式差分时,就是常用的上下游水

7.2 预报方案编制

位(流量)相关图模型。

其他的水位涨差相关预报图和河段落差相关图同理也可以转换为差分方程模型,不赘述。

3)相关线的绘制和修改。在采用各种系统识别方法计算出相关方程的参(系)数后,采用方程图形化的方式就可将相关线转换为相关图。

初步绘制的相关线图往往在边界、外延走向及与点据的匹配上都会出现不甚理想的地方,为了保持相关图的合理性,必须对初绘线进行交互式修正。

在绘出的相关线上,用曲线拉曳交互绘图技术,对相关线进行调整。每次调整完成后,可重新启动"修正线验算"功能,以建图的点据数为准,将修正线的预报效果与修正前比较,只有修正后的相关线的精度高于未修正者,其修正为有效。修正线能够比用优化方法定线提高精度,是由于修正线以适线为目标,放弃标准曲线(1次、2次、3次)线型的限制。实践证明,在建立相关图过程中,这一措施是必要的。

相关图方案制作还包括一个多方案的比较过程,在完成了一个方案图的比较后,还需在变量选择、相关方程形式等方面作多方案平行比较,以找出本河段最佳的相关图方案。在手工作业时,这一任务很繁重,用计算机建模程序来实现可大大提高工作效率和建图质量。

例如由长江水利委员会水文局开发的相关图建模程序,已在长江、珠江等流域广泛投入生产使用。图 7.1 是在长江监利站建立的洪峰和传播时间预报相关图的外观,图 7.2 是在西江武宣站建立的洪峰水位预报的四变量相关图。由于方案比选工作较深入和广泛,其精度都超过了传统的手工建图方案,实现了取代人工作业的目标。

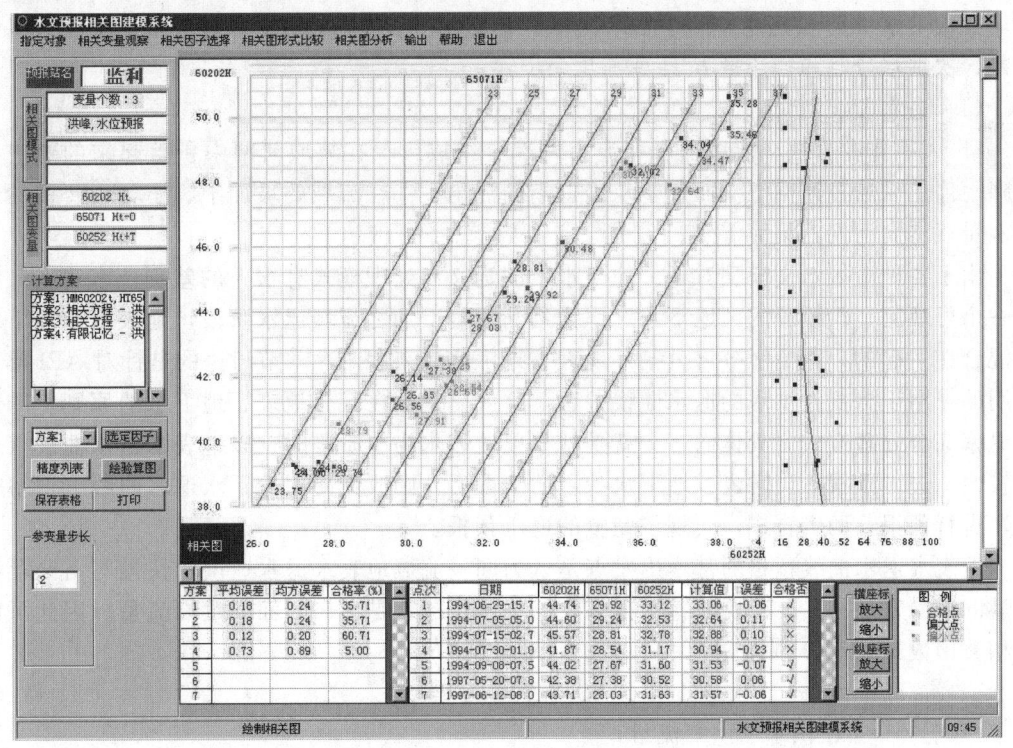

图 7.1 监利站洪峰水位相关图

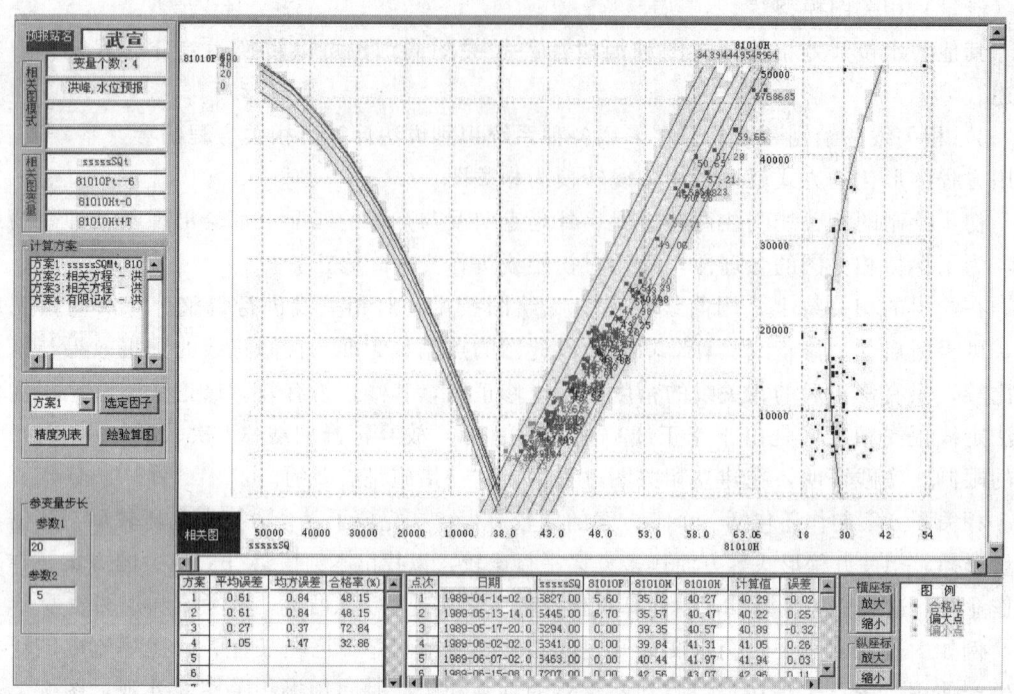

图 7.2 武宣站洪峰水位预报相关图

3. 降雨次洪水径流的分割

在次洪水 API 模型中，为了推求次洪径流量 R 值，大体可分为退水曲线制作、基流分割、次洪水分割和径流量 R 计算等几个步骤。

（1）退水曲线制作。

1）人工作业方法。流域退水径流由两部分组成：①在流域河网中积蓄起来的地表水在降雨停止后通过河网汇流而逐步从出口断面流出；②在流域的坡面上、土壤中暂留的地下水量逐步向河网汇集而流出。

由于各种流域水文模型对于"地下水"的定义和处理模式有很大的差别，客观上又没有一个可观测、供校验的"地下水"作为判断依据，加之流域退水阶段，地表水和地下水是混合在一起的，这给区分（分割）地表、地下水带来困难。本节讨论的是针对 API 模型使用的、用于分割次洪水的退水曲线方法，这就是建立在区分地表、地下水的原则上的快慢退率综合处理方式。具体而言，就是处于以地表水为主阶段时，以地表水退水曲线（退率较快）进行预报；当转入以地下水为主的阶段后，则改为使用地下水退水曲线（退率较慢）进行预报，两者合成，实现了完整的退水预报。

地表水退水曲线预报的基本出发点是认为同一流域地表水退水速度的快慢与河网存蓄水量的多少密切相关，而反映蓄水量多少的一个指标就是出口断面的洪峰流量。因此可以用相关函数式（7.6）来描述

$$Q_t = f(t, Q_m) \tag{7.6}$$

式中　Q_m——本次洪水的洪峰流量；

Q_t——t 时刻的流量。

如果将流域出现的各次峰后基本无雨的洪水过程，以洪峰时间对齐绘于图中，则一般可出现图 7.3 的规律性。

因此，如果制作以 Q_m 为参数的退水相关图可得到如图 7.4 所示形式的关系图。用图 7.4 预报地面水退水，可获有一定精度的成果。

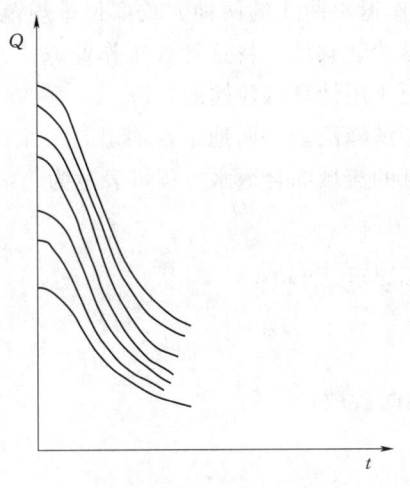

图 7.3　地面退水过程线

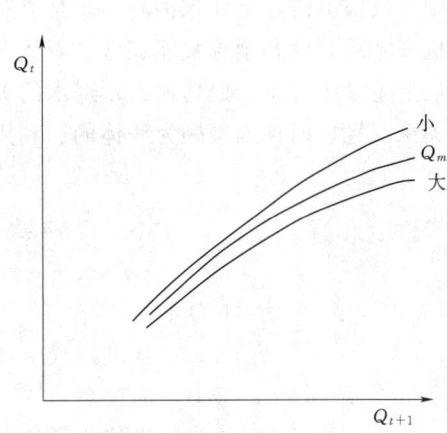

图 7.4　地面水退水相关图

对于以地下水为主的退水曲线，则可用以下的方法绘出相关图。

首先将每场有完整退水过程的洪水尾部通过透明坐标纸平移时间坐标的方式绘制于一张图上，得到如图 7.5 所示的退水过程线叠合图。根据所有退水过程线簇可以寻找出一条下包线，这条线代表着各次退水过程线中消退最慢的一条。如果选用的退水资料有足够的代表性，则可以认定这条下包线就是流域地下水的消退曲线。因为，从理论上讲，由于高于此线的其他线都或多或少地包含着地表水部分，故其消退总快于不包括地表水的地下水退水曲线。

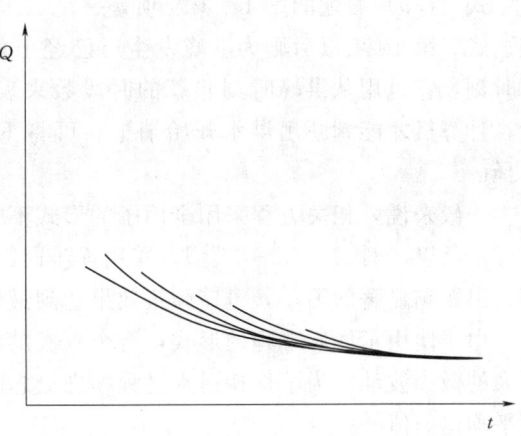

图 7.5　地下水退水过程线

经验表明，这条地下水消退曲线常常呈指数（对数）函数的形式，见式（7.7）和式（7.8）

$$Q_{t+1}=Q_t\mathrm{e}^{-k} \tag{7.7}$$

$$\ln Q_{t+1}=a\ln Q_t+b \tag{7.8}$$

式中　Q_t、Q_{t+1}——t 和 $t+1$ 时刻的流量；

　　　k、a、b——常数。

准确地制作地下水退水曲线或率定式（7.7）、式（7.8）中的各系数的关键，是需要找到图 7.5 的退水下包线。如果只是从历次流域退水过程线中寻找一个平均化的 k、a、b

值,则得到的是地表、地下水混合情况下的平均退水关系。

因此,在传统的手工操作条件下,是将这二者联合进行退水分割的。当洪峰过后,地面退水阶段可用式(7.6)推求;当退水接近地下径流为主时,改用式(7.7)或式(7.8)来推算退水,也可保障退水分割的精度。

2) 计算机率定综合退水回归方程。上述人工制作退水曲线的两种方式都很难规范化,处理中对预报员的经验要求很高,很难克服因人而异的随意性。将这种人工作业方式改用计算机来完成,就必须寻找能综合二者优势,而又便于用计算机建模的方法。

从上述方法可见,处理地面水退水的关键信息是洪峰流量,而地下水消退是一个纯自相关关系,将这两种因素融为一体的、利用完整信息的流域综合退水方程可表达为

$$
\begin{aligned}
z = & a_1 x^3 + a_2 y_1^3 + a_3 x^2 y_1 + a_4 x y_1^2 \\
& + a_5 x^2 + a_6 y_1^2 + a_7 x y_1 + a_8 x + a_9 y_1 \\
& + a_{10} y_2 + \cdots + a_{8+KB} y_{KB} + C
\end{aligned}
\tag{7.9}
$$

式中　　　　　　$z = \ln Q_t$;

　　　　　　　　t——从洪峰($t=1$)起算的时段数;

　　　　　$x = t$——时段数;

　　　　　　　　y_1——洪峰流量的对数($y_1 = \ln Q_1$);

$y_2 = \ln Q_2, \cdots, y_i = \ln Q_i$——第 i 个时段(从洪峰起算)的流量的对数;

　　　　　　　　C——回归方程常数。

式(7.9)右端的第 1~第 9 项是一个二因子(洪峰 y_1 和时段数 t)的完全三次方程表达式,第 10 项以后则为洪峰发生后已经出现的流量过程的数据,KB 为发布退水预报的时刻,它也用从洪峰时刻起算的时段数来表示。因为只有观测流量转退至少一个时段后,计算机才能判断出洪水开始消退。可将 KB 视为待选参数,对不同用途和流域进行选择。

一般来说,相关方程采用全因子的形式不如只采用部分真正贡献突出的有效因子的效果好。所以,对式(7.9)模型,采用逐步回归的算法,自动剔除那些影响不显著的因子,筛选出影响显著的因子,可使预报效果达到最佳。

由于使用了回归方程的形式,有个别次洪水在预报退水过程的尾端可能出现流量幅度不大的微小波动。为了保持退水过程物理概念的合理性,可以用退水尾部数据计算出尾部的平均退率值

$$SDQ = \ln Q_t / \ln Q_{t-1} \tag{7.10}$$

当检查发现尾部出现波动时,便采用 $\ln Q_t = SDQ \cdot \ln Q_{t-1}$ 计算的 Q_t 值,这些处理均可在率定程序中一并完成。

(2) 基流分割。

1) 人工作业方法。次洪水的基流分割方法最为多变,经过长期摸索和比较,以直线分割(平割或斜直线分割)比较简便、客观,较易掌握,在作业预报时回加基流,容易处理,且与建模时的处理相一致,故它逐渐成为最常用的基本方法。

在实践中逐步形成了以控制洪水消退时间为基本控制的斜直线分割方法。即在图 7.6 绘出的次洪水中,以起涨点 a 和地面退水终止点 b 之间连接直线的方式来分割地下水。b

点选定可以按图7.5方式用地下水退水曲线叠合到退水尾部，找出"地面水终止点"来确定，但实际操作发现，b的确定误差很大，难于掌握，故一般对b点的确定可采用控制数值为本流域从洪峰到地面水基本退毕的平均时间T，容易保持操作的客观一致。

T值大小可以参考有关文献中不同流域面积的平均统计值，但最可靠而直观的方法是从本流域的降雨-流量对照过程线上，从峰后无雨的洪水样本上观察并统计T值的大小。如果T值在流域的大、小洪水中变化不大，可使用固定均值。如果受洪峰流量Q_m影响明显，则可将洪水分为几个大小不同的等级，分别统计不同T值来使用。

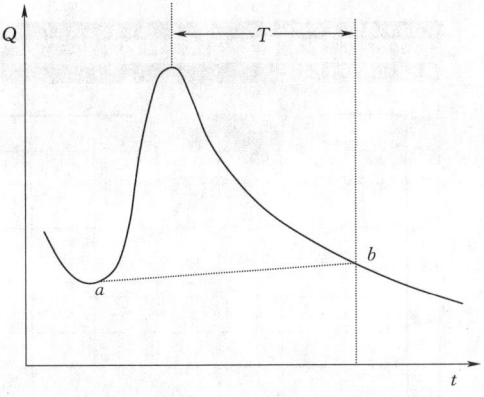

图7.6 地下水的斜直线分割方法

2) 计算机交互作业。在计算机上实现上述作业，采用图形交互方式容易完成。在流量过程线图上，用鼠标指定a、b点（控制T），就可以实现。确定T思路则与人工作业相同。

（3）洪水样本基流的分割。对次洪水样本进行分割的原理，在第4章中已经做了介绍，具体的操作，人工作业和用计算机图形交互作业是相同的，现对照图7.7、图7.8作简要介绍。

表层径流、地面径流合称直接径流，分割洪水的关键在于分割深层径流（基流）、直接径流和地下径流。在多数情况下（尤其是连续洪水），洪水开始起涨时刻的流量由前次降雨所形成的浅层地下水和深层地下水组成，如图7.7左图中A点流量由AE和EG两部分组成，AE是前次洪水的浅层地下水，EG是深层地下水，这两部分与本次降雨无关，

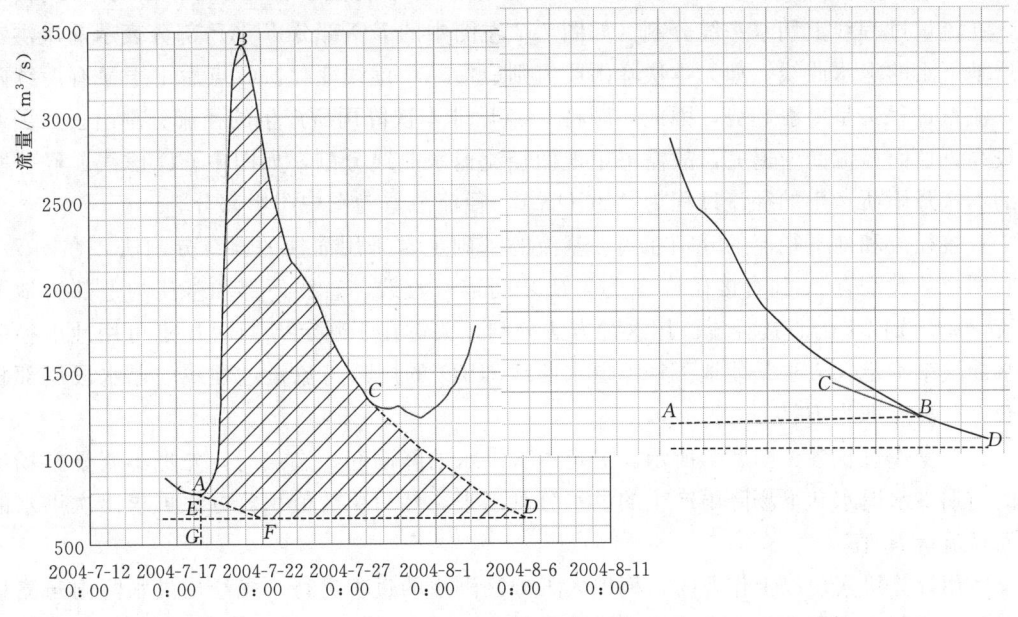

图7.7 径流过程分割示意

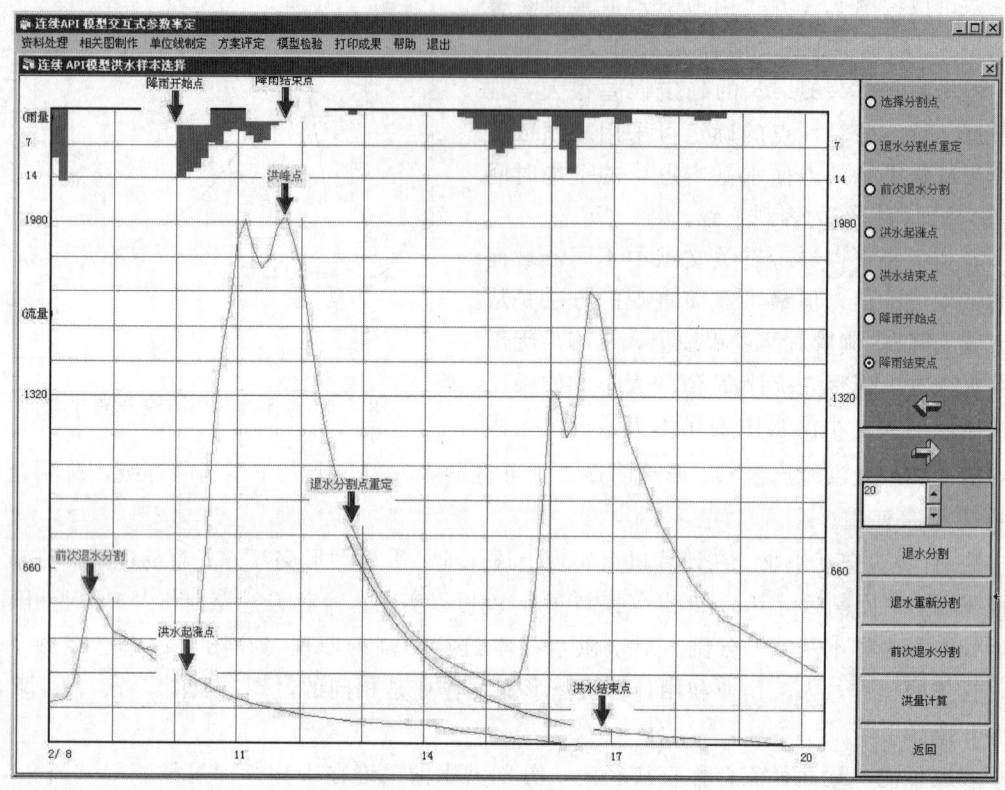

图 7.8 洪水样本交互式分割

应将其分割出去。

深层地下径流一般较稳定，可取历年最枯流量的平均值，也可取本年汛前的最枯流量，在流量过程线上用水平线分割（如图 7.7 左图中的 ED 部分）。AF 部分表示前次洪水浅层地下水的退水曲线，如无本次降雨产流则应沿 AF 虚线变化。C 点后由于又有后续降雨，流量过程又呈上涨趋势，因此，应将 C 点后非本次降雨所产生的径流分割出去。因 C 点较高，地面径流尚未退完，故需采用地面径流退水曲线分割，如图中 CD 虚线，经分割后的本次降雨所产生的径流过程为 $ABCDFA$，径流总量为图中阴影部分。

直接径流和地下径流的分割在割去基流的基础上常采用简便的斜线分割法，在图 7.7 的右图中从起涨点 A 到直接径流终止点 B 之间连一直线，直线下部和基流的上部为地下径流，AB 线以上为直接径流。用这种方法分割，关键在于确定 B 点，B 点可用地下径流退水曲线来确定，方法是使地下径流退水曲线 CBD 的尾部与流量过程线的退水段尾部相重合，分离点即为 B 点。

这一操作过程参见图 7.7 所示。选定本次洪水的降雨起、迄点后，先把不属于本场洪水的前期洪水退水和下场降雨产生的洪水分割出来，然后用数值积分方法可求出次洪水的地面径流量 R 值。

运用计算机实现以上作业时，模拟人工分割洪水的过程进行，先绘出洪水降雨与流量的对照过程图，再实现斜直线或平直线的分割，运用率定好的退水方程计算退水曲线，然后用鼠标拉曳此退水曲线横坐标进行左右移动,使其和已出现的洪水退水线完全吻合,其后续的退水分割就完成了。最后计算一次洪水在地面流量、退水线、基流线之间包围的水量 R 值,即得到本次洪水的径流量 R,如图 7.8 所示。

4. P-P_a-R 相关图定线

(1) 人工作业。将计算得出的次洪水 P-P_a-R 相应数据绘制在图纸上,采用人工目估定线的方法进行作业。

由于相关线的间距、坡度和走向都代表着流域降雨产流的径流系数的变化规律,只有线条分布合理,才能使相关图使用时误差较小,故不能完全用以点线配合的误差作为定线唯一标准。

(2) 计算机交互定线。由于上述定线要求的特殊性,一般采用计算相关方程再图形化的模式定线,再进行人工调整,或者借用相似流域已拟定好的相关线再调整的模式。现在已经开发出以计算机图形交互技术支持的、融合人工作业技术经验的建图程序模块,其工作界面参如图 7.9 所示。具体操作时,需要遵循以下 3 项原则。

1) 以误差较小为优化标准。相关图定线是一个以定线后查算误差较小为客观标准的逐步优化调整过程,。因此,实现计算机交互式定线要在调整相关线的过程中随时可以(设一按钮启动此功能)让程序对于当前的线条与全部入选的相关点据之间配合的查算误差进行复核,并反馈查算的误差、合格率指标,指示出全部点据的正、负误差分布情况,帮助明确线条修改的方向。

2) 相关线的调整先粗后细,逐步到位。传统的 P-P_a-R 相关图的线条从 $P_a=0$~I_m,每 10mm 一条相关线,线条常常很多,如图 7.9 所示。根据经验,首先定好 $P_a=0$、$I_m/2$、I_m 这 3 条线,可以加快定线的进程。三条线的总体位置到位后,再调整其他线。调整的方式分为单点、单线、组线调整 3 种。

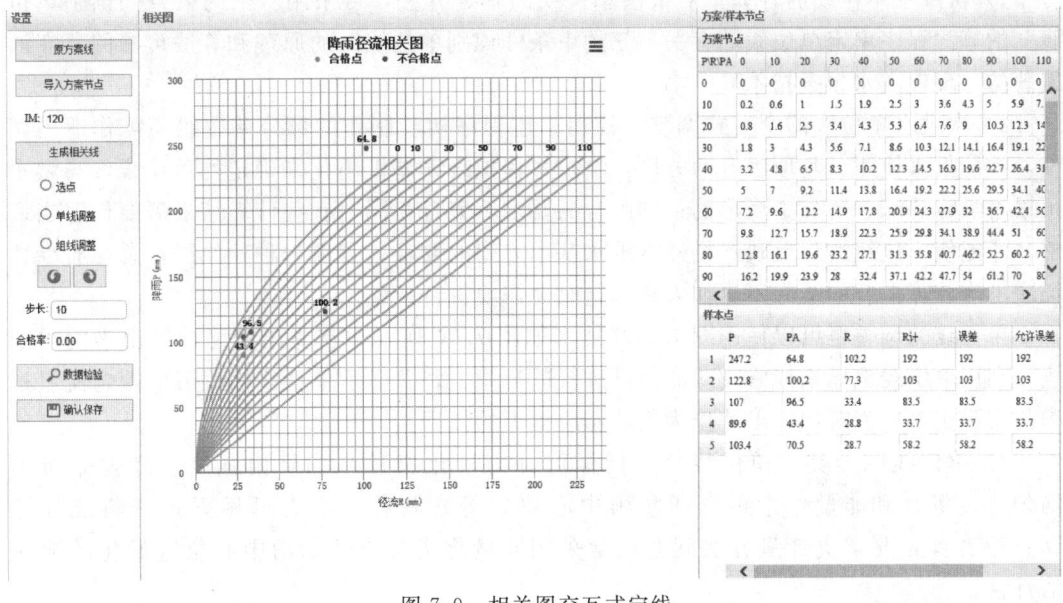

图 7.9 相关图交互式定线

3) 水量平衡检验。API模型的产流参数是否恰当,不能仅从建图的次洪样本的计算误差大小来判断,还需要从全汛期、多年模拟的总体水量平衡有无大的误差来进行检验。计算洪水的累积径流量并与实测值比较,统计误差。如果总体水量平衡误差过大,则应重新调整相关图定线。如果只是个别洪水的偏差,则可深入分析这些突出点据发生的原因。

5. 分类谢尔曼单位线制作

(1) 人工作业。洪水预报中广泛使用谢尔曼单位线进行汇流计算,现简要介绍分析制作的实施步骤。

1) 计算次洪水的单位线。首先,要对选择出来的各次样本洪水分别分析出其单位线。对于孤立洪水过程,分析比较简单,但是分析多时段降雨对应洪水过程的单位线就比较困难,多年实践表明,比较实用而有效的方法主要是试错法,原型单位线法很难找到这种洪水样本,使用直线代数解的分析法所得到的单位线会出现振荡,结果不能直接使用,一般可以将直接代数法分析的结果进行人工平滑,作为试错法的第一条试验单位线,然后再运用试错法进行试算修改。

2) 单位线分类。各次样本洪水的特性不完全相同,故所得到的许多单位线之间有所差别,需要进一步进行分析综合,具体办法是寻找单位线的主要要素(峰高、滞时)与降雨强度、时空分布的指示特征之间的关系,从中分析其变化的规律,然后将指示特征相近的场次洪水单位线集为一类,求其单位线的平均值,即可得到分类的谢尔曼单位线。显然,这是一个需要预报员有丰富实践经验才能完成的艰巨工作。

(2) 计算机制作。从上述人工作业方法可知,分类谢尔曼单位线制作的困难一方面在于推求单位线,另一方面在于分类的经验性和分类指标有些属于非量化的指标,需要进行规范化的设计,才能在计算机上实现。以下按作业步骤进行说明。

1) 次洪水单位线的计算。对次洪单位线的率定方法,可采用"三约束条件识别单位线"的算法程序率定单位线,有关"三约束条件识别单位线"的原理和算法可参阅葛守西编著的《现代洪水预报技术》一书。

2) 次洪水单位线的交互式调整。使用上述程序初步制作的部分单位线还需作适当调整,才能投入使用。其原因有两方面:①按过程拟合误差极小化来确定的单位线,与洪水预报对洪峰的涨、落、主峰形的最佳配合的要求不完全相同,有些计算结果需要作适当调整,才能使单位线达到反映本场样本洪水基本规律的要求;②由于种种原因,总会有少数场次洪水计算拟合的结果不尽如人意,这时更需要进行调整。

单位线的调整也可以使用图形交互技术如图7.10所示,首先绘制已计算出来的单位线,利用单位线鼠标拖拽修改功能即可进行适当调整,并显示单位线修改后的拟合流量过程与实际流量过程对比,以此作为判断修改得失的依据。

3) 单位线的分类。单位线分类指标可分为量化指标(如降雨强度、降雨分布不均匀程度等)和非量化指标(如暴雨中心位置等)两种。前者可用雨量资料统计计算;后者首先要解决计量方法问题,常采用非量化指标中的暴雨中心位置量化的流时估计法。

在谢尔曼单位线分类的常用指标中,暴雨中心位置是非量化指标。采用地图点绘标记

7.2 预报方案编制

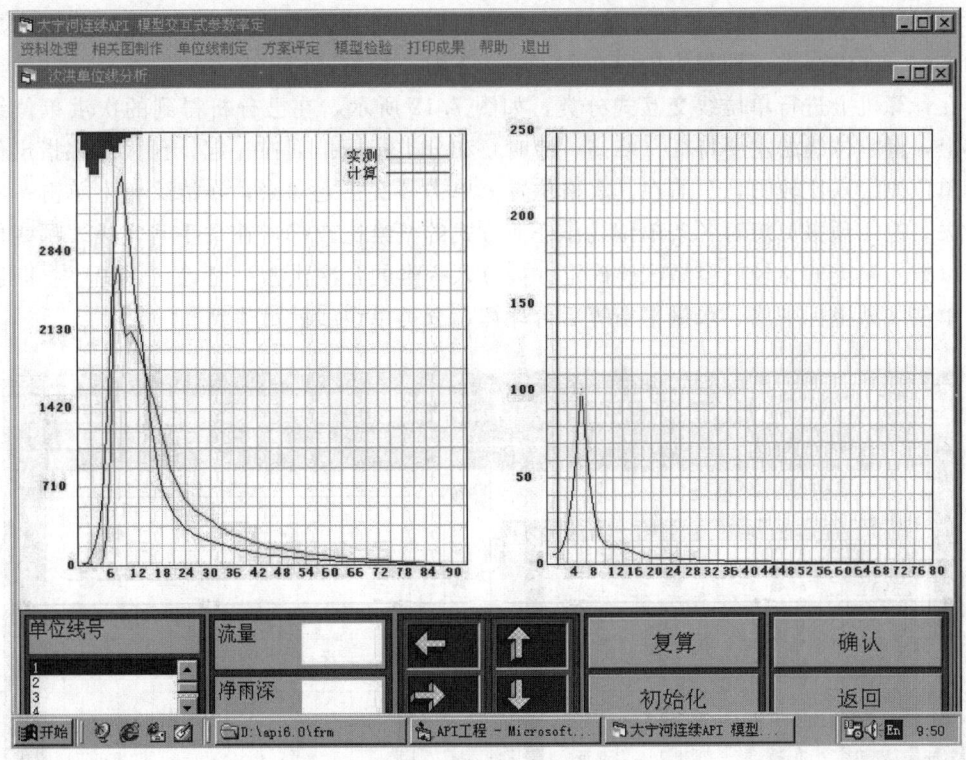

图 7.10　次洪单位线交互式调整

各雨量站的累积雨量，如图 7.11 所示，由技术人员目估暴雨中心位置，单位线分类参数中将此信息输入，确定与之相应的单位线即可。

有一些非量化指标经过处理，也可以当作量化指标来使用。例如，将流域的上、中、下游属区数量化为1、2、3，将这样的划分落实到雨量站，再制定"主雨区"的控制指标

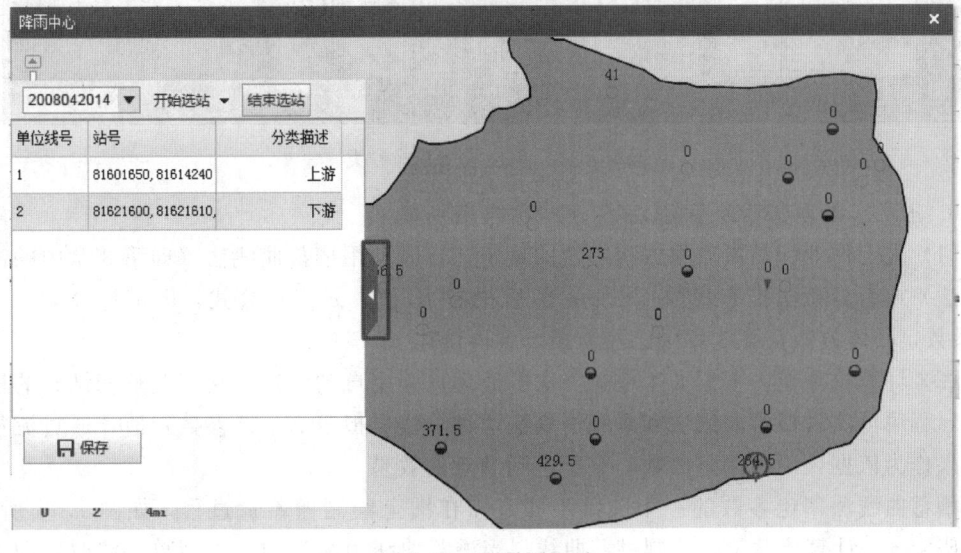

图 7.11　雨量图显示

（如其雨量大于流域平均雨量的 2 倍），这就可以通过对分区雨量的统计，划出次洪水单位线的 1、2、3 的属类（即暴雨中心在上、中、下游、均匀）。

在计算机上进行单位线交互式分类，如图 7.12 所示，在已分析得到的次洪单位线的清单上，将单位线的主要特征（峰高、滞时）和分类指标排列在一起，预报员想指定任何一条单位线绘入比较图，只需在其表格位置上单击一次招之即来，在清除钮上单击一次挥之即去。这样预报员想对各条单位线作任何方式的叠绘比较都可在举手间完成。哪些单位线可以划入一类的比较就容易试验确定。被分入一类的各次洪水一旦确定，程序立即进行各条单位线纵坐标平均、水量平衡等后台计算，分类单位线就可得到。

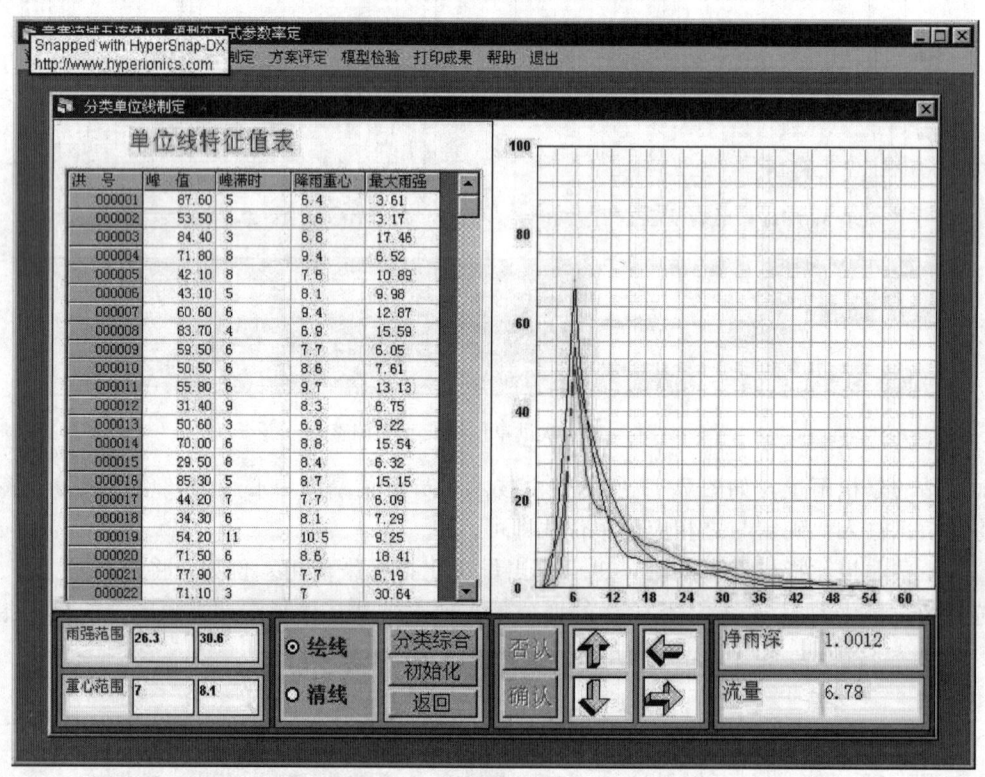

图 7.12　单位线交互式分类

6. 马斯京根方程参数率定

（1）人工作业。马斯京根方程参数的确定，首先利用槽蓄曲线法（即第 3 章中的试算图解法）或者分析法推求参数 K、x，然后根据 K 值、x 值和公式，即可计算 C_0、C_1、C_2 系数，具体方法在第 3 章中已经介绍，不再赘述。

（2）计算机率定。根据人工作业方法的原理，采用自动率定与交互调整相结合的模式进行，程序可实现槽蓄曲线法和系统识别法两种算法，拟定 K、x 参数初值，通过流量拟合结果作为依据，不断调整参数，直至达到满意的效果。

槽蓄曲线法率定参数的一个关键步骤是需在图上绘制槽蓄量过程，如图 7.13 所示，不断假定 x，计算槽蓄量，绘制槽蓄曲线，当槽蓄曲线由绳套转为近似单一线时，即可根据单一线坡度得到参数 K。

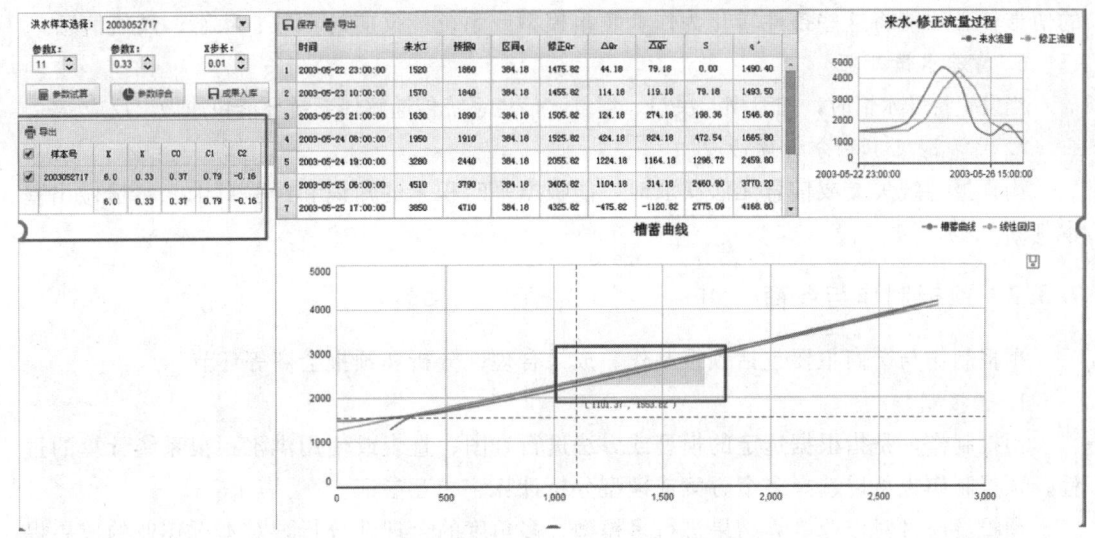

图 7.13　槽蓄曲线法率定 K、x 参数界面

7.3　实时作业预报

作业预报的主要环节包括：水雨情信息的处理、预报制作、预报成果的分析和会商、预见期预报降雨的使用、预报的发布和滚动修正、预报结果误差评定和经验总结等。

7.3.1　数据预处理

雨水情信息预处理的任务较多，大致可以归纳为以下几类。进行作业预报，要根据具体情况采用不同的方法处理。

1. 实时资料预处理

实时资料预处理的内容包括资料的检验纠错、等时段处理、按时序内插和按空间插补等。

2. 实测资料同化

以降水为例，雨量站观测资料、雷达观测资料、卫星云图估算资料、定量降水预报产品等资料需要进行同化处理，即按一定的格式、质量、时段要求将这些资料融为一体。

3. 资料系列补齐

对洪水预报的目标而言，制作和发布预报往往是指标特征（如强降雨发生或上游洪峰流量）出现时，如果使用水文预报模型或方法进行计算，往往需要完整的过程资料，即需要将降雨或流量过程数据补齐。

4. 非数值化产品处理

比较突出的情形是降雨预报成果以文字形式或等值线形式给出，需要进行数值化处理或将定性值定量化处理，并分配到具体的产汇流单元上。

5. 特定边界或初始条件处理

当为决策服务时，往往会遇到上级领导给出特定边界或初始条件下进行预测预估分析的情形，必须能将这些条件转化为作业预报模型或系统能反应的参数、状态、阈值信息。

6. 特殊水情处理

当发生特殊水情时，如溃坝、决口、堵复，信息系统传递解译系统要能快速做出反应。

7. 异常情况下的分析预估

当预报系统失灵或信息无法获取时，能根据平时积累的知识和经验对未来水情做出基本判断。

7.3.2 预报制作与会商

预报制作与会商主要包括预报制作、成果合理性分析和预报会商等环节。

1. 预报制作

预报制作，是指根据选定的模型或方法进行查图、查表或使用洪水预报系统计算的过程。预报制作也可以选择多个方案或模型分析计算、相互参证。

预报员通过对作业推算结果进行多模型、多角度的合理性分析，对本次作业的成果提出综合预报意见，并对结果的可靠程度、可能的误差进行初步判断。

2. 需要注意的问题

大量的实践经验表明，在预报制作、成果合理性分析、预报会商工作中，有一些技术问题需要特别注意。

（1）本次预报（洪峰）中，已归槽的水量所占的比例多大？带区间的河道汇流中，区间降雨径流预报水量占河道来水比重多大？由于江河汇流预报误差远小于降雨径流预报，故上述比例大小对预报员判断本次预报的可靠性至关重要。

（2）主要使用的模型预报结果的历史表现如何？可靠性高或低？曾经出现过的较大误差是在什么情况下发生的？

（3）本场洪水多个模型的预报结果之间，变化幅度有多大？其出现差异的情况与历来使用时的结果有无突出的疑点？如有疑问应进一步对该计算值的可靠程度作深入考究，以防止干扰决策。

（4）各种分析模式、涨率，涨差变化规律的再分析之间有无重大变异？其对预报成果的把握有什么导向性的指向，这一提示是否可靠？

（5）与量级相近的历史洪水进行比较，比较其主要影响因子的异同，分析本次预报结果有无不合理之处。

（6）预见期内降雨预报的恰当使用。由于定量降雨预报的技术还不成熟，因此使用预报的降雨量于洪水预报时就有成功和失败两种可能性。为了不让使用预报降雨量发布的洪水预报影响防洪决策和调度，将考虑和不考虑预报降雨的结果都明确告知用户是必要的，以便用户做好当预报降雨量与实际降雨量有重大出入时的防范措施安排。

只有通过对预报成果多角度的分析，预报员才能对预报结果的可靠性做出正确判断，并根据可靠程度的高低，确定发布策略，即预报值是否需预留变化空间和预留多少空间。

为了做好预报工作，需要建立会商制度，不仅本单位各预报员需要会商，不同单位、关注同一预报对象的水情人员都应创造条件参与会商。由于每个预报员（或单位）的经验多少不同，对同一现象的个人感知也不尽相同，对于异常复杂洪水影响因素的把握便会出现较大差异。

要实现高质量的会商，坚持"言之有据"的原则十分必要，对于任何人的不同预报意见，都必须言之有据，并记录在案，让历史检验。即使当时决策有误，事后也才能够真正总结出有价值的经验来。

7.3.3 降雨预报使用

在汛期洪水发生、发展的过程之中发布预报，不可避免地要涉及到处理预见期内降雨问题，特别是发布预见期较长的大江大河的预报，预见期内降雨使用不当（用大或不用）都会导致预报失败。

当前，国内外已有将气象卫星、天气雷达、常规气象观测资料相结合的暴雨监视和短时预报直接输入洪水预报模型的应用案例，可实现预报时效几个小时到十几个小时的洪水预报，取得较好的应用效果。另外，为进一步延长预见期和提高洪水预报精度，以加强高时空分辨率数值天气模型应用为基础，尝试直接或采用一定有效降雨尺度处理手段将水文、气象模型进行耦合试验，实现将降雨预报在洪水预报上的有效应用，这也将是今后水文预报发展的一个重要方向。

随着国内外大气监测和预报技术、3S遥测遥感技术和计算机技术等迅猛发展，数值天气模型、自动气象站、雷达、卫星云图、GPS/Met等相结合可实现对未来几小时至一周或更长时间内降水变化的预测，上述技术基础和条件为今后进一步提高洪水预报精度、延长预见期提供了一种强有力的技术手段。

限于气象科学的水平，气象科学尚不能提供较长预见期内满足一定精度要求的定量降雨预报（QPF）。特别是对预见期内降雨落区预报的误差，对一个小流域常形成有与无的相反结果，对水文预报将可能造成极为严重的后果。因此，水文预报员在使用降雨预报数据时，从技术层面上应注意以下问题。

（1）了解本次降雨量预报的天气背景。降雨属于过程性降雨或是局部地方性降雨？本次降雨的天气过程（冷、暖锋，槽，涡等）的尺度有多大？影响本预报流域是其主雨中心或是过程边沿？天气过程未来发展的趋势及其可靠程度（向预报单位预报员了解）。这对于如何使用QPF是很必要的。

（2）考查预报降雨在本次天气过程中的发展阶段。是降雨刚开始？或是在过程之中或已近尾声？这对使用QPF的掌握有好处。

（3）衡量预见期降雨量使用对发布本次洪水预报的影响程度，如属于影响不大或基本无影响，对QPF可不考虑和少考虑。

（4）对于必须谨慎对待的QPF，要按不同预见期的数据做出区别对待。目前短时（数小时至半天）预报的可靠性较高，但预见期越长，可靠性越低。由于预见期较长，出现新变化的可能性大，同时洪水预报通过滚动修正的机会也多。故对较长历时的QPF，实际使用时要相当慎重（当然，对于各种匡算，作为各种可能性分析时，则另当别论），这是总结多年来使用经验的结论。其中包含的内涵是：气象预报员预报的雨量量级（小、中、大、暴）多侧重于点（县级气象站），而洪水预报使用的是面雨量，面平均的结果常常小于点雨量；对暴雨空间分布的多年研究表明，暴雨区范围内仍存在空间分布不均的现象，观测到的雨量站值转化为面平均，均有不同程度的缩小。

总之，通过对 QPF 制作过程的深入了解，使水情预报员对定量降水预报得到全新的认识，对于把握好、使用好 QPF 非常必要。

7.3.4 实时校正

在数十年的洪水预报实践过程中，预报员一次又一次地面对预报对象出现的各种洪水，使用预报模型进行计算分析，一次又一次地从出现结果和预报的比较对照中思索其原因，积累着经验，并运用到下一次预报上，这是长期以来预报员提高洪水预报精度的唯一有效途径。所积累的经验是十分宝贵的财富。但由于这些对模型计算成果进行实时校正的方法和经验不可避免地与具体预报对象、预报方法相关联，并有着很深的个人体验的烙印，故行诸文字者便很少。

实现洪水预报计算机作业后，面对的新问题是，如何继承和发挥多年来积累经验的作用，并使之逐步计算机化，需要设计行之有效的交互式现实校正的模式。这就要求要逐步地总结经验，使个别的经验上升到理性的高度，且使其操作规范化，这就成为发展作业预报技术的一个重要课题，值得探讨。

当洪水预报值的实测值已经获取，该预报值的误差即为已知，利用这一信息（简称"新息"，innovation）做反馈计算，对数学模型或使用预报方案的参数或结果进行修正，即为"实时校正"。通俗地说，实时校正就是实时预报模型（方法）中的校正功能部分，它与传统水文预报的"现实校正"目的相近。但水文上这一常用的"现实校正法"是人工作业的理念方法，并不是计算机科学尚严格意义下的"实时校正"。二者不宜划等号。水文现实校正的专业意义远广于计算机科学的实时校正技术，后者不能取代前者。

1. 传统的实时校正方法

对各种传统的实时校正方法进行归纳和剖析，发现它们大体上是从以下几个途径对特定流域、特定预报方法进行判断和校正处理。

（1）特殊规律和一般规律的差异。用历史水文资料编制的洪水预报方案代表的是洪水一般性、平均化的规律，而每一场洪水却有自身产生、变化的独特规律。这种差异性的存在便是实时校正发挥作用的空间，也是预报员认识具体流域、具体洪水规律和特性的钥匙。

（2）非方案因子影响的考虑。由于影响洪水变化的因素太多，为了寻找规律，任何预报模型都必须对影响预报对象洪水出现结果的影响因子进行筛选，找出主要因素，以便建立其预报模型。因此，不可避免地使预报模型留下缺憾。而当某些特定洪水发生后，一般情况下的次要影响因素突显其作用，对预报将会造成巨大的误差。预报员从总结历史洪水预报失败的教训中，寻找到处理类似情况的经验，可以在下一场类似的洪水发生时，及时进行实时校正，以达到提高精度的目的。

（3）利用误差出现具有一定的延续性的规律，从前一次预报后实际出现的误差状况，对本次计算的预报值找到校正的方向。这种处理思路非常类似于新息校正处理，只是它不采用数学模型，而是用预报员的经验来处理。

（4）寻找判断当前洪水大小的参证依据。寻找方向有：历史上曾经出现过与当前洪水有相似性或类似因子的洪水；寻找本流域内或相邻的子流域，在同一场暴雨下洪水的先期反映。它们的因果关系和洪水出现结果都可以构成参证系,对本场洪水计算值的偏离倾向起辅助判断作用。

(5) 合理性的综合判断。对于来水情势、影响因子极为复杂的流域和洪水,不能单从一个因子、一种角度进行分析判断,而是进行合理性的综合判断。这对预报员的基本功和灵活运用已有经验的要求很高。一般情况下,这是在洪水预报的综合会商阶段实施的,可以凭借集体的智慧,弥补个人经验之不足。

2. 计算机自动校正技术

(1) 相关图计算机查算。

1) 新息常量外推法。用计算机查算相关图只需将相关线节点读入程序,再采用一元三点插值或二元三点插值,就可以得出查算值。但是,这与作业预报中预报员的查算有一定差别。在 20 世纪 80 年代,有人尝试对算法进行改进,把发布预报时刻的输出值也当做预报的对象,用前期输入值查算一次,可以得到"新息"(发布预报时刻的预报值与实测值之差)。如果假定在预见期内,水情条件变化不大,那么新息代表的误差将可能持续下去。把此新息值(正或负)加到直接查图的预报值上,即得到校正后的预报值。这种方法可以由计算机自动地完成,称为新息常量外推法。在 1994 年研制长江中下游洪水联机实时预报系统上也安装了这种方法模块,它向预报员提供了一种可以参考的结果。

2) 新息趋势外推法。认为新息是常量的新息常量外推法在考虑预报员查相关图的思考过程时过于简单化。尝试对此算法进行改进,研制了能进一步模仿预报员查图思维方式,寻求新息随预报量变化的趋势规律的方法,称为新息趋势外推法。

(2) 新息直接校正法。在编制预报程序时,将预报发布时刻 t 的预报对象值(已出现,有观测值)作为预报对象。这样可以把 t 时刻的"新息"计算出来。直接用新息 ΔZ 作为改正值,对原预报计算值进行改正。在连续预报作业中,常以预报时刻前 M 个时段新息的平均值作为下一个预报值的改正值。改正值究竟要使用多少时段的新息进行平均,才能使采用的改正值比较能代表前期模型值计算与实测值之间偏差的大小,一般可采用有限记忆在线识别方法。这种校正处理很容易在计算机上实现。

(3) 残差序列预报模型。将每个时段的预报对象的预报值记录下来,与实测值相减,可以得到一个本模型预报的新息(残差)时间序列。对这个残差序列来建立一个自回归模型,用以外推预见期内的预报误差,将其叠加到模型预报过程上,就可以得到校正后的预报值。在国外,此方法较为常用。

3. 人机交互校正方法

传统的现实校正方法包含着多年积累的宝贵经验,但它依赖预报员经验进行手工作业,效率过低。用计算机直接进行校正时,研究的项目、功能范围较有限,尚不能满足使用需要。

因此,将经过实践证明的、行之有效的校正处理方法进一步概括、提炼,形成更为规范的操作方式,并在计算机上开发交互式校正模块,使之在作业预报需要时应用,这是在当前技术水平下运用预报员经验提高作业预报精度的有效途径。

为了做好作业预报,预报员必须掌握下述方面的知识或信息:

(1) 收集和熟悉预报对象流域的历史水文资料,了解预报对象洪水变化的一般和特殊规律。

（2）熟悉预报对象流域已编制的各种预报方案的方法、模型性质、编制检验情况、存在问题。

（3）掌握作业预报中使用的各种硬件设备和软件的使用方法，故障的诊断和排除技术。

（4）熟悉行业各种技术规范和各项技术要求与管理规定。

（5）了解影响当地水文过程的主要天气系统或气候背景。能读懂天气图或能解析数值预报产品制作原理和历来的应用情况，能对主要天气预报产品的成果质量有独立的判断。

7.4 预报精度评定

7.4.1 预报误差原因分析

水文要素预报值与实测值之间往往存在一定的误差，通常称之为预报误差。预报误差是客观存在的，其产生的原因主要有以下3个方面。

1. 量测误差

实测的降水、蒸散发、水位、流量、冰情、气温、辐射、风速、湿度、日照和云量等水文气象信息及地形、地貌、土壤、植被以及河流、湖泊、沼泽特性等下垫面信息是研制水文预报模型和水文预报方案或进行作业预报的主要依据，在现有站网、仪器设备、观测条件下，各种信息的时空变化是难以准确反映的，加上受自然因素等客观条件的影响，势必会造成各种信息的量测误差。

2. 预报方法误差

由于流域水文系统的复杂性，使得普遍适用的预报模型或预报方法（以下简称预报方案）几乎难以寻觅，现有的预报方案仅能模拟客观现象的主要规律。因此，某些次要因素往往在建立预报方案时根据人们对客观水文规律的认识和了解，或多或少地加以近似、概化，甚至于被忽略。用近似或概化后的结构和相应的数学表达式去描述某些层次的水文过程，必然产生预报误差。比如，可能将非线性现象要概化为线性现象；将某些随机性因子近似作为确定性因子描述等带来的误差。另外，在进行水文气象要素计算过程中，由于采用的计算方法不够严密等原因也会产生误差，如进行水文资料整编中，因为水位流量关系曲线的误差使流量计算值产生误差。

3. 资料代表性误差

虽然在编制预报方案时，人们一般都会选择既具代表性，又有足够样本容量的实测水文资料系列，但由于强烈的、日新月异的人类活动的作用，随时随地在改变着水文的自然规律，使观测到的水文气象资料代表性不够，有些资料还可能受到"污染"，由有限资料或受到"污染"的资料分析得出的水文规律，确定的模型参数以及相应的预报方案，难以充分反映总体的和未来的水文规律，会产生误差。

由上述可知，造成水文要素预报值与实测值之间误差的因素很多，若针对某一个单一的因素，它们一般是难以描述或预见的，故而水文上通常将预报误差作为偶然误差。事实上，在预报方案和预报作业中，无论作为依据的实测值（输入自变量），还是预报值（输出的依变量），都在不同程度上存在着上述3项误差，而且预报值除自身的误差外，必然还包含了自变量误差所带来的影响。随着水文资料系列的不断积累延伸，现代技术在水文测报中的不断广泛应用，水文科学基本理论的不断发展，预报精度将会不断提高，预报误差也会逐渐减少，但要完全消除误差也几乎是不可能的事情。

7.4.2 洪水预报精度评定

洪水预报精度评定应包括预报方案精度等级评定、作业预报的精度等级评定和预报时效等级评定等。洪水预报精度评定的项目应包括洪峰流量（水位）、洪峰出现时间、洪量（径流量）和洪水过程等。可根据预报方案的类型和作业预报发布需要确定。

1. 预报误差评定指标

洪水预报误差可采用以下3种指标：

（1）绝对误差。水文要素的预报值减去实测值为预报的绝对误差。多个绝对误差绝对值的平均值表示多次预报的平均误差水平。

（2）相对误差。绝对误差除以实测值为相对误差，以百分数表示。多个相对误差绝对值的平均值表示多次预报的平均相对误差水平。相对误差绝对值与百分之百的差值为准确率。

（3）确定性系数。洪水预报过程与实测过程之间的吻合程度可用确定性系数作为指标，按式（7.11）计算

$$DC = 1 - \frac{\sum_{i=1}^{n}[y_c(i) - y_0(i)]^2}{\sum_{i=1}^{n}[y_0(i) - \overline{y}_0]^2} \tag{7.11}$$

式中 DC——确定性系数（取2位小数）；

$y_0(i)$——实测值；

$y_c(i)$——预报值；

$\overline{y}_0$——实测值的均值；

n——资料序列长度。

2. 许可误差

许可误差是依据预报成果的使用要求和实际预报技术水平等综合确定的误差允许范围。根据预报方法和预报要素的不同，对许可误差作如下规定：

（1）洪峰预报许可误差。降雨径流预报以实测洪峰流量的20%作为许可误差；河道流量（水位）预报以预见期内实测变幅的20%作为许可误差。当流量许可误差小于实测值的5%时，取流量实测值的5%，当水位许可误差小于实测洪峰流量5%所对应的水位幅度值或小于0.10m时，则以该值作为许可误差。

（2）洪峰出现时间预报许可误差。峰现时间以预报依据时间至实测洪峰出现时间之间时距的30%作为许可误差，当许可误差小于3h或一个计算时段长，则以3h或一个计算时段长作为许可误差。

（3）径流深预报许可误差。径流深预报以实测值的20%作为许可误差，当该值大于

20mm 时，取 20mm；当小于 3mm 时，取 3mm。

(4) 过程预报许可误差。过程预报许可误差规定如下：

1) 取预见期内实测变幅的 20% 作为许可误差，当该流量小于实测值的 5%，当水位许可误差小于以相应流量的 5% 对应的水位幅度值或小于 0.10m 时，则以该值作为许可误差。

2) 预见期内最大变幅的许可误差采用变幅均方差 σ_Δ，变幅为零的许可误差采用 $0.3\sigma_\Delta$，其余变幅的许可误差按上述两值用直线内插法求出。

当计算的水位许可误差 $\sigma_\Delta > 1.00\text{m}$ 时，取 1.00m，计算的 $0.3\sigma_\Delta < 0.10\text{m}$ 时，取 0.10m。算出流量许可误差 $0.3\sigma_\Delta$ 小于实测流量的 5% 时，则以该值为许可误差。变幅均方差按式 (7.12) 计算

$$\sigma_\Delta = \sqrt{\sum_{i=1}^{n}(\Delta_i - \overline{\Delta})^2/(n-1)} \tag{7.12}$$

式中　σ_Δ——变幅均方差；

　　　Δ_i——预报要素在预见期内的变幅；

　　　$\overline{\Delta}$——变幅的均值；

　　　n——样本个数。

3. 精度评定标准

预报项目的精度评定作如下规定：

(1) 一次预报的误差小于许可误差时，为合格预报，合格预报次数与预报总次数之比的百分数为合格率，表示多次预报总体的精度水平。

$$QR = \frac{n}{m} \times 100\% \tag{7.13}$$

式中　QR——合格率；

　　　n——合格预报次数；

　　　m——预报总次数。

(2) 预报项目的精度按合格率或确定性系数的大小分为 3 个等级，预报项目精度等级按表 7.1 规定确定。

表 7.1　　　　　　　　　　　预报项目精度等级表

精度等级	甲	乙	丙
合格率 $QR/\%$	$QR \geqslant 85.0$	$85.0 \geqslant QR \geqslant 70.0$	$70.0 \geqslant QR \geqslant 60.0$
确定性系数 DC	$DC \geqslant 90.0$	$90.0 \geqslant DC \geqslant 70.0$	$70.0 \geqslant DC \geqslant 60.0$

4. 预报方案精度评定

(1) 当一个预报方案包含多个预报项目时，预报方案的合格率为各预报项目合格率的算术平均值，其精度等级仍按表 7.1 的规定确定。

(2) 当主要项目的合格率低于各预报项目合格率的算术平均值时，以主要项目的合格率等级作为预报方案的精度等级。

5. 作业预报精度评定

(1) 作业预报精度用预报误差与许可误差之比的百分数作为分级指标，作业预报精度

等级按表 7.2 规定确定。

表 7.2　　　　　　　　　　　作业预报精度等级表

精度等级	优秀	良好	合格	不合格
分级指标/%	分级指标≤25.0	25.0<分级指标≤50.0	50.0<分级指标≤100.0	100.0<分级指标

一段时期或一个汛期作业预报的优秀率、良好率、合格率用高于和等于各个精度等级的预报次数占总次数的百分率统计。

（2）洪峰预报时效用时效性系数表示

$$CET = EPF/TPF \tag{7.14}$$

式中　CET——有效性系数（取 2 位小数）；

EPF——有效预见期[指发布预报时间至本站洪峰（或预报对象）出现时距，取 1 位小数]，h；

TPF——理论预见期[指主要降雨停止或预报依据要素出现，至本站洪峰（或预报对象）出现的时距，取 1 位小数]，h。

单河段（流域）洪峰预报时效等级按表 7.3 规定确定，当 $CET>1.00$ 为超期预报，它是在洪峰预报依据要素尚未出现时发布的洪峰预报，预报时效达不到丙级者为时效不合格，水位流量过程预报的时效也可用预见期最长的预报值比照洪峰预报时效等级规定确定。

表 7.3　　　　　　　　单河段（流域）洪峰预报时效等级表

时效等级	甲（迅速）	乙（及时）	丙（合格）
时效性系数 CET	$CET \geq 0.95$	$0.95 \geq CET \geq 0.85$	$0.85 \geq CET \geq 0.70$

同时，各时效等级 CET 的计算，以作业耗时值 dh（包含水情信息接收处理时间，$dh = TPF - EPF$）的下列之为上限，即甲级不大于 0.6h，乙级不大于 0.8h，丙级不大于 1.0h。

（3）河系连续预报则按河系预报发布的最长预见期直接用作业耗时值作为时效等级标准。河系连续预报时效等级按表 7.4 规定确定。

表 7.4　　　　　　　　河系连续预报时效等级　　　　　　　　单位：h

时效等级	甲（迅速）	乙（及时）	丙（合格）
发布预见期≤48	$dh \leq 1.0$	$dh \leq 1.5$	$dh \leq 2.0$
发布预见期>48	$dh \leq 1.5$	$dh \leq 2.0$	$dh \leq 2.5$

7.4.3　枯季径流预报

江河水位、流量过程预报的许可误差，可参照洪水过程预报许可误差计算中第（1）条进行计算。某时段径流总量的精度评定，可用实测值 20% 作为许可误差。

枯季径流预报方案和作业预报精度评定可参照洪水预报的相关规定执行。

本 章 小 结

预报方案编制主要包括预报对象查勘、调研、资料收集、模型方法选择及参数率定、精度评定、成果提交等方面的内容,并对预报方案编制所使用的资料、提交的成果以及方案更新等方面做出规定。

预报方案参数率定分人工和计算机两种模式,不管是哪种模式均以模型原理为基础。计算机实现模型参数率定可提高方案编制效率。

实时作业预报包括数据处理、预报制作、预报成果合理性分析、预报会商等环节,每个环节均非常重要。为保证预报成果精度,预报过程中还需进行交互分析和实时校正。

预报精度评定包括方案精度评定和作业预报精度评定两方面,评定方法和要求按照《水文情报预报规范》(GB/T 22482—2008) 相关规定。

思 考 与 练 习

7.1 简述预报方案编制的主要工作内容及相关要求,预报方案编制后应提交哪些成果?

7.2 简述不同类型水文预报常规采用的模型和方法,选择和使用预报模型和方法应遵循的一般原则。

7.3 模型参数率定方法的分类及各类方法的优缺点。

7.4 简述作业预报的基本要求及主要信息预处理任务。

7.5 简述预报制作与会商的主要环节。

7.6 预报员在使用降雨预报数据时,应从技术层面上考查哪些问题?

7.7 简述产生预报误差的主要原因。

7.8 洪水预报精度评价的误差评定指标有哪些?如何计算预报要素的许可误差?并简述洪水预报的精度评定标准和评定方法。

第8章 水情业务系统

8.1 概　　述

8.1.1 水情业务系统概念

水情业务系统是指各项水情业务处理通过计算机软件与互联网集合起来的一个综合体，其主要功能是能使水文情报预报工作的各个环节更加快捷，它是水文情报预报工作有力的支撑工具。水情业务系统把水情业务人员从繁琐而巨大的手工劳动解放出来，并且为新的预报技术的运用创造了物质条件，是实现水文情报预报信息化和现代化的最好途径。

水情业务包括水情信息采集、传输、处理、预报、会商、服务等内容，其中水情信息采集、传输、处理等工作环节由于技术不断发展，目前已建立有水情自动测报系统，而水情预报、会商、服务等内容则随着服务对象和服务领域的不同，需求不尽相同，即使是同一需求不同研制者开发的系统功能也不完全相同。因此，不同单位水情业务系统的功能差别较大。但总体来看，目前以防汛抗旱为主体的水情业务系统的基本功能正随着服务需求的逐渐明确而不断丰富和完善，主要区别在于应用的计算机技术和系统需求范围的不同。

8.1.2 水情业务系统内容

根据水文情报预报工作包括水文情报、水文预报、水情服务和管理等内容的实际需要，结合目前已经开发的水情业务系统，特别是水利部水文局组织开发的基于全国水情管理需要的水情业务系统、中国洪水预报系统以及长江水利委员会水文局基于长江防洪预报调度开发的长江防洪预报调度系统的成功经验，一个较为完善的水情业务系统至少应涵盖以下内容。

1. 水情值班管理

水情值班管理主要是为了保证水情值班工作的连续性，用于水情日常值班的业务处理，实现值班工作的计算机和信息化。包括传真和邮件的管理，水情信息的时效性和质量管理，值班日志管理，防汛雨水情和旱情短信、各类水雨情文字材料的处理、发布等。

2. 信息查询监控

信息查询监控用于实时雨水情、旱情信息的实时监控报警、查询和分析，为各级领导掌握汛情和旱情提供数据支撑。包括雨水情信息的实时监控，基于测站、时间、阈值和排序等多种条件选择方式的雨水情信息查询，各类雨水情报表和等值线、等值面图型的生成，特定的雨水情信息统计与分析等。

3. 洪水预报作业

洪水预报作业是完成从数据分析处理、模型选择、参数率定、实时作业预报、交互分析和成果输出的整个过程，将预报计算、分析与预报信息的发布服务联为一体。并具有根据预报流域状况和业务需求，融合调度方案分析制作等功能。

4. 水情会商发布

水情会商是防汛抗旱决策过程中最重要的工作环节之一，是集实时信息和基础信息在应用层的集中表现。主要具有公共信息浏览、水雨情查询分析、山洪预警、旱情信息、洪水模拟仿真等功能。

本章以全国水情业务系统和长江防洪预报调度系统为例，分别介绍值班管理系统、信息查询与监控系统、洪水预报作业系统和水情会商发布系统的主要功能及其技术实现途径。

8.2 值班管理系统

8.2.1 基本功能

在水情日常值班中经常会遇到以下这样一些问题。

1. 水情传真和邮件的归档、查询问题

传统的纸质传真文档不便于长期保存，同时发送传真的单位需要通过电话确认传真是否收到？如果碰到非汛期节假日的时间里，其发送的传真就无法及时地得到处理。

2. 水情材料编写、保存和共享问题

传统的水情 Word 文档材料都是采取谁编写谁保存和公共文件夹方式进行管理，无法做到长期安全保存和共享的问题，同时还存在期数重复和不连续的情况，文档的格式无法统一。

3. 值班、会商日志共享问题

传统的水情值班和会商日志均由值班员以纸质的方式记录在值班笔记本上，导致相关人员必须到值班室才能了解有关情况，无法做到实时和远程的了解。

4. 相关业务系统的相互链接问题

由于防汛抗旱对水情业务的需求随着社会经济的发展不断增加，因此在不同的时期针对不同的需求开发了很多业务系统，这些系统布设在不同的服务器上，相关人员需要记录这些系统的 IP 地址才能访问查询其感兴趣的内容，没有一个水情业务系统的门户网站提供这类服务。

5. 公告、通知的分发与传递问题

传统的公告和通知是先通过传真发送到各个单位，然后再通过信件的方式将纸质的文件邮寄到各部门，既成本高又无法保证及时送达。

为解决以上问题，通过计算机技术和网络技术开发水情值班管理平台，以实现水情值班日常业务进行电子化管理，实现各地传真、邮件、值班日志、奇异报、会商记录、防汛短信、各类水情文字材料的处理、发布、管理，水情服务通讯信息的查询以及水文情报预报功能调用等。

因此水情值班管理系统主要功能包括：信息接收处理、值班业务管理、短信管理、系统管理、数据库管理与维护等，系统的主要功能结构如图 8.1 所示。

8.2 值班管理系统

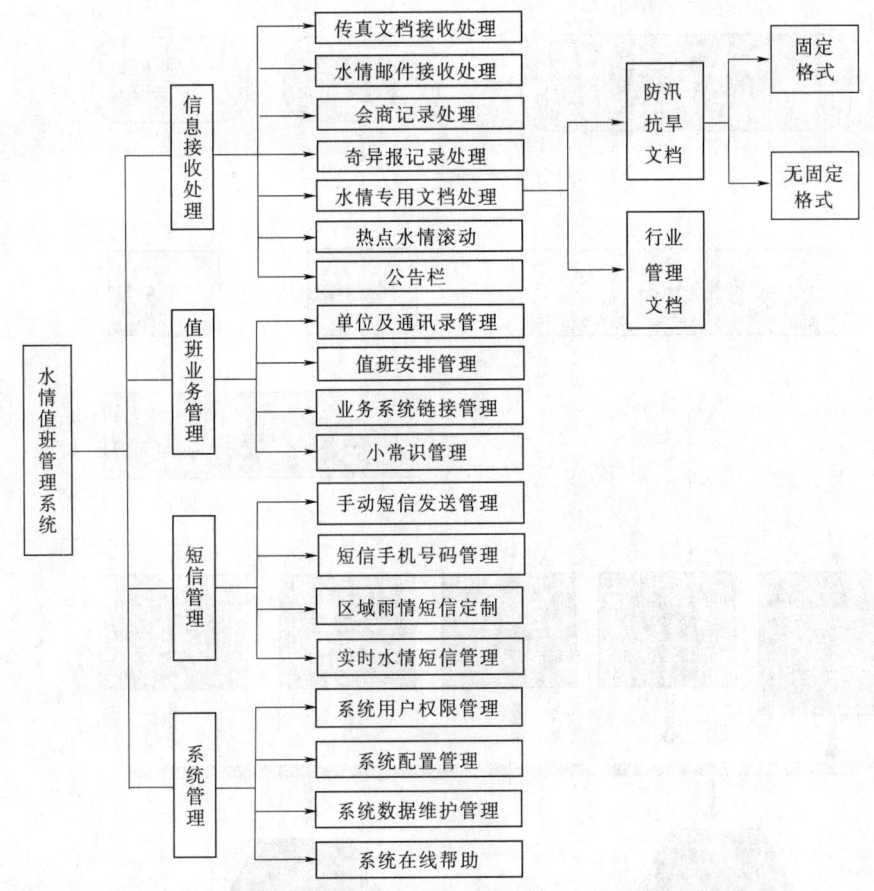

图 8.1 水情值班管理系统功能结构图

它具备以下主要特点：①摒弃文件纸质存档与分发；②提高信息检索和交换效率；③保证信息一站式服务品质；④确保数据安全。

8.2.2 实现技术

水情值班管理系统的用户是从事水文情报预报的各级水情工作人员，系统开发应立足于易访问、易理解、易操作、界面友好等需求，选择多数用户常用的操作系统平台，满足不同层次的用户需求。该系统基于 Web 环境，采用 B/S 体系结构，主流的程序语言开发，以通用的网络浏览器作为用户界面，数据库服务器存储属性和数据，信息集中处理和存储，降低系统维护和管理的复杂性，具有良好的跨平台性和可扩展性。在技术开发上，利用 IIS Web 发布技术，基于 XML 语言技术设计数据交换格式和 CSS 层叠式样表，充分利用中间件和多层结构技术，使系统各模块之间具有相对独立性，提高系统的标准化、扩展性和逻辑性，确保系统具有良好的开放性、可移植性、可维护性和安全性。

1. 系统架构

值班管理系统架构服务业务组件对象应包括信息处理、资源管理、系统管理、消息通知、传真邮件处理等，系统框架如图 8.2 所示。

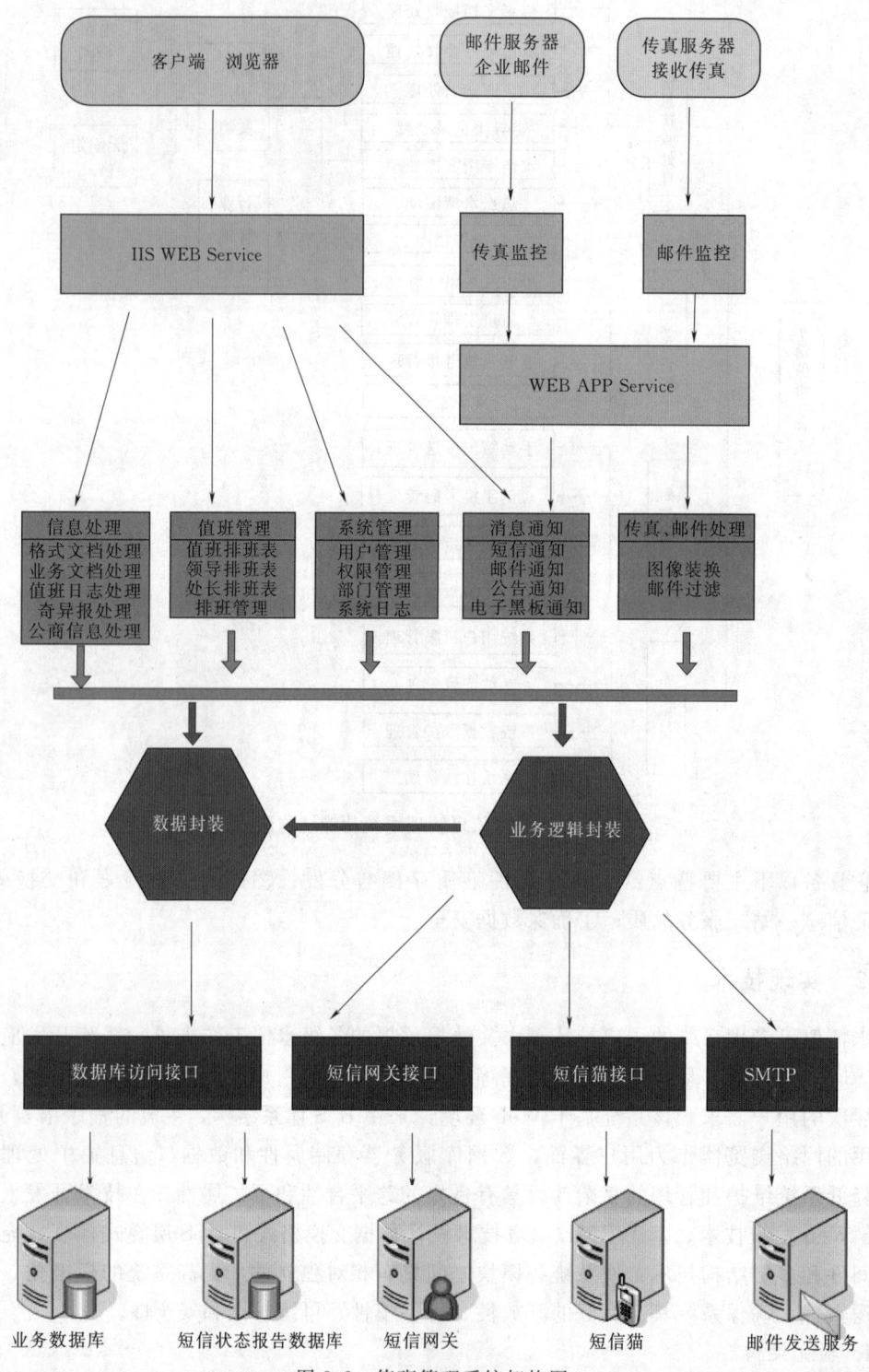

图 8.2 值班管理系统架构图

8.2 值班管理系统

2. 功能模块

值班管理系统主要包括信息处理、值班安排、系统通知、系统管理以及短信管理等功能。

(1) 信息处理。该模块完成基本业务的处理，包括传真、邮件、会商、文档、系统公告等内容的监控、处理、删除、导出、查询、打印等功能，如图 8.3 所示。其中，传真监控及处理功能结构如图 8.4 所示，邮件监控及处理功能结构如图 8.5 所示。

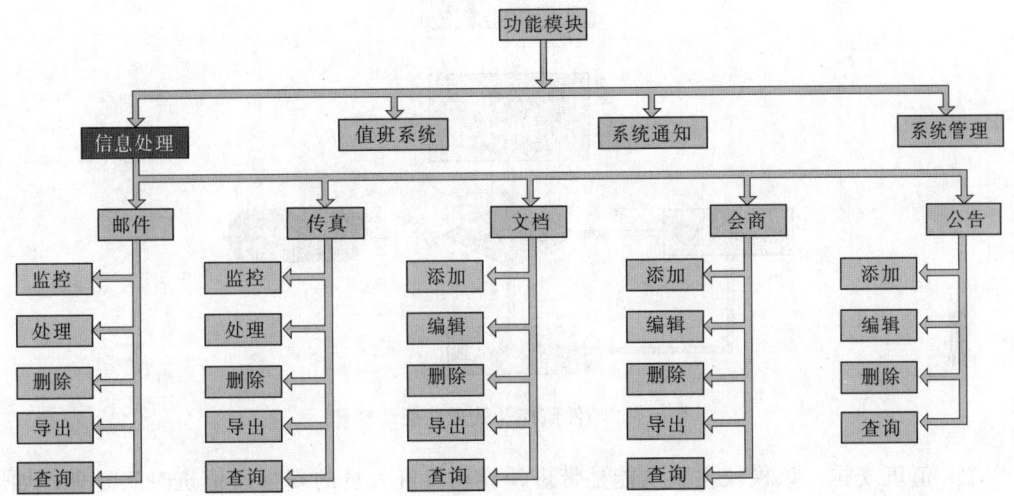

图 8.3 信息处理模块结构图

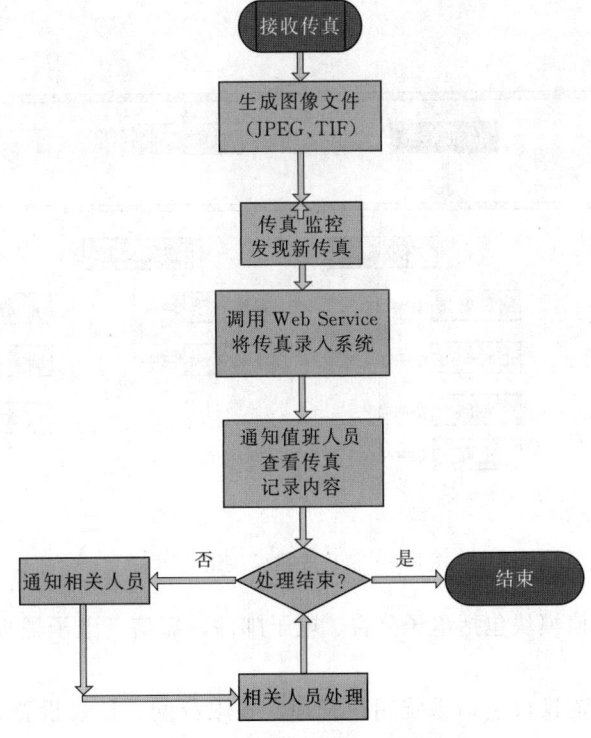

图 8.4 传真监控及处理功能结构图

第8章 水情业务系统

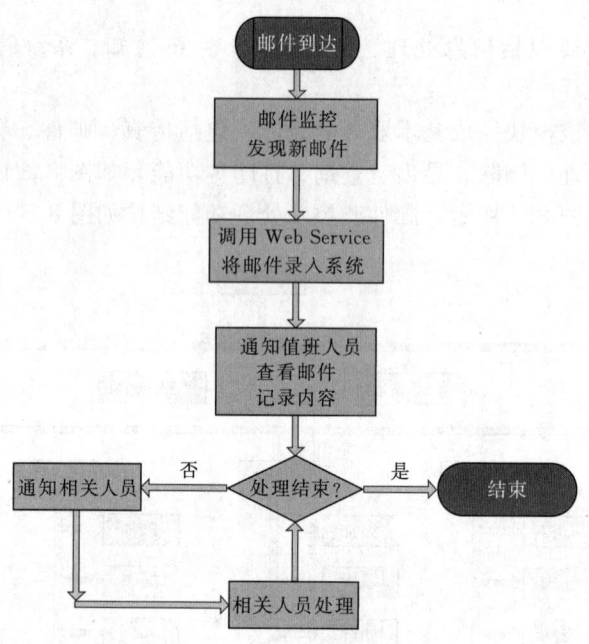

图 8.5 邮件监控及处理功能结构图

（2）值班安排。该模块主要功能是带班领导和值班人员的安排及值班时间处理，如图 8.6 所示。

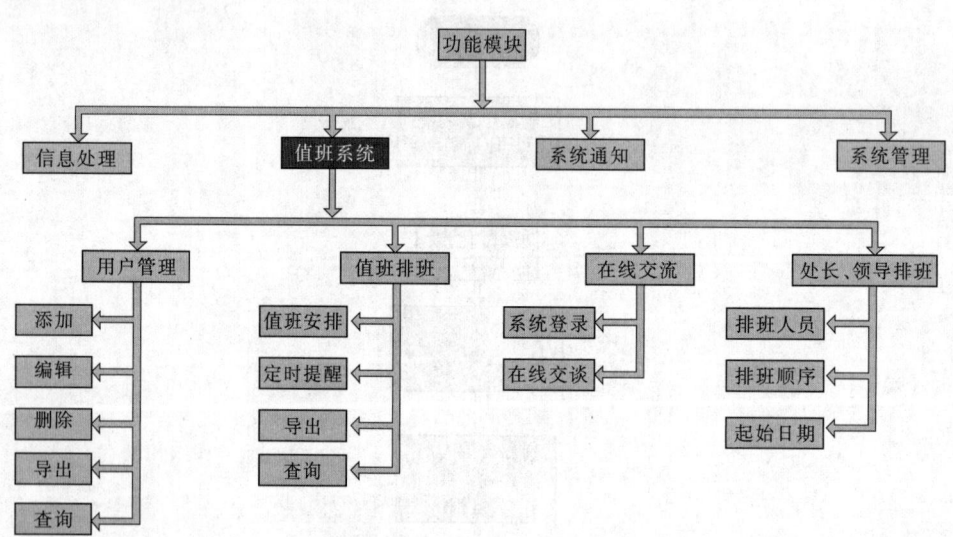

图 8.6 值班安排模块结构图

（3）系统通知。该模块包括电子公告、电子邮件、短信、电子黑板等通知方式，如图 8.7 所示。

（4）系统管理。该模块包括系统用户管理、权限分配、信息设置、部门维护等功能。如图 8.8 所示。

8.2 值班管理系统

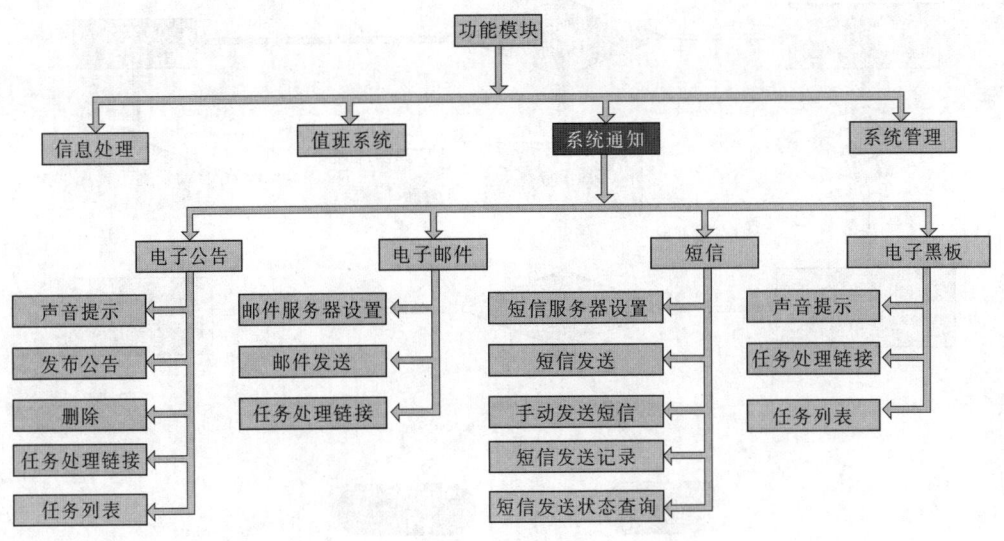

图 8.7 系统通知模块结构图

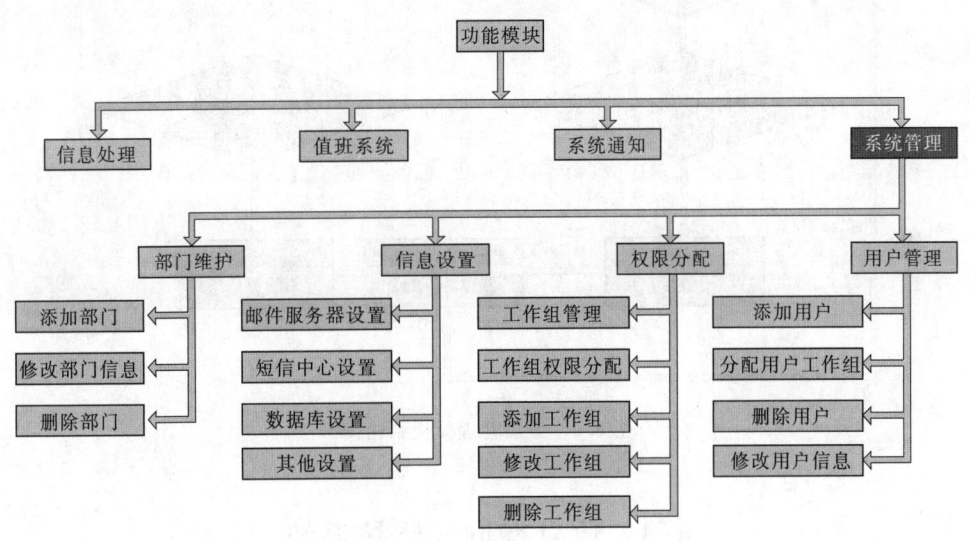

图 8.8 系统管理模块结构图

（5）短信管理。该模块包括短信网关及短信猫两种方式的短信发送，管理员可以在系统中更改短信的发送方式。系统间接口采用 Web Service 技术，利用 SOAP 消息机制以便实现通用接口，方便系统集成，支持多运营商、多网络，同时接入移动短信中心和联通短信中心；实现以太网到移动的数据传输多端口映射功能，多串口无线模块并行发送，支持长短信的发送，信息到达确认报文机制，实现高可靠短信发送。短信管理模块功能结构如图 8.9 所示。

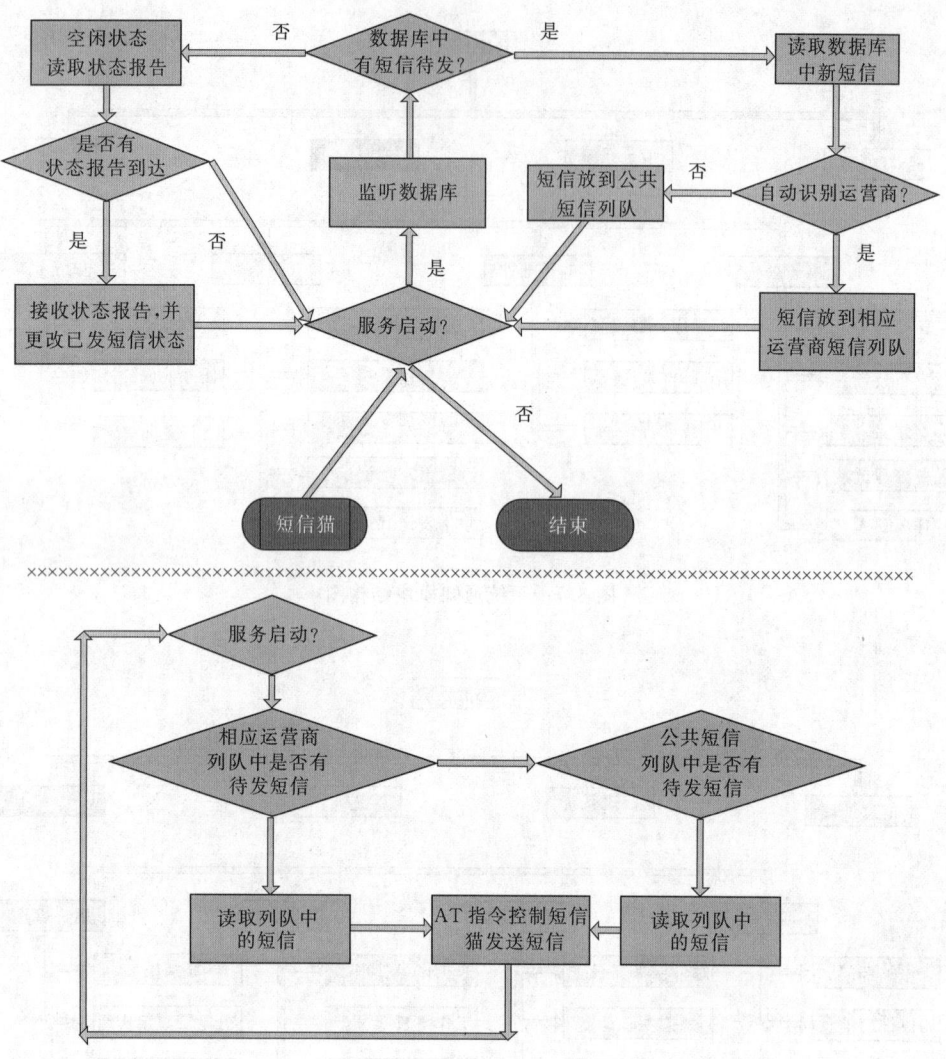

图 8.9 短信管理模块结构图

8.3 信息查询与监控系统

信息查询与监控系统主要是通过报表的方式对实时雨水情进行实时监控和分类查询,用以完成与历史信息对比等特定分析,同时可以实现定制的雨水情报表打印、输出,为各级防汛指挥部门提供及时的雨水情信息。

8.3.1 基本功能

信息查询与监控系统的功能包括:雨水情信息的监控、检索查询、统计分析以及系统管理等功能,具体如图 8.10 所示。

8.3 信息查询与监控系统

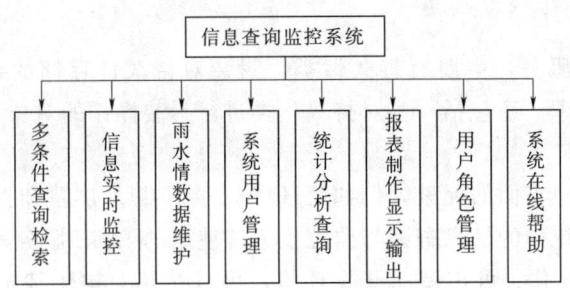

图 8.10 信息查询监控系统主要功能

8.3.2 实现技术

系统采用 B/S 体系结构，Web 服务器使用 Windows 平台上的 IIS Web Server 或 Unixg 平台的 Web Logic Server，数据库为 Orecle 数据库。

系统采用 4 层体系架构，4 层体系分别是：数据资源层、应用服务层、应用逻辑层和显示交互层。系统框架结构如图 8.11 所示。

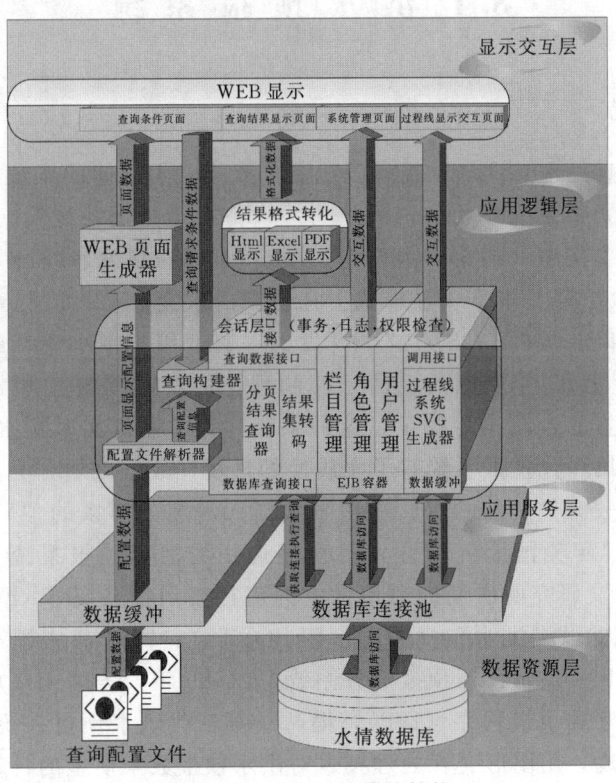

图 8.11 查询监控系统结构

1. 数据资源层

存储业务数据资源，主要容纳实时雨水情数据库，及系统配置属性资源。

2. 应用逻辑层

包括业务/域类，也称为实体类，实现应用程序里的基本域类型。

3. 应用服务层

提供用以支撑的服务，主要有持久性类，封装对持久性存储的访问，包括关系数据库、平面文件和对象库。还包括一些对持久化类进行封装操作的对象。

4. 显示交互层

封装组成系统用户界面的元素，例如，HTML 页、GUI 屏幕和打印/电子报表等。

全国水情业务系统中的信息查询与监控子系统使用的 J2EE 服务器是 Web Logic Server，这是一个统一、简化、可扩展的开发环境，可以在其上构建基于标准的企业级应用。它主要用到了 J2EE 的两个主要应用，Servlet/JSP 和 EJB，以及一些支撑技术如 JBDC 等。系统中一般实时信息查询都是采用 XML 配置文件的形式来定义，大大增强了系统的易维护性及可扩展性。系统除了提供 Html 显示方式，还提供 Excel 和 PDF 等多种显示形式。

为保证不同用户的需求和系统的安全可靠性，系统设计用户进行角色化管理，实现了系统功能的个性化订制，界面友好。

8.4 洪水预报系统

8.4.1 发展简况

最早将水情信息处理与洪水预报计算机制作直接联为一体的系统，是从研制水文自动遥测洪水警报、预报系统开始的，称之为"水情自动测报系统"。这类系统的共同特点，是使用遥测水文信息（雨量、水位），直接实现联机洪水预报作业，属于第一代洪水预报系统，如 1958 年日本富士通株式会社研制的水文自动化遥测系统，1988 年中国水利水电科学研究院在微机 DOS 系统上开发的一套适用于中小流域的洪水预报调度自动化系统等。20 世纪 80 年代以后，由于控制理论的实时预报技术大量引入到洪水预报，实现了洪水预报的自动实时校正，这种系统称为"联机实时预报系统"。从预报技术的角度看，它比第一代预报系统有了实质性的进步，故可以划分为第二代的洪水预报系统。这类系统比较有代表性的有：适用于大江大河和大河系的"VAX 机联机实时洪水预报系统"、1985 年美国天气局开发的全美通用的河流预报系统（NWSRFS）第五版、1988 年英国水文研究所研制的通用性的河流径流预报系统（RFFS）、1992 年意大利 ET&P 公司研制的欧洲洪水预报系统（EFFORTS）、1997 年中国水利部水利信息中心研制的"水情信息及洪水预测预报业务系统"。1989 年，美国天气局在河流预报系统第五版上安装了交互式预报程序（IFP），揭开了第三代洪水预报系统研制的序幕。IFP 在图形工作站上实现，用图形交互处理技术对洪水预报数学模型的计算结果进行人工干预，从而得到可以发布河系连续预报的成果，保证了河系预报作业的连续性。这一成果的问世，得到水文预报界，特别是担负大江大河预报任务的水情部门的广泛赞同，从而确立了第三代洪水预报系统向交互式系统发展的方向。1995 年长江水利委员会水文局开发的"长江专家交互式洪水预报系统"，以及 1997 年以来水利部水文局（水利信息中心）组织研发的"中国洪水预报系统"就属于这一类系统。目前，计算机技术和网络技术的进步使得 WEB 服务模式下洪水预报系统的开发成为可能。系统采用 B/S 多层体系结构,信息集中处理和存贮,以通用 Web 浏览器作为用户界面,Web 服务器存贮和处理信息,数据库服务器存贮属性和空间数据,达到同时为多个不同地点的用户迅速服务的要求,具有良好的跨平台性和扩展性,同时能够减轻管理人员的负担,使洪水预报系统研发真正意义上地从模型开发走向应用服务。

长江防洪预报调度系统以满足长江防洪预报调度实际需要为目标,兼顾防洪预报调度工作未来的发展,采用基于面向服务的分布式框架,将预报计算模型和调度计算方法解耦成各个不同的服务,构建以服务为中心的预报调度系统,实现江河湖库洪水预报、河道洪水演进、调度方案分析生成等功能,实现了基于流域地图的各类信息融合展示、预报调度计算一体化。本节以长江防洪预报调度系统为例,简要介绍洪水预报系统的基本功能和实现技术。

8.4.2 基本功能

综观国内外洪水预报系统,需具备的基本功能主要包括:数据处理、预报作业、预报分析、预报成果查询展示等 4 个方面。

1. 数据处理

对水文预报作业所需的水情信息(实时和历史的雨量、水位、流量等)、工情信息(水库、堤防、闸、坝、堰、分蓄洪区等运行数据)和防洪基本信息(防洪方案和指标、安全泄量、防洪区社会经济状况等),进行汇集、整理和入库存储。

2. 预报作业

依据流域上实时雨量、水位、流量以及预见期降雨等信息,以自动或交互模式实现预报计算及相关分析功能,并具有实时校正和交互分析功能。此外,可对不同降雨模式、工程的不同运用方式以及不同的洪水调度方案进行仿真模拟计算,分析洪水调度中的不确定因素,协助制定洪水调度决策方案。

受人类活动影响,目前大多河流都非天然流域,水库或水利枢纽众多,形成预报节点和调度节点相互嵌套的局面,预报节点影响着其下游相邻水库调度节点的来水,水库调度节点的出库流量是其下游预报节点的边界,洪水预报与防洪调度高度耦合。根据防洪调度需要,可以加入调度方案制作、分析比较等相关功能。

3. 预报分析

对预报计算成果的可靠性和可能出现的偏差进行深入分析和研判,利用交互分析工具,综合分析会商结果,确定预报对象的预报发布值。

4. 预报查询

根据收集到的雨情、水情、工情等各种信息和最新的实时预报结果,进行各种信息查询和信息综合服务。

长江防洪预报调度系统的功能较为强大,它从业务功能上分为实时监视、防洪分析、水雨情查询、预报调度、分析工具、水情服务、气象信息、系统管理、数据维护等,功能结构如图 8.12 所示,各模块功能具体见表 8.1。

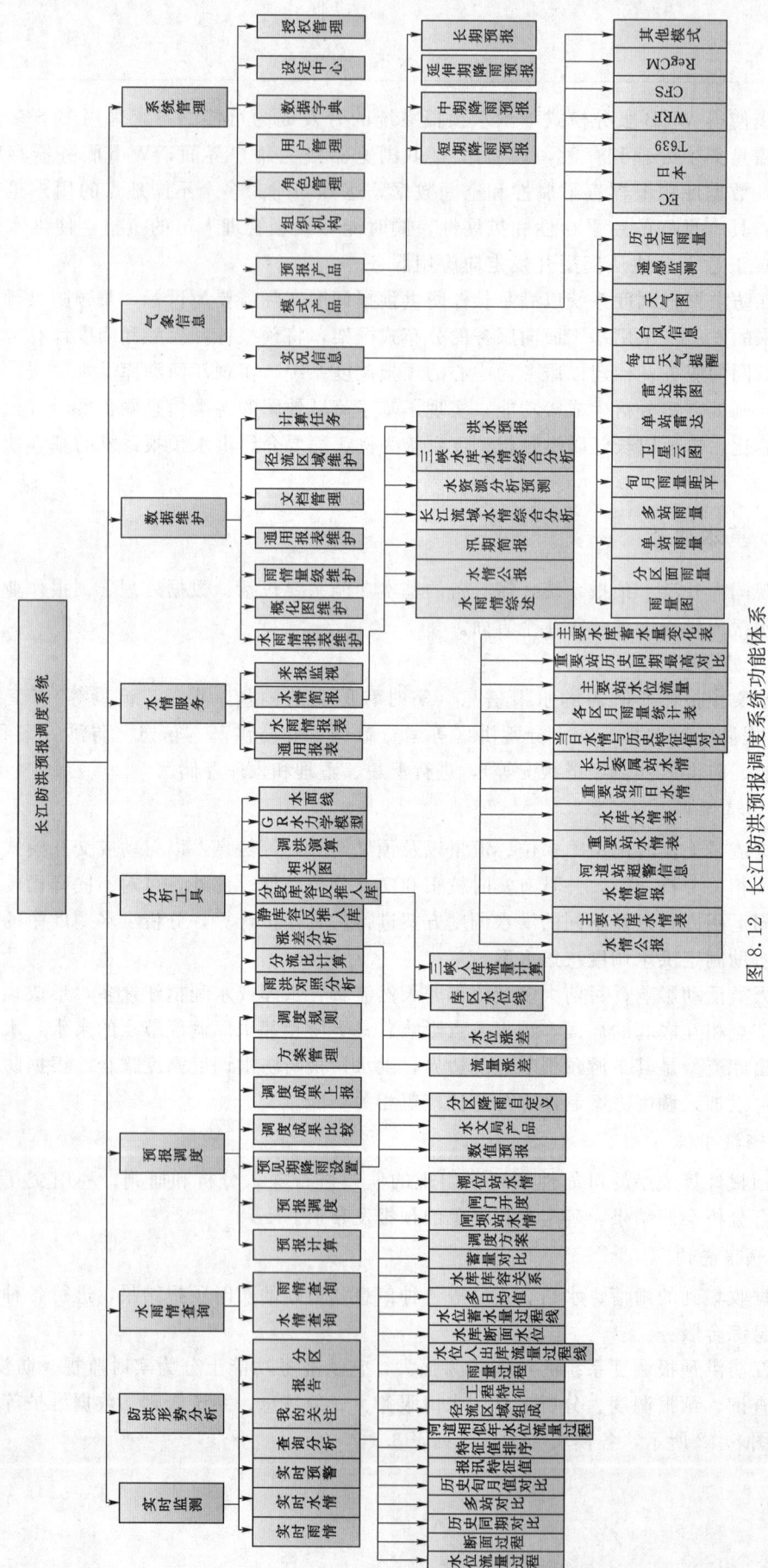

图 8.12 长江防洪预报调度系统功能体系

8.4 洪水预报系统

表 8.1 长江防洪预报调度系统功能内容

序号	模块名称	功能描述	具体内容
1	实时监视	以 GIS 底图为依托，在地图上配以各类要素和预警图标等，以完全自动、直观醒目的方式提供实时水情、雨情、预警信息；实时监视集成了会商所需的文档汇报，数据汇报功能	1. 实时水雨情、工情监视功能。 2. 单点、区域实时汛情、各类工情实时运行情况监视，可对监视对象深入查询
2	防洪形势分析	根据实时洪水预报以及考虑不同预见期降雨预报的洪水预报成果，初步判明需启用的防洪工程，明确当前的调度任务与目标，编制防洪形势分析报告，初步确定各控制性工程的防洪形势	1. 提供防洪形势分析内容和流程配置及编辑功能。 2. 提供防洪形势分析报告模版拟定及编辑功能。 3. 从天气形势、实时雨水情、降雨及洪水预报、实时工情和险情等方面提供报告编辑素材，自动形成报告初稿，报告可编辑修改，并可输出保存
3	气象信息	提供防汛相关气象信息的查询，如：单站雷达、雷达拼图、卫星云图、台风信息、天气图、降雨预报及模式产品、预报产品等查询功能	1. 实现气象信息查询展示。 2. 实现欧洲中心、日本、WRF 及预报产品与水情预报对接
4	预报调度（预报计算、调度方案生成）	依据实时雨量、水位、流量以及预见期降雨等信息，以自动或交互模式实现预报调度计算及相关分析功能，可任意选择多模型、多方法制作预报，对不同降雨模式、工程的不同运用方式以及不同的洪水调度方案进行影响河段演进计算，协助制定洪水调度决策方案	1. 提供预见期降雨设置、河系预报、交互预报、考虑预见期降雨预报、交互分析、预报成果比较、预报精度评定等功能。 2. 包括雨洪对照、涨差分析、与历史对比分析、相关图预报分析等在内的具备交互分析的功能模块。 3. 预报对象包括纳入系统的所有预报断面水位流量及水库入库流量、库水位。 4. 预报内容包括短期过程或洪峰水位流量等
5	调度方案仿真与可视化	提供调度方案的二三维结合展示功能	1. 调度方案仿真：按所设定的防洪工程运用参数、水库出流，通过构建的预报演算河系进行河道洪水演进计算，预测调度方案实施后各重点防洪河段主要控制站的水位与流量过程，并将各个调度方案计算水位/流量变化过程用水流纵、横剖面两种形式展现给用户，供用户直观地看到调度措施（方案）引起的变化。 2. 历史洪水或典型洪水仿真计算：根据实时洪水量级，通过自动或人工指定方式选择相似的典型洪水，按照调度方案模拟调度计算，计算结果可供实时调度方案制定参考。 3. 调度成果可视化：包括河道水面线模拟、防洪概化图可视化、河道洪水演进可视化。可视化展示采用二、三维相结合模式实现

续表

序号	模块名称	功能描述	具体内容
6	调度方案比较	提供将已设置、计算的各个调度方案的调度结果进行对比显示,通过调度方案的比较分析,提出决策方案,供调度人员分析、研究和比较及成果展示功能	1. 提供多种方案的工程运用情况、运用效果、洪灾损失、方案的可行性等比较,以供决策选择。 2. 根据防洪形势、洪水预报及调度方案的评价比较形成调度成果,并采用图形、动画等直观的多媒体方式演示
7	调度方案管理及成果上报	对调度预案和调度成果进行管理,并可将调度成果上报至水利部防洪调度系统或数据库中	1. 调度预案管理:依托调度方案和计算结果存储的数据库表,对全部实时调度方案进行全面检索和调看。 2. 调度成果管理:对存于数据库中的调度成果进行查询和显示。 3. 调度成果上报:将调度成果以数据交换方式上传至水利部防洪调度系统数据库中
8	水雨情信息查询	实时雨水情、预报计算结果和调度计算结果,将监测数据和预报调度分析结果以形象、直观的方式提供给用户;同时,可自定义历史时间查询历史水雨情信息,查询结果同样展示在地图上,还可以表格形式查看详细的统计信息	1. 包括水雨情信息查询及分析统计、与历史洪水对比、调度相关信息(发电用水信息、调度方案信息、调度计划信息、调度目标等)查询、基本信息(水库及工程概况、运行资料)查询维护、预报信息查询等功能。 2. 信息查询方式包括:分类查询、模糊查询、相关性查询、地图查询。查询结果以数据表、图形等方式进行展示,用户可调整数据表和图形的布局
9	系统管理	主要提供支撑系统运行相关参数的维护管理功能	1. 用户管理:创建新用户、设定和修改用户密码、定义和修改用户信息、设定用户权限级别等功能。 2. 用户组管理:创建用户组、对用户进行分组操作(增加、删除)、设定和修改用户组权限级别等功能。 3. 系统信息上传与管理:包括对系统运行参数、防洪工程调度规则、防洪工程调度经验、历史洪水调度实例、防洪调度预案等资料管理。 4. 预报方案管理:包括预报方案构建、预报河系管理、预报模型参数维护、预报方案导入导出等。 5. 调度体系管理:包括调度体系配置与维护、调度规则参数管理。 6. 关系线维护:对水位流量关系、水位库容曲线、泄流曲线等进行维护
10	水情服务	提供各种水雨情报表、预报成果表以及临时报表的生成,预报成果入库、发布等功能	1. 专用与通用报表生成功能。 2. 通用报表的自定义功能。 3. 预报发布成果表生成、入库功能,预报精度评定功能
11	GIS 服务	结合 GIS 软件,对流域的水雨情、洪水预报信息、水库运行信息、调度成果信息等提供基于 GIS 的空间查询与过程线、图形、图表的综合查询	1. 基础功能:提供地图控件查询。 2. 实现专题图和一张图切换展示。 3. 三维展示:实现实时水情、洪水预报成果和防洪调度成果三维展示。 4. 地图更新具备自动或者手动同步地图数据功能

8.4 洪水预报系统

系统的核心预报调度部分包括水文预报、调度方案生成、调度方案评价比较、调度方案管理等功能。其中，水文预报依据实时水雨情信息，并考虑预见期降雨，完成水文预报计算及相关分析并输出预报成果，并以此预报成果作为调度依据，对调度方案进行仿真模拟计算。预报模式采用河系连续自动预报和单站交互预报相结合，自动、半自动预报与交互预报并行的方法，水文预报作业方式非常灵活。系统除提供实时校正功能以提高预报精度外，还引入了实用的交互分析工具为预报分析和经验的积累提供了平台。

长江防洪预报调度系统按照实用、可靠的原则，选用了适合流域洪水特性的成熟技术和方法，纳入的主要模型包括降雨径流 API、新安江、NAM、河道马斯京根、合成流量、相关图、大湖演算、水库静库容调洪、水库动库容调洪、水力学模型等，详见表 8.2 所列。

表 8.2   长江防洪预报调度系统纳入的模型

序号	模型名称	模型代码	类型
1	API 模型	API_UH	PQ
2	蓄满产流集总模型	RYNSO_UH	PQ
3	蓄满产流模型	RYNS_UH	PQ
4	蓄满产流相关图查算	RYNS_XGT_UH	PQ
5	集总新安江模型	XAJ	PQ
6	三水源新安江模型	XAJ3_UH	PQQ
7	新安江+马法演算	MAS_XAJ	PQQ
8	水箱模型	Tank	PQQ
9	径流系数产流单位线汇流	PRCoef_UH	PQ
10	NAM 模型	NAM	PQ
11	PR 相关产流单位线汇流	PR_UH	PQ
12	分类谢尔曼单位线	UH_Job	PQ
13	综合单位线	INTER_UH	PQ
14	马斯京根	MAS	QQ
15	汇流系数	RUNOFF_COEF	QQ
16	合成流量	SQ	QQ
17	相关图模型	XGT	PQQ
18	URBS 模型	URBS	PQQ
19	大湖演算模型	DHRouting	PQQ
20	水库静库容调洪	RESERVOIR	RQH
21	等值外延	EXTENSION	QQ
22	河道落差	AddDHQ	QQ
23	借用邻站	BORROW	QQ
24	水位流量转换模型	HQTRAN	QQ
25	Mikell 模型	Mikell	PQQ
26	反馈实时校正	RealUpdate	PQQ

8.4.3 实现技术

1. 系统框架结构

长江防洪预报调度系统采用 B/S 模式开发，由应用层、服务层、数据层、运行环境多个层次和标准规范体系及信息安全体系等两个保障体系构成，系统的整体架构如图 8.13 所示。

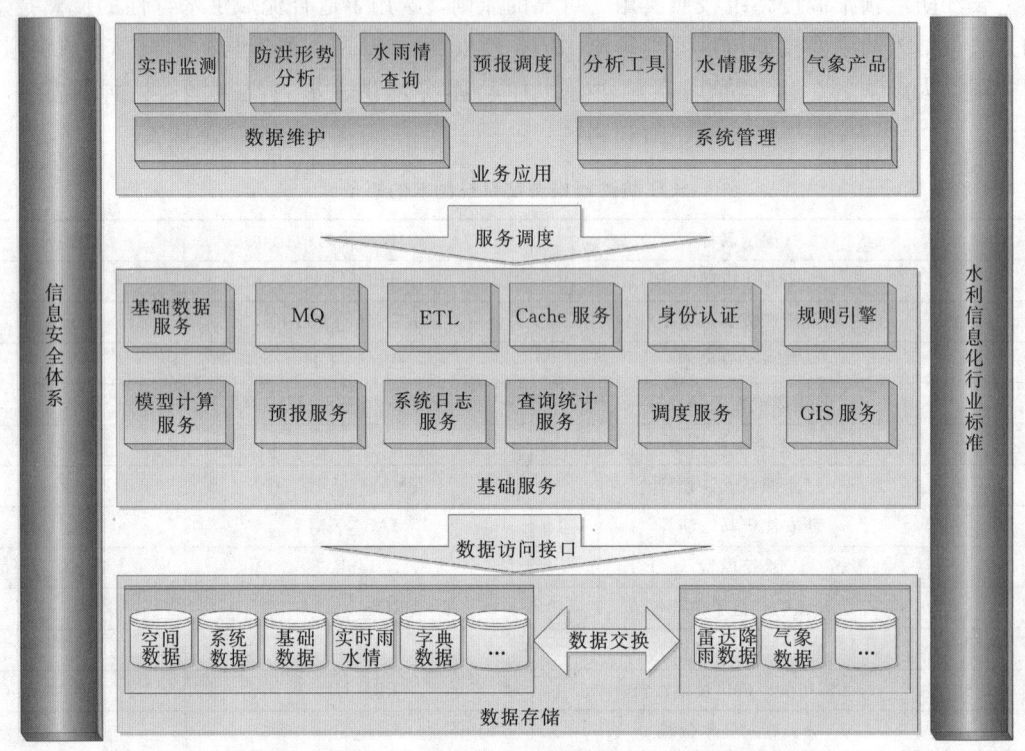

图 8.13 长江防洪预报调度系统框架结构图

2. 软件技术体系

系统基于 J2EE 规范的软件体系架构，广泛采用成熟的 J2EE 的中间件以及组件库作为系统搭建的基础，由于采用 Java 作为平台运行的核心语言，系统平台的搭建支持跨平台（Windows/Linux/Unix）部署。其中包括采用 Tomcat 作为主要的 WebContent 中间件、ActiveMQ 作为消息中间件、Redis 作为缓存服务、ArcGisServer 作为 Gis 服务的中间件、Kettle 作为数据转换的工具集、Nginx 作为负载均衡的方案（在需要的采用）等。而在数据存储层面系统通过采用自主研发的数据访问中间件支持对主流数据库的访问，包括但不限于 Oracle/Ms SQL/MySql/Sybase/DB2 等。具体的系统搭建过程可以参考系统安装部署的方案。

3. 系统运行架构

系统运行主要在两个层面体现，即客户端表现为用户通过浏览器在网络上发送数据请求，服务端的运行机制主要表现为，从获取到用户请求信息的处理开始到返回用户请求应答作为单次请求结束的标志。在服务端运行机理上又可分为负载均衡，Web 容器中间件，服务中间件，数据访问控制中间件以及存储数据的数据源（包括关系型数据库，空间数据库，文件数据库等）等 5 个层面。系统运行结构图如图 8.14 所示。

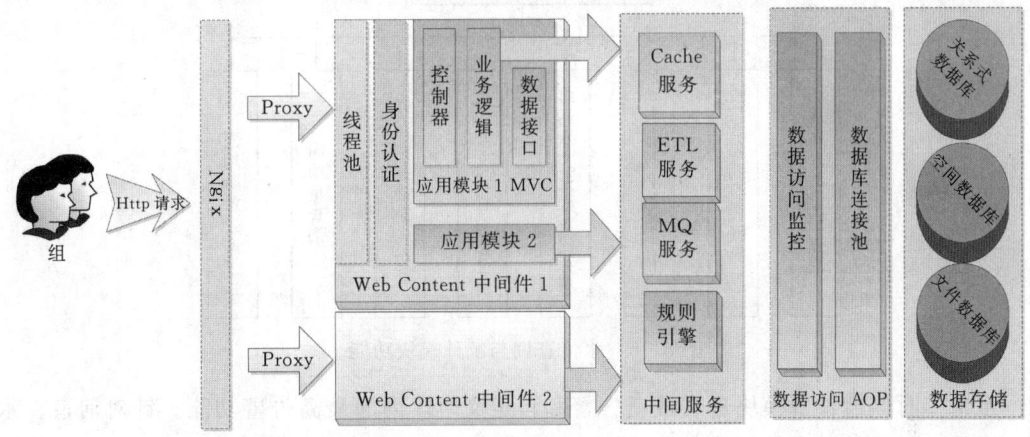

图 8.14　系统运行结构图

8.5　水情会商发布系统

根据防汛抗旱工作的需要，跟踪采用先进的计算机网络技术、Web 与 GIS 技术，建设水情会商发布系统是提高水情会商水平，进而支撑防汛抗旱科学决策的基本要求。与水情查询监控系统不同的是，水情会商发布系统必须基于一个 GIS 平台，以图、线由点到面集成展现雨水情信息。

8.5.1　基本功能

由于水情会商发布系统面向不同的用户，针对不同的用户类型，其功能有不同的表现形式，但总体来说，水情会商发布系统具有水情实时监控报警、雨水情查询统计、预报成果集成展现、信息定制与发布、土壤墒情及山洪预警制作发布等功能，具体如图 8.15 所示。

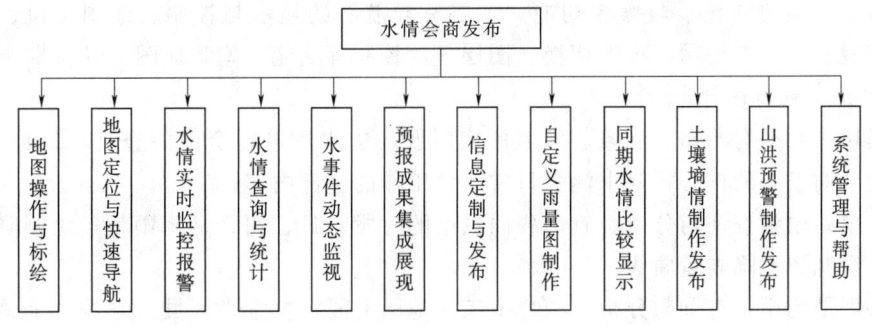

图 8.15　水情会商发布系统主要功能模块

上述主要功能模块,有些还具有二级功能模块。如,水情查询统计包括水雨情各种形式的查询统计、与历史对比等功能,具体如图 8.16 所示。

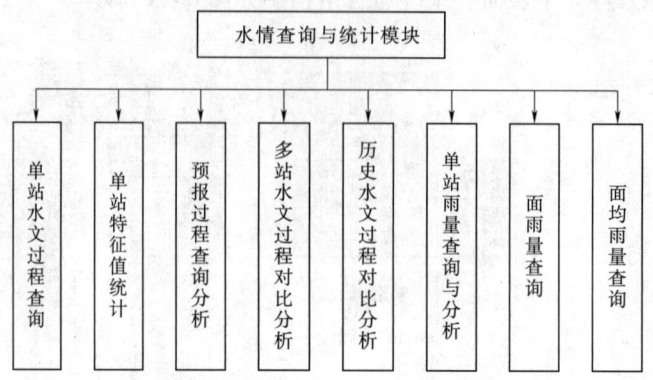

图 8.16　水情查询与统计模块功能

水情实时监控预警模块具有最新告警和自定义时段内的最高告警功能。针对河道、水库、潮位、闸坝站对应特征值设置 6 级防汛抗旱告警阈值,见表 8.3。

表 8.3　　　　　　　　　　　预 警 指 标 设 置

告警级别	告警指标	告警类别性质
1 级	超过历史最低水位(最小流量)	旱情告警
2 级	接近历史最低(最小)前五位预警水位(流量)	旱情告警
3 级	超过警戒水位(流量),水库超过汛限水位	汛情告警
4 级	超过保证水位(流量),水库超过正常高水位	汛情告警
5 级	接近历史最高(最大)前五位预警水位(流量)	汛情告警
6 级	超过历史最高水位(最大流量)	汛情告警

定位与导航模块具有按测站、行政区域、流域水系、乡镇地名,当前位置信息查询,地图缩放与漫游等功能子模块。

8.5.2　技术实现

1. 电子地图

实现电子地图的显示与操控功能。主要有导航图的显示与控制、地图定位、地图缩放、地图漫游、全图显示、视图切换、图层显示控制等功能,均为地图工具自带功能。

2. 水情查询与统计

本模块主要是对测站、流域、区域的实时及历史水情进行全面的查询、统计和分析,本部分为会商发布的核心,要求涵盖日常水情工作的全部内容。

(1) 单站雨量查询与分析。查询各雨量站的时段、日、旬、月降雨量,绘制降雨量直方图,并绘制累积降雨量曲线。

(2) 面平均雨量查询与分析。用户手工在地图上圈定自定义区域,系统查询该区域内所有的雨量站的雨量,在地图上进行标注同时以表格的形式表示。该自定义区域可以是任意划定，可以是流域、水系，也可以指行政区划（省、地市）。

（3）面雨量查询与分析。查询实时与历史的日、旬、月、场次降雨量等值线图。对于旬、月可制作距平图。

（4）单站水文过程查询。查询单站（水文站、水位站、水库站、潮位站、闸坝站）的实时或历史水文要素中的一种要素，如水位、流量、蓄水量等，用过程线及数据列表的形式来表示。

（5）单站特征值统计。分析测站在一定时段内的最大流量值与最小流量值，最高水位值与最低水位值；水库站或闸坝站在一定时段内的最大出流与最小出流，最大入流与最小入流；计算单站在特定时段的最大1日、3日、7日、15日等时间区间的洪量等；分析测站在一定时段内的超警和断流时间。

（6）历史水文过程对比分析。可在同一屏幕显示实时和历史水位或流量过程图进行对比分析，实现鼠标移动跟随显示相应的过程线数值。没有点据的线段数值要通过内插显示。历史过程可以通过输入水位或流量阀值和时间段查询选定。

（7）多站水文过程对比分析。可以选取上下游站在同一屏幕上进行水位或流量过程图的对比分析，实现鼠标移动跟随显示相应的过程线数值。没有实测点据的线段数值要通过内插显示。

3. 实时动态告警

实时动态告警是提供对各类断面实时水情的动态监控和告警功能，为用户从面上快速掌握报汛断面的实时水情状况提供快捷途径。

模块将选择时段内的实时信息的最值新息与对应断面有关防洪指标（警戒水位或流量、保证水位或流量、历史最高水位或流量）相比较获得告警级别。

根据告警类别的性质，将级别为1和2的告警记录为旱情告警；级别为3、4、5、6的告警记录定义为汛情告警。

在输出结果时，将同级别告警水位和告警流量合并，分为4类进行显示：超警戒/超汛限、超保证/超正常高、超历史、接近历史，系统分别以不同颜色的闪烁光标在地图站点位置进行标注。

根据信息需求的共性和个性，实时动态告警有两种方式：①默认时段告警信息；②自定义时段告警信息。

默认时段告警信息查询方式是通过部署在服务器端的告警计算子模块来完成的，该模块为24h守候式运行，每隔一定时间，针对所有报汛断面的实时数据进行一次告警状态统计，并将每次计算结果自动生成在一个特定结构文件中，待进入信息查询主界面时，根据文件自动加载告警信息，并显示告警热点。在信息查询主界面呈开启状态时，系统会自动重新获取告警文件中的数据，重新加载列表，并刷新地图显示的热点。

自定义时段告警查询方式是通过时间定制的方式，自定义查询其他时段范围内的告警信息。在查询过程中不再生成告警信息文件，而是直接将获得的计算结果返回到客户端，客户端脚本通过对返回结果的解析，完成告警信息的加载和显示。

4. 动态监视

动态监视是针对水情热点、应急水事件，以水文站点作为地理要素，对热点区域内涉及的站点,通过热点方案定制功能,实现水情热点、应急水事件最新水情的动态监视。有针对性地查看定制站点集最新监视成果示意图,实现对热点区域内水文站点的动态监视,并可与其他用户分享监视成果。

本 章 小 结

水情业务系统是基于水情业务需求分析基础上建立的,不同需求系统功能不同。从水文情报预报基础业务和防汛抗旱服务需求的角度,水情业务系统总体上应包括水情值班管理、信息查询监控、洪水预报分析制作、会商发布等方面的基本功能。本章以水利部水文局开发的全国水情业务系统和长江水利委员会水文局开发的长江防洪预报调度系统为例,简要介绍了水情值班管理系统、信息查询与监控系统、洪水预报系统和水情会商发布系统的基本功能及其技术实现途径。

思 考 与 练 习

8.1 何谓水情业务系统?水情业务系统一般应涵盖哪些内容?
8.2 水情值班管理、信息查询与监控、水情会商发布系统的基本功能各有哪些?
8.3 洪水预报系统主要功能应包含哪几部分?
8.4 洪水预报系统如何为提高预报精度提供支撑?

附录Ⅰ 布阿松分布表

m\n	1	2	3	4	5	6	7	8	9	10	11	12	13	14	15
0	0.419 (1)	0.080 (0)	0.004 (0)	0.000	0.000	0.000	0.000								
1	0.368	0.368	0.184	0.061	0.015	0.003	0.001	0.000	0.000						
2	0.135	0.271	0.271	0.180	0.090	0.036	0.012	0.003	0.001	0.000	0.000				
3	0.050	0.149	0.224	0.224	0.168	0.101	0.050	0.022	0.008	0.003	0.001	0.000	0.000		
4	0.018	0.073	0.147	0.195	0.195	0.156	0.104	0.060	0.030	0.013	0.005	0.002	0.001	0.000	
5	0.007	0.034	0.081	0.140	0.175	0.175	0.146	0.104	0.065	0.036	0.018	0.008	0.003	0.001	0.000
6	0.002	0.015	0.045	0.089	0.134	0.161	0.161	0.138	0.103	0.069	0.041	0.023	0.011	0.005	0.002
7	0.001	0.006	0.022	0.052	0.091	0.128	0.149	0.149	0.130	0.101	0.071	0.045	0.026	0.014	0.007
8	0.000	0.003	0.011	0.029	0.057	0.092	0.122	0.140	0.140	0.124	0.099	0.072	0.048	0.030	0.017
9		0.001	0.005	0.015	0.034	0.061	0.091	0.117	0.132	0.132	0.119	0.097	0.073	0.050	0.032
10		0.000	0.002	0.008	0.019	0.038	0.063	0.090	0.113	0.125	0.125	0.114	0.095	0.073	0.052
11			0.001	0.004	0.010	0.022	0.041	0.065	0.089	0.109	0.119	0.119	0.109	0.093	0.073
12			0.000	0.002	0.005	0.013	0.025	0.044	0.066	0.087	0.105	0.114	0.114	0.106	0.090
13				0.001	0.003	0.007	0.015	0.028	0.046	0.066	0.086	0.101	0.110	0.110	0.102
14				0.000	0.001	0.004	0.009	0.017	0.030	0.047	0.066	0.084	0.098	0.106	0.106
15					0.001	0.002	0.005	0.010	0.019	0.032	0.049	0.066	0.083	0.096	0.102
16					0.000	0.001	0.003	0.006	0.012	0.021	0.034	0.050	0.066	0.081	0.093
17						0.000	0.001	0.003	0.007	0.014	0.023	0.036	0.050	0.066	0.080
18							0.001	0.002	0.004	0.008	0.015	0.025	0.037	0.051	0.066
19							0.000	0.001	0.002	0.005	0.010	0.016	0.026	0.038	0.051
20								0.001	0.001	0.003	0.006	0.011	0.018	0.027	0.039
21								0.000	0.001	0.002	0.003	0.007	0.012	0.019	0.028
22									0.000	0.001	0.002	0.004	0.008	0.013	0.020
23										0.000	0.001	0.001	0.002	0.005	0.008	0.014
24											0.000	0.001	0.001	0.003	0.005	0.009
25												0.000	0.001	0.002	0.003	0.006
26													0.000	0.001	0.002	0.003
27														0.001	0.001	0.002
28														0.000	0.001	0.001
29															0.000	0.001
30																0.000	0.001
31																0.000

注 表中（ ）内数字是布阿松分布表原值，由于取有限差时段 Δt 计算存在误差，n 值较小时误差较大，所以对原表略加修改。

附录 Ⅱ 马斯京根法单位入流河槽汇流系数表

附表 Ⅱ.1 $\Delta t = K$ $x = -0.10$ ($C_1 = 0.250$, $C_0 = C_2 = 0.375$)

m\N	0	1	2	3	4	5	6	7	8	9	10
0	1	0.375	0.141	0.053	0.020	0.007	0.003	0.001			
1		0.391	0.293	0.165	0.082	0.039	0.017	0.008	0.003	0.001	0.001
2		0.146	0.262	0.233	0.160	0.095	0.052	0.027	0.013	0.006	0.003
3		0.055	0.156	0.212	0.198	0.150	0.099	0.060	0.034	0.018	0.010
4		0.021	0.080	0.148	0.183	0.174	0.140	0.100	0.065	0.040	0.023
5		0.008	0.038	0.090	0.139	0.163	0.157	0.131	0.099	0.068	0.044
6		0.003	0.017	0.050	0.093	0.131	0.149	0.144	0.124	0.097	0.070
7		0.001	0.008	0.026	0.057	0.094	0.124	0.138	0.134	0.118	0.095
8			0.003	0.013	0.033	0.062	0.093	0.117	0.129	0.126	0.112
9			0.001	0.006	0.018	0.038	0.064	0.091	0.112	0.121	0.119
10			0.001	0.003	0.009	0.022	0.042	0.066	0.090	0.107	0.115
11				0.001	0.005	0.012	0.026	0.045	0.067	0.088	0.103
12					0.002	0.007	0.015	0.029	0.047	0.067	0.086
13					0.001	0.003	0.009	0.018	0.032	0.049	0.067
14						0.002	0.005	0.011	0.020	0.034	0.050
15						0.001	0.003	0.006	0.013	0.023	0.036
16							0.001	0.003	0.008	0.014	0.025
17							0.001	0.002	0.004	0.009	0.016
18								0.001	0.003	0.005	0.010
19								0.001	0.001	0.003	0.006
⋮										⋮	⋮

附表 Ⅱ.2 $\Delta t = K$ $x = 0$ ($C_1 = 0.334$, $C_0 = C_2 = 0.333$)

m\N	0	1	2	3	4	5	6	7	8	9	10
0	1	0.333	0.111	0.037	0.012	0.004	0.001				
1		0.444	0.296	0.148	0.066	0.027	0.011	0.004	0.002	0.001	
2		0.148	0.296	0.247	0.154	0.082	0.040	0.018	0.008	0.003	0.001
3		0.049	0.165	0.236	0.212	0.149	0.091	0.050	0.025	0.012	0.006
4		0.016	0.077	0.159	0.202	0.188	0.143	0.094	0.057	0.031	0.017
5		0.005	0.033	0.090	0.150	0.180	0.170	0.136	0.096	0.061	0.036
6		0.002	0.013	0.045	0.095	0.142	0.164	0.157	0.129	0.095	0.064
7		0.001	0.005	0.021	0.054	0.097	0.134	0.152	0.146	0.124	0.094
8			0.002	0.010	0.028	0.060	0.097	0.128	0.142	0.137	0.118
9			0.001	0.004	0.014	0.034	0.064	0.096	0.122	0.134	0.130
10				0.002	0.007	0.018	0.039	0.066	0.095	0.117	0.127
11				0.001	0.003	0.009	0.022	0.042	0.068	0.093	0.112
12					0.001	0.005	0.012	0.025	0.045	0.069	0.091
13					0.001	0.002	0.006	0.015	0.028	0.047	0.069
14						0.001	0.003	0.008	0.017	0.031	0.049
15							0.002	0.004	0.010	0.019	0.033
16							0.001	0.002	0.005	0.011	0.021
17								0.001	0.003	0.007	0.013
18								0.001	0.001	0.004	0.008
19									0.001	0.002	0.004
⋮										⋮	⋮

附录 II 马斯京根法单位入流河槽汇流系数表

附表 II.3 $\Delta t = K$ $x = 0.05$ ($C_1 = 0.380$, $C_0 = C_2 = 0.310$)

m\N	0	1	2	3	4	5	6	7	8	9	10
0	1	0.310	0.096	0.030	0.009	0.003	0.001				
1		0.476	0.295	0.137	0.057	0.022	0.008	0.003	0.001		
2		0.148	0.318	0.253	0.148	0.074	0.034	0.015	0.006	0.002	0.001
3		0.046	0.169	0.252	0.220	0.148	0.085	0.044	0.021	0.010	0.004
4		0.014	0.074	0.165	0.215	0.196	0.143	0.090	0.051	0.027	0.013
5		0.004	0.030	0.089	0.157	0.191	0.178	0.138	0.093	0.056	0.032
6		0.001	0.011	0.042	0.095	0.148	0.174	0.164	0.132	0.094	0.060
7			0.004	0.019	0.051	0.098	0.141	0.161	0.153	0.127	0.094
8			0.001	0.008	0.026	0.058	0.099	0.134	0.150	0.144	0.122
9				0.001	0.003	0.012	0.031	0.062	0.098	0.128	0.141	0.136
10					0.001	0.005	0.016	0.036	0.065	0.097	0.123	0.134
11						0.002	0.008	0.020	0.040	0.067	0.096	0.116
12						0.001	0.004	0.010	0.023	0.043	0.069	0.094
13							0.002	0.005	0.012	0.026	0.046	0.070
14							0.001	0.002	0.006	0.015	0.029	0.048
15								0.001	0.003	0.008	0.017	0.031
16									0.002	0.004	0.010	0.019
17									0.001	0.002	0.005	0.011
18										0.001	0.003	0.006
19											0.001	0.003
⋮												⋮

附表 II.4 $\Delta t = K$ $x = 0.10$ ($C_1 = 0.428$, $C_0 = C_2 = 0.286$)

m\N	0	1	2	3	4	5	6	7	8	9	10
0	1	0.286	0.082	0.023	0.007	0.002	0.001				
1		0.510	0.292	0.125	0.048	0.017	0.006	0.002	0.001		
2		0.146	0.344	0.259	0.141	0.066	0.028	0.011	0.004	0.002	0.001
3		0.042	0.173	0.271	0.229	0.144	0.077	0.037	0.016	0.007	0.003
4		0.012	0.071	0.171	0.230	0.205	0.143	0.084	0.045	0.022	0.010
5		0.003	0.026	0.087	0.164	0.204	0.187	0.139	0.089	0.051	0.027
6		0.001	0.009	0.039	0.095	0.156	0.185	0.173	0.134	0.091	0.055
7			0.003	0.016	0.048	0.099	0.148	0.171	0.161	0.129	0.092
8			0.001	0.006	0.022	0.055	0.101	0.141	0.160	0.152	0.125
9				0.002	0.010	0.028	0.060	0.101	0.135	0.150	0.144
10				0.001	0.004	0.013	0.033	0.064	0.100	0.129	0.142
11					0.002	0.006	0.017	0.037	0.067	0.099	0.124
12					0.001	0.003	0.008	0.020	0.041	0.069	0.097
13						0.001	0.004	0.010	0.023	0.044	0.070
14							0.002	0.005	0.013	0.026	0.046
15							0.001	0.002	0.006	0.015	0.029
16								0.001	0.003	0.008	0.017
17									0.001	0.004	0.009
18									0.001	0.002	0.005
19										0.001	0.003
⋮											⋮

附录Ⅱ 马斯京根法单位入流河槽汇流系数表

附表Ⅱ.5 $\Delta t = K$ $x = 0.15$ ($C_1 = 0.482$, $C_0 = C_2 = 0.259$)

m\N	0	1	2	3	4	5	6	7	8	9	10
0	1	0.259	0.067	0.017	0.005	0.001					
1		0.549	0.285	0.111	0.038	0.012	0.004	0.001			
2		0.142	0.375	0.263	0.131	0.056	0.021	0.008	0.003	0.001	
3		0.037	0.175	0.294	0.237	0.139	0.068	0.030	0.012	0.005	0.002
4		0.010	0.066	0.178	0.249	0.215	0.140	0.077	0.038	0.017	0.007
5		0.002	0.022	0.083	0.172	0.220	0.197	0.139	0.083	0.044	0.021
6		0.001	0.007	0.034	0.094	0.164	0.200	0.182	0.135	0.086	0.049
7			0.002	0.013	0.044	0.099	0.156	0.184	0.171	0.132	0.089
8			0.001	0.005	0.019	0.052	0.102	0.149	0.171	0.161	0.128
9				0.002	0.007	0.024	0.058	0.103	0.143	0.161	0.152
10				0.001	0.003	0.011	0.029	0.062	0.103	0.137	0.153
11					0.001	0.004	0.014	0.034	0.065	0.102	0.132
12						0.002	0.006	0.017	0.038	0.068	0.101
13						0.001	0.003	0.008	0.020	0.041	0.069
14							0.001	0.004	0.010	0.023	0.044
15								0.002	0.005	0.012	0.025
16								0.001	0.002	0.006	0.014
17									0.001	0.003	0.007
18										0.001	0.004
19										0.001	0.002
⋮											⋮

附表Ⅱ.6 $\Delta t = K$ $x = 0.20$ ($C_1 = 0.538$, $C_0 = C_2 = 0.231$)

m\N	0	1	2	3	4	5	6	7	8	9	10
0	1	0.231	0.053	0.012	0.003	0.001					
1		0.592	0.273	0.095	0.029	0.008	0.002	0.001			
2		0.137	0.413	0.264	0.119	0.045	0.015	0.005	0.002		
3		0.032	0.176	0.324	0.244	0.131	0.058	0.023	0.008	0.003	0.001
4		0.007	0.059	0.183	0.273	0.225	0.136	0.068	0.030	0.012	0.004
5		0.002	0.018	0.078	0.180	0.240	0.208	0.137	0.075	0.036	0.016
6			0.005	0.029	0.090	0.173	0.217	0.194	0.136	0.080	0.042
7			0.001	0.010	0.039	0.098	0.166	0.200	0.182	0.133	0.083
8				0.003	0.015	0.047	0.102	0.159	0.186	0.172	0.131
9				0.001	0.005	0.020	0.053	0.104	0.153	0.175	0.163
10					0.002	0.008	0.025	0.058	0.105	0.147	0.166
11					0.001	0.003	0.011	0.029	0.062	0.105	0.141
12						0.001	0.004	0.014	0.033	0.065	0.104
13							0.002	0.006	0.016	0.037	0.068
14							0.001	0.002	0.007	0.019	0.040
15								0.001	0.003	0.009	0.022
16									0.001	0.004	0.011
17									0.001	0.002	0.005
18										0.001	0.002
19											0.001

附录 Ⅱ 马斯京根法单位入流河槽汇流系数表

附表 Ⅱ.7　　　　$\Delta t = K$　$x = 0.25$　$(C_1 = 0.600, C_0 = C_2 = 0.200)$

m \ N	0	1	2	3	4	5	6	7	8	9	10
0	1	0.200	0.040	0.008	0.002						
1		0.640	0.256	0.077	0.020	0.005	0.001				
2		0.128	0.461	0.261	0.102	0.034	0.010	0.003	0.001		
3		0.026	0.174	0.364	0.250	0.118	0.046	0.016	0.005	0.001	
4		0.005	0.051	0.187	0.306	0.235	0.127	0.056	0.022	0.008	0.002
5		0.001	0.014	0.071	0.188	0.268	0.220	0.131	0.064	0.027	0.011
6			0.003	0.023	0.085	0.183	0.241	0.206	0.133	0.071	0.033
7			0.001	0.007	0.032	0.094	0.177	0.221	0.195	0.133	0.075
8				0.002	0.011	0.040	0.100	0.170	0.206	0.185	0.132
9					0.003	0.015	0.047	0.103	0.164	0.193	0.176
10					0.001	0.005	0.020	0.053	0.105	0.158	0.183
11						0.002	0.007	0.024	0.058	0.106	0.153
12						0.001	0.003	0.010	0.028	0.061	0.107
13							0.001	0.004	0.012	0.031	0.064
14								0.001	0.005	0.015	0.035
15									0.002	0.006	0.017
16									0.001	0.002	0.008
17										0.001	0.003
18											0.001
19											

附表 Ⅱ.8　　　　$\Delta t = K$　$x = 0.30$　$(C_1 = 0.666, C_0 = C_2 = 0.167)$

m \ N	0	1	2	3	4	5	6	7	8	9	10
0	1	0.167	0.028	0.005	0.001						
1		0.694	0.232	0.058	0.013	0.003	0.001				
2		0.116	0.520	0.251	0.083	0.023	0.006	0.002			
3		0.019	0.167	0.416	0.251	0.101	0.033	0.010	0.003	0.001	
4		0.003	0.041	0.188	0.350	0.243	0.113	0.042	0.014	0.005	0.001
5		0.001	0.009	0.060	0.194	0.306	0.232	0.121	0.051	0.019	0.007
6			0.002	0.016	0.075	0.193	0.275	0.221	0.126	0.058	0.024
7			0.001	0.004	0.024	0.086	0.189	0.252	0.210	0.129	0.064
8				0.002	0.007	0.032	0.094	0.184	0.234	0.200	0.130
9					0.002	0.010	0.039	0.100	0.178	0.219	0.191
10						0.003	0.014	0.045	0.104	0.173	0.207
11							0.004	0.017	0.050	0.106	0.167
12								0.005	0.021	0.054	0.108
13								0.001	0.007	0.024	0.058
14									0.002	0.009	0.027
15										0.003	0.011
16											0.004
17											0.001

附录Ⅱ 马斯京根法单位入流河槽汇流系数表

附表Ⅱ.9 $\Delta t = K$ $x = 0.35$ ($C_1 = 0.740$, $C_0 = C_2 = 0.130$)

m\N	0	1	2	3	4	5	6	7	8	9	10
0	1	0.130	0.017	0.002							
1		0.756	0.197	0.039	0.007	0.001					
2		0.099	0.597	0.229	0.059	0.013	0.003				
3		0.013	0.153	0.491	0.241	0.077	0.020	0.005	0.001		
4		0.002	0.030	0.181	0.418	0.243	0.091	0.027	0.007	0.002	
5			0.005	0.046	0.194	0.366	0.239	0.102	0.034	0.010	0.003
6			0.001	0.010	0.061	0.199	0.328	0.233	0.110	0.041	0.013
7				0.002	0.016	0.073	0.199	0.299	0.225	0.116	0.047
8					0.003	0.021	0.083	0.197	0.276	0.218	0.120
9					0.001	0.006	0.027	0.090	0.194	0.257	0.210
10						0.001	0.008	0.033	0.096	0.189	0.242
11							0.002	0.010	0.038	0.101	0.185
12								0.003	0.013	0.043	0.104
13								0.001	0.004	0.016	0.048
14									0.001	0.005	0.019
15										0.002	0.006
16											0.002
17											0.001

附表Ⅱ.10 $\Delta t = K$ $x = 0.40$ ($C_1 = 0.818$, $C_0 = C_2 = 0.091$)

m\N	0	1	2	3	4	5	6	7	8	9	10
0	1	0.091	0.008	0.001							
1		0.826	0.150	0.020	0.003						
2		0.075	0.696	0.188	0.034	0.006	0.001				
3		0.007	0.126	0.598	0.211	0.048	0.009	0.002			
4		0.001	0.018	0.159	0.523	0.224	0.061	0.013	0.003		
5			0.002	0.030	0.180	0.465	0.231	0.072	0.018	0.004	
6				0.003	0.041	0.193	0.419	0.234	0.082	0.023	0.005
7				0.001	0.006	0.052	0.201	0.382	0.234	0.091	0.028
8					0.002	0.010	0.062	0.205	0.352	0.232	0.098
9						0.002	0.014	0.071	0.206	0.328	0.229
10							0.002	0.018	0.079	0.205	0.308
11								0.003	0.022	0.084	0.203
12									0.004	0.026	0.090
13										0.006	0.030
14										0.001	0.008
15											0.001

附表Ⅱ.11 $\Delta t = K$ $x = 0.45$ ($C_1 = 0.904$, $C_0 = C_2 = 0.048$)

m\N	0	1	2	3	4	5	6	7	8	9	10
0	1	0.048	0.002								
1		0.906	0.087	0.006							
2		0.044	0.825	0.119	0.011	0.001					
3		0.002	0.080	0.755	0.144	0.017	0.002				
4			0.006	0.109	0.695	0.164	0.023	0.003			
5				0.011	0.132	0.643	0.180	0.030	0.004		
6					0.016	0.151	0.597	0.193	0.037	0.005	
7					0.002	0.022	0.166	0.557	0.203	0.043	0.007
8						0.002	0.028	0.178	0.522	0.211	0.049
9							0.004	0.034	0.188	0.491	0.217
10								0.005	0.040	0.196	0.464
11								0.006	0.046	0.202	
12									0.008	0.052	
13										0.009	

附录Ⅲ 纳希瞬时单位线 $S(t)$ 曲线表

t/K \ n	1.0	1.1	1.2	1.3	1.4	1.5	1.6	1.7	1.8	1.9	2.0	2.1	2.2	2.3	2.4	2.5	2.6	2.7	2.8	2.9	3.0
0.1	0.095	0.072	0.054	0.041	0.030	0.022	0.017	0.012	0.009	0.007	0.005	0.003	0.002	0.002	0.001	0.001	0.001	0	0	0	0
0.2	0.181	0.147	0.118	0.095	0.075	0.060	0.047	0.036	0.029	0.022	0.018	0.014	0.010	0.008	0.006	0.004	0.003	0.002	0.002	0.001	0.001
0.3	0.259	0.218	0.182	0.152	0.126	0.104	0.086	0.069	0.057	0.045	0.037	0.030	0.024	0.019	0.015	0.012	0.010	0.007	0.006	0.005	0.004
0.4	0.330	0.285	0.244	0.209	0.178	0.150	0.127	0.107	0.089	0.074	0.061	0.051	0.042	0.034	0.028	0.023	0.019	0.015	0.012	0.010	0.008
0.5	0.393	0.346	0.305	0.266	0.230	0.198	0.171	0.146	0.126	0.106	0.090	0.076	0.065	0.054	0.045	0.037	0.031	0.025	0.022	0.018	0.014
0.6	0.451	0.403	0.360	0.318	0.281	0.247	0.216	0.188	0.164	0.142	0.122	0.104	0.090	0.076	0.065	0.055	0.046	0.039	0.033	0.028	0.023
0.7	0.503	0.456	0.411	0.369	0.331	0.294	0.261	0.231	0.200	0.178	0.156	0.136	0.117	0.101	0.088	0.075	0.065	0.056	0.044	0.039	0.034
0.8	0.551	0.505	0.461	0.418	0.378	0.340	0.306	0.273	0.243	0.216	0.191	0.169	0.149	0.130	0.113	0.098	0.086	0.074	0.064	0.056	0.047
0.9	0.593	0.549	0.505	0.464	0.423	0.385	0.349	0.315	0.285	0.255	0.228	0.202	0.180	0.160	0.141	0.124	0.109	0.095	0.084	0.073	0.063
1.0	0.632	0.589	0.547	0.506	0.466	0.428	0.392	0.356	0.324	0.293	0.264	0.238	0.213	0.190	0.170	0.151	0.134	0.118	0.104	0.092	0.080
1.1	0.667	0.626	0.585	0.545	0.506	0.468	0.431	0.396	0.363	0.331	0.301	0.273	0.247	0.222	0.200	0.179	0.160	0.143	0.127	0.113	0.100
1.2	0.699	0.660	0.621	0.582	0.544	0.506	0.470	0.436	0.400	0.368	0.337	0.308	0.281	0.255	0.231	0.209	0.188	0.169	0.151	0.135	0.121
1.3	0.728	0.691	0.654	0.616	0.579	0.543	0.506	0.471	0.437	0.405	0.373	0.343	0.315	0.288	0.262	0.239	0.216	0.196	0.177	0.159	0.143
1.4	0.753	0.719	0.684	0.648	0.612	0.577	0.541	0.507	0.473	0.440	0.408	0.378	0.348	0.321	0.294	0.269	0.246	0.224	0.203	0.184	0.167
1.5	0.777	0.744	0.711	0.677	0.643	0.608	0.574	0.540	0.507	0.474	0.442	0.411	0.382	0.353	0.326	0.300	0.275	0.252	0.231	0.210	0.191
1.6	0.798	0.768	0.736	0.704	0.671	0.638	0.605	0.572	0.539	0.507	0.475	0.444	0.414	0.385	0.357	0.331	0.305	0.281	0.258	0.237	0.217
1.7	0.817	0.789	0.759	0.729	0.698	0.666	0.634	0.602	0.570	0.538	0.507	0.476	0.446	0.417	0.389	0.361	0.335	0.310	0.287	0.264	0.243
1.8	0.835	0.808	0.781	0.752	0.722	0.692	0.661	0.630	0.599	0.568	0.537	0.507	0.477	0.448	0.419	0.392	0.365	0.340	0.315	0.292	0.269
1.9	0.850	0.826	0.800	0.773	0.745	0.716	0.687	0.657	0.627	0.596	0.566	0.536	0.507	0.478	0.449	0.421	0.395	0.368	0.343	0.319	0.296
2.0	0.865	0.842	0.818	0.792	0.766	0.739	0.710	0.682	0.653	0.623	0.594	0.565	0.536	0.507	0.478	0.451	0.423	0.397	0.372	0.347	0.323
2.1	0.878	0.856	0.834	0.810	0.785	0.759	0.733	0.706	0.679	0.649	0.620	0.592	0.563	0.535	0.507	0.479	0.452	0.425	0.400	0.375	0.350
2.2	0.890	0.870	0.849	0.826	0.803	0.778	0.753	0.727	0.700	0.673	0.645	0.618	0.590	0.562	0.534	0.507	0.480	0.453	0.427	0.402	0.377

附录Ⅲ 纳希瞬时单位线 $S(t)$ 曲线表

续表

t/K \ n	1.0	1.1	1.2	1.3	1.4	1.5	1.6	1.7	1.8	1.9	2.0	2.1	2.2	2.3	2.4	2.5	2.6	2.7	2.8	2.9	3.0
2.3	0.900	0.882	0.862	0.841	0.819	0.796	0.772	0.748	0.722	0.696	0.669	0.642	0.615	0.588	0.560	0.533	0.507	0.480	0.454	0.429	0.404
2.4	0.909	0.895	0.875	0.855	0.835	0.813	0.790	0.767	0.742	0.717	0.692	0.665	0.639	0.613	0.586	0.559	0.533	0.507	0.481	0.455	0.430
2.5	0.918	0.902	0.886	0.868	0.849	0.828	0.807	0.784	0.761	0.737	0.713	0.688	0.662	0.636	0.610	0.584	0.558	0.532	0.506	0.481	0.466
2.6	0.926	0.912	0.896	0.879	0.861	0.842	0.822	0.801	0.779	0.756	0.733	0.708	0.684	0.659	0.634	0.608	0.582	0.557	0.532	0.506	0.482
2.7	0.933	0.920	0.905	0.890	0.873	0.855	0.836	0.816	0.796	0.774	0.751	0.728	0.704	0.680	0.656	0.631	0.606	0.581	0.556	0.531	0.506
2.8	0.939	0.928	0.914	0.899	0.884	0.867	0.849	0.831	0.811	0.790	0.769	0.747	0.724	0.701	0.677	0.653	0.629	0.604	0.579	0.555	0.531
2.9	0.945	0.934	0.922	0.908	0.894	0.878	0.862	0.844	0.825	0.806	0.785	0.764	0.742	0.720	0.697	0.674	0.650	0.626	0.602	0.578	0.554
3.0	0.950	0.940	0.929	0.916	0.903	0.888	0.873	0.856	0.839	0.820	0.801	0.781	0.760	0.738	0.716	0.694	0.671	0.648	0.624	0.600	0.577
3.1	0.955	0.946	0.935	0.924	0.911	0.898	0.883	0.868	0.851	0.834	0.815	0.796	0.776	0.756	0.734	0.713	0.691	0.668	0.645	0.622	0.599
3.2	0.959	0.951	0.941	0.930	0.910	0.906	0.893	0.878	0.863	0.846	0.829	0.811	0.792	0.772	0.752	0.731	0.709	0.688	0.665	0.643	0.620
3.3	0.963	0.955	0.946	0.936	0.926	0.914	0.902	0.888	0.873	0.858	0.841	0.824	0.806	0.787	0.768	0.748	0.727	0.706	0.685	0.663	0.641
3.4	0.967	0.959	0.951	0.942	0.932	0.921	0.910	0.897	0.883	0.869	0.853	0.837	0.820	0.802	0.783	0.764	0.744	0.724	0.703	0.682	0.660
3.5	0.970	0.963	0.956	0.947	0.938	0.928	0.917	0.905	0.892	0.879	0.864	0.849	0.832	0.815	0.798	0.779	0.760	0.741	0.721	0.700	0.679
3.6	0.973	0.967	0.960	0.952	0.944	0.934	0.924	0.913	0.901	0.888	0.874	0.860	0.844	0.828	0.811	0.794	0.776	0.757	0.738	0.718	0.697
3.7	0.975	0.970	0.963	0.956	0.948	0.940	0.930	0.920	0.909	0.897	0.884	0.870	0.856	0.840	0.824	0.807	0.790	0.772	0.753	0.734	0.715
3.8	0.978	0.973	0.967	0.960	0.953	0.945	0.936	0.926	0.916	0.905	0.893	0.880	0.866	0.851	0.836	0.820	0.804	0.786	0.768	0.750	0.731
3.9	0.980	0.975	0.970	0.964	0.957	0.950	0.941	0.932	0.923	0.912	0.901	0.889	0.876	0.862	0.848	0.834	0.817	0.800	0.783	0.765	0.747
4.0	0.982	0.977	0.973	0.967	0.961	0.954	0.946	0.938	0.929	0.919	0.908	0.897	0.885	0.872	0.858	0.844	0.829	0.813	0.796	0.779	0.762
4.2	0.985	0.981	0.977	0.973	0.967	0.962	0.955	0.948	0.940	0.931	0.922	0.912	0.901	0.890	0.877	0.864	0.851	0.837	0.822	0.806	0.790
4.4	0.988	0.985	0.981	0.977	0.973	0.968	0.962	0.956	0.949	0.942	0.934	0.925	0.915	0.905	0.894	0.883	0.870	0.857	0.844	0.830	0.815
4.6	0.990	0.987	0.985	0.981	0.975	0.973	0.968	0.963	0.957	0.951	0.944	0.936	0.928	0.919	0.909	0.899	0.888	0.876	0.864	0.851	0.837
4.8	0.992	0.990	0.987	0.985	0.981	0.978	0.974	0.969	0.964	0.958	0.952	0.946	0.938	0.930	0.922	0.913	0.903	0.892	0.881	0.870	0.857
5.0	0.993	0.992	0.990	0.987	0.984	0.981	0.978	0.971	0.970	0.965	0.960	0.954	0.947	0.940	0.933	0.925	0.916	0.907	0.897	0.886	0.875
6.0	0.998	0.997	0.996	0.995	0.994	0.993	0.991	0.989	0.987	0.985	0.983	0.980	0.977	0.973	0.969	0.965	0.961	0.956	0.950	0.944	0.938
7.0	0.999	0.999	0.998	0.998	0.998	0.997	0.996	0.996	0.995	0.994	0.993	0.991	0.990	0.988	0.985	0.984	0.982	0.980	0.977	0.974	0.970
8.0	1.000	1.000	1.000	1.000	1.000	1.000	1.000	0.998	0.998	0.997	0.997	0.996	0.996	0.995	0.994	0.993	0.992	0.991	0.989	0.988	0.986
10.0								1.000	1.000	1.000	1.000	1.000	1.000	1.000	1.000	0.999	0.999	0.998	0.998	0.998	0.997
12.0																1.000	1.000	1.000	1.000	1.000	1.000

附录Ⅲ 纳希瞬时单位线 $S(t)$ 曲线表

续表

t/K \ n	3.1	3.2	3.3	3.4	3.5	3.6	3.7	3.8	3.9	4.0	4.1	4.2	4.3	4.4	4.5	4.6	4.7	4.8	4.9	5.0
0.5	0.012	0.010	0.008	0.006	0.005	0.004	0.003	0.003	0.002	0.002	0.001	0.001	0.001	0.001	0.001	0.000	0.000	0.000	0.000	0.000
1.0	0.070	0.061	0.053	0.046	0.040	0.035	0.030	0.026	0.022	0.019	0.016	0.014	0.012	0.010	0.009	0.007	0.006	0.005	0.004	0.004
1.1	0.088	0.077	0.068	0.060	0.052	0.045	0.040	0.034	0.030	0.026	0.022	0.019	0.016	0.014	0.012	0.010	0.009	0.008	0.006	0.005
1.2	0.107	0.095	0.084	0.074	0.066	0.058	0.051	0.044	0.039	0.034	0.029	0.026	0.022	0.019	0.017	0.014	0.012	0.011	0.009	0.008
1.3	0.128	0.114	0.102	0.091	0.081	0.071	0.063	0.056	0.049	0.043	0.038	0.033	0.029	0.025	0.022	0.019	0.017	0.014	0.012	0.010
1.4	0.150	0.135	0.121	0.109	0.097	0.087	0.077	0.069	0.061	0.054	0.047	0.042	0.037	0.032	0.028	0.025	0.022	0.019	0.016	0.014
1.5	0.173	0.157	0.142	0.128	0.115	0.103	0.092	0.083	0.074	0.066	0.058	0.052	0.046	0.040	0.036	0.031	0.028	0.024	0.021	0.018
1.6	0.198	0.180	0.164	0.148	0.134	0.121	0.109	0.098	0.088	0.079	0.070	0.063	0.056	0.050	0.044	0.039	0.035	0.031	0.027	0.024
1.7	0.223	0.204	0.186	0.170	0.154	0.140	0.127	0.115	0.103	0.093	0.084	0.075	0.067	0.060	0.054	0.048	0.043	0.038	0.033	0.029
1.8	0.248	0.228	0.210	0.192	0.175	0.160	0.146	0.132	0.120	0.109	0.098	0.089	0.080	0.072	0.064	0.058	0.051	0.046	0.041	0.036
1.9	0.274	0.253	0.234	0.215	0.197	0.181	0.166	0.151	0.138	0.125	0.114	0.103	0.093	0.084	0.076	0.068	0.061	0.055	0.049	0.044
2.0	0.301	0.279	0.258	0.239	0.220	0.203	0.186	0.171	0.156	0.143	0.130	0.119	0.108	0.098	0.089	0.080	0.072	0.065	0.059	0.053
2.1	0.327	0.305	0.283	0.263	0.244	0.225	0.208	0.191	0.176	0.161	0.148	0.135	0.123	0.112	0.102	0.093	0.084	0.076	0.069	0.062
2.2	0.354	0.331	0.309	0.287	0.267	0.248	0.230	0.212	0.196	0.181	0.166	0.153	0.140	0.128	0.117	0.107	0.097	0.088	0.080	0.072
2.3	0.380	0.356	0.334	0.312	0.291	0.271	0.252	0.234	0.217	0.201	0.185	0.171	0.157	0.144	0.132	0.121	0.111	0.101	0.092	0.084
2.4	0.406	0.382	0.359	0.337	0.316	0.295	0.275	0.256	0.238	0.221	0.205	0.190	0.175	0.161	0.149	0.137	0.125	0.115	0.105	0.096
2.5	0.432	0.408	0.385	0.362	0.340	0.319	0.299	0.279	0.260	0.242	0.225	0.209	0.194	0.179	0.166	0.153	0.141	0.129	0.119	0.110
2.6	0.457	0.433	0.410	0.387	0.364	0.343	0.322	0.302	0.283	0.264	0.246	0.229	0.213	0.198	0.183	0.170	0.157	0.145	0.133	0.123
2.7	0.482	0.458	0.434	0.411	0.389	0.367	0.346	0.325	0.305	0.286	0.268	0.250	0.233	0.217	0.202	0.187	0.174	0.161	0.149	0.138
2.8	0.506	0.482	0.459	0.436	0.413	0.391	0.369	0.348	0.328	0.308	0.289	0.271	0.253	0.237	0.221	0.206	0.191	0.178	0.165	0.153
2.9	0.530	0.506	0.483	0.460	0.437	0.414	0.392	0.371	0.350	0.330	0.311	0.292	0.274	0.257	0.240	0.224	0.209	0.195	0.181	0.170
3.0	0.553	0.530	0.506	0.483	0.460	0.438	0.416	0.394	0.373	0.353	0.333	0.314	0.295	0.277	0.260	0.244	0.228	0.213	0.198	0.185
3.1	0.576	0.552	0.529	0.506	0.483	0.461	0.439	0.417	0.396	0.375	0.355	0.335	0.316	0.298	0.280	0.263	0.247	0.231	0.216	0.202
3.2	0.597	0.574	0.552	0.528	0.506	0.484	0.462	0.440	0.418	0.397	0.377	0.357	0.338	0.319	0.301	0.283	0.266	0.250	0.234	0.219
3.3	0.618	0.596	0.573	0.551	0.528	0.506	0.484	0.462	0.441	0.420	0.399	0.379	0.359	0.340	0.321	0.303	0.286	0.269	0.253	0.237
3.4	0.638	0.616	0.594	0.572	0.550	0.528	0.506	0.484	0.463	0.442	0.421	0.400	0.380	0.361	0.342	0.324	0.306	0.289	0.272	0.256

附录Ⅲ 纳希瞬时单位线 $S(t)$ 曲线表

续表

t/K \ n	3.1	3.2	3.3	3.4	3.5	3.6	3.7	3.8	3.9	4.0	4.1	4.2	4.3	4.4	4.5	4.6	4.7	4.8	4.9	5.0
3.5	0.658	0.636	0.615	0.593	0.571	0.549	0.528	0.506	0.485	0.463	0.442	0.422	0.402	0.382	0.363	0.344	0.327	0.308	0.291	0.275
3.6	0.677	0.656	0.634	0.613	0.592	0.570	0.549	0.527	0.506	0.484	0.464	0.443	0.423	0.403	0.384	0.365	0.346	0.328	0.311	0.294
3.7	0.695	0.674	0.653	0.633	0.612	0.590	0.569	0.548	0.527	0.506	0.485	0.464	0.444	0.424	0.404	0.385	0.366	0.348	0.330	0.313
3.8	0.712	0.692	0.672	0.651	0.631	0.610	0.589	0.568	0.547	0.527	0.506	0.485	0.465	0.445	0.425	0.406	0.387	0.368	0.350	0.332
3.9	0.728	0.709	0.689	0.670	0.649	0.629	0.609	0.588	0.567	0.548	0.526	0.506	0.485	0.465	0.446	0.426	0.407	0.388	0.370	0.352
4.0	0.744	0.725	0.706	0.687	0.667	0.647	0.627	0.607	0.587	0.567	0.546	0.526	0.506	0.486	0.466	0.446	0.427	0.408	0.389	0.371
4.2	0.773	0.756	0.738	0.720	0.701	0.682	0.663	0.644	0.624	0.605	0.585	0.565	0.545	0.525	0.506	0.486	0.467	0.448	0.429	0.410
4.4	0.799	0.783	0.767	0.750	0.733	0.715	0.697	0.678	0.660	0.641	0.621	0.602	0.582	0.563	0.544	0.525	0.506	0.486	0.468	0.449
4.6	0.823	0.809	0.793	0.778	0.761	0.745	0.728	0.710	0.692	0.674	0.656	0.637	0.619	0.600	0.581	0.562	0.543	0.524	0.505	0.487
4.8	0.845	0.831	0.817	0.803	0.788	0.772	0.756	0.740	0.723	0.706	0.688	0.671	0.653	0.634	0.616	0.598	0.579	0.560	0.542	0.524
5.0	0.864	0.851	0.838	0.825	0.811	0.797	0.782	0.767	0.751	0.735	0.718	0.702	0.685	0.667	0.650	0.632	0.614	0.596	0.578	0.560
5.2	0.881	0.870	0.858	0.846	0.833	0.820	0.806	0.792	0.777	0.762	0.746	0.731	0.714	0.698	0.681	0.664	0.647	0.629	0.612	0.594
5.4	0.896	0.886	0.875	0.864	0.852	0.840	0.828	0.814	0.801	0.787	0.772	0.757	0.742	0.726	0.710	0.694	0.678	0.661	0.644	0.627
5.6	0.909	0.900	0.891	0.880	0.870	0.859	0.847	0.835	0.822	0.809	0.796	0.782	0.768	0.753	0.738	0.722	0.707	0.691	0.674	0.658
5.8	0.921	0.913	0.904	0.895	0.885	0.875	0.865	0.854	0.842	0.830	0.818	0.805	0.791	0.777	0.763	0.749	0.734	0.719	0.703	0.687
6.0	0.930	0.924	0.916	0.908	0.899	0.890	0.881	0.870	0.860	0.849	0.837	0.825	0.813	0.800	0.787	0.773	0.759	0.745	0.730	0.715
6.5	0.952	0.947	0.941	0.935	0.927	0.921	0.913	0.905	0.897	0.888	0.879	0.869	0.859	0.848	0.837	0.826	0.814	0.802	0.789	0.776
7.0	0.967	0.963	0.958	0.954	0.949	0.943	0.938	0.932	0.925	0.918	0.911	0.903	0.895	0.887	0.878	0.868	0.859	0.848	0.838	0.827
7.5	0.977	0.974	0.971	0.968	0.964	0.960	0.956	0.951	0.946	0.941	0.935	0.929	0.923	0.916	0.909	0.902	0.894	0.886	0.877	0.868
8.0	0.984	0.982	0.980	0.978	0.975	0.972	0.969	0.965	0.962	0.958	0.953	0.949	0.944	0.939	0.933	0.927	0.921	0.915	0.908	0.900
9.0	0.993	0.991	0.990	0.989	0.988	0.986	0.985	0.983	0.981	0.979	0.976	0.974	0.971	0.968	0.965	0.961	0.958	0.954	0.950	0.945
10.0	0.997	0.996	0.996	0.995	0.994	0.994	0.993	0.992	0.991	0.990	0.988	0.987	0.985	0.984	0.982	0.980	0.978	0.976	0.973	0.971
12.0	1.000	1.000	1.000	1.000	0.999	0.999	0.998	0.998	0.998	0.998	0.997	0.997	0.997	0.996	0.996	0.995	0.994	0.994	0.993	0.992
14.0					1.000	1.000	1.000	1.000	1.000	1.000	1.000	1.000	1.000	1.000	1.000	0.999	0.999	0.999	0.998	0.998
16.0																1.000	1.000	1.000	1.000	1.000

附录Ⅲ 纳希瞬时单位线 $S(t)$ 曲线表

续表

t/K＼n	5.1	5.2	5.3	5.4	5.5	5.6	5.7	5.8	5.9	6.0	6.1	6.2	6.3	6.4	6.5	6.6	6.7	6.8	6.9	7.0
1.0	0.003	0.003	0.002	0.002	0.002	0.001	0.001	0.001	0.001	0.001	0.000	0.000	0.000	0.000	0.000	0.000	0.000	0.000	0.000	0.000
1.5	0.016	0.014	0.012	0.011	0.009	0.008	0.007	0.006	0.005	0.004	0.004	0.003	0.003	0.002	0.002	0.002	0.001	0.001	0.001	0.001
2.0	0.047	0.042	0.038	0.034	0.030	0.027	0.024	0.021	0.019	0.017	0.015	0.013	0.011	0.010	0.009	0.008	0.007	0.006	0.005	0.004
2.5	0.100	0.091	0.083	0.076	0.069	0.063	0.057	0.051	0.047	0.042	0.038	0.034	0.031	0.028	0.025	0.022	0.020	0.018	0.016	0.014
3.0	0.172	0.160	0.148	0.137	0.127	0.117	0.108	0.099	0.091	0.084	0.077	0.071	0.065	0.059	0.054	0.049	0.045	0.041	0.037	0.034
3.2	0.205	0.192	0.179	0.166	0.155	0.144	0.133	0.123	0.114	0.105	0.098	0.090	0.083	0.076	0.070	0.064	0.059	0.053	0.049	0.045
3.4	0.240	0.226	0.211	0.198	0.185	0.173	0.161	0.150	0.139	0.129	0.120	0.111	0.103	0.095	0.088	0.081	0.075	0.069	0.063	0.058
3.6	0.277	0.261	0.246	0.231	0.217	0.204	0.191	0.179	0.167	0.156	0.146	0.135	0.126	0.117	0.109	0.100	0.093	0.086	0.080	0.073
3.8	0.315	0.298	0.282	0.266	0.251	0.237	0.223	0.210	0.197	0.184	0.173	0.162	0.151	0.141	0.132	0.122	0.114	0.106	0.098	0.091
4.0	0.353	0.336	0.319	0.303	0.287	0.271	0.256	0.242	0.228	0.215	0.202	0.190	0.178	0.167	0.157	0.146	0.137	0.128	0.119	0.111
4.1	0.373	0.355	0.338	0.321	0.305	0.289	0.274	0.259	0.244	0.231	0.218	0.205	0.193	0.181	0.170	0.159	0.149	0.139	0.130	0.121
4.2	0.392	0.374	0.357	0.340	0.323	0.307	0.291	0.276	0.261	0.247	0.233	0.220	0.208	0.195	0.184	0.172	0.162	0.151	0.142	0.133
4.3	0.411	0.393	0.375	0.358	0.341	0.325	0.309	0.293	0.278	0.263	0.249	0.236	0.223	0.210	0.198	0.186	0.175	0.164	0.154	0.144
4.4	0.430	0.412	0.394	0.377	0.360	0.343	0.327	0.311	0.295	0.280	0.266	0.251	0.238	0.225	0.212	0.200	0.189	0.177	0.167	0.156
4.5	0.449	0.431	0.413	0.395	0.378	0.361	0.345	0.328	0.312	0.297	0.282	0.268	0.254	0.240	0.227	0.214	0.203	0.191	0.180	0.169
4.6	0.469	0.450	0.432	0.414	0.397	0.379	0.363	0.346	0.330	0.314	0.299	0.284	0.270	0.256	0.243	0.229	0.217	0.205	0.193	0.182
4.7	0.487	0.469	0.451	0.433	0.415	0.398	0.381	0.364	0.348	0.332	0.316	0.301	0.286	0.272	0.258	0.244	0.232	0.219	0.207	0.195
4.8	0.505	0.487	0.469	0.451	0.433	0.416	0.399	0.382	0.365	0.349	0.333	0.318	0.303	0.288	0.274	0.260	0.247	0.234	0.221	0.209
4.9	0.524	0.505	0.487	0.469	0.452	0.434	0.417	0.400	0.383	0.366	0.350	0.335	0.320	0.304	0.290	0.276	0.262	0.249	0.236	0.223
5.0	0.541	0.523	0.505	0.487	0.470	0.452	0.435	0.418	0.401	0.384	0.368	0.352	0.336	0.321	0.306	0.292	0.278	0.264	0.251	0.238
5.1	0.559	0.541	0.523	0.505	0.488	0.470	0.453	0.435	0.418	0.402	0.385	0.369	0.352	0.338	0.323	0.308	0.294	0.279	0.266	0.253
5.2	0.576	0.558	0.541	0.523	0.505	0.488	0.470	0.453	0.436	0.419	0.403	0.386	0.370	0.354	0.339	0.324	0.310	0.295	0.281	0.268
5.3	0.593	0.575	0.558	0.540	0.523	0.505	0.488	0.471	0.453	0.437	0.420	0.403	0.387	0.371	0.356	0.340	0.326	0.311	0.297	0.283
5.4	0.609	0.592	0.575	0.557	0.540	0.522	0.505	0.488	0.471	0.454	0.437	0.421	0.404	0.388	0.373	0.357	0.342	0.327	0.313	0.298
5.5	0.626	0.608	0.591	0.574	0.557	0.539	0.522	0.505	0.488	0.471	0.454	0.438	0.421	0.405	0.389	0.374	0.358	0.343	0.328	0.314

附录Ⅲ 纳希瞬时单位线 $S(t)$ 曲线表

续表

t/K \ n	5.1	5.2	5.3	5.4	5.5	5.6	5.7	5.8	5.9	6.0	6.1	6.2	6.3	6.4	6.5	6.6	6.7	6.8	6.9	7.0
5.6	0.641	0.624	0.607	0.590	0.573	0.556	0.539	0.522	0.505	0.488	0.471	0.455	0.438	0.422	0.406	0.390	0.375	0.359	0.345	0.330
5.7	0.656	0.640	0.623	0.606	0.590	0.573	0.556	0.539	0.522	0.505	0.488	0.472	0.455	0.439	0.423	0.407	0.391	0.376	0.361	0.346
5.8	0.671	0.655	0.639	0.622	0.606	0.589	0.572	0.555	0.538	0.522	0.505	0.488	0.472	0.456	0.439	0.423	0.408	0.392	0.377	0.362
5.9	0.686	0.670	0.654	0.638	0.621	0.605	0.588	0.571	0.555	0.538	0.522	0.505	0.489	0.472	0.456	0.440	0.424	0.408	0.393	0.378
6.0	0.700	0.684	0.668	0.652	0.636	0.620	0.604	0.587	0.571	0.554	0.538	0.521	0.505	0.489	0.472	0.456	0.440	0.425	0.409	0.394
6.2	0.726	0.712	0.696	0.681	0.666	0.650	0.634	0.618	0.602	0.586	0.570	0.553	0.537	0.521	0.505	0.489	0.473	0.457	0.441	0.426
6.4	0.751	0.737	0.723	0.708	0.693	0.678	0.663	0.648	0.632	0.616	0.600	0.585	0.568	0.553	0.537	0.521	0.505	0.489	0.473	0.458
6.6	0.774	0.761	0.748	0.734	0.720	0.705	0.690	0.676	0.661	0.645	0.630	0.614	0.597	0.583	0.568	0.552	0.536	0.520	0.505	0.489
6.8	0.796	0.783	0.771	0.758	0.744	0.730	0.716	0.702	0.688	0.673	0.658	0.643	0.628	0.613	0.597	0.582	0.566	0.551	0.536	0.520
7.0	0.816	0.804	0.792	0.780	0.767	0.754	0.741	0.727	0.713	0.699	0.685	0.671	0.656	0.641	0.626	0.611	0.596	0.581	0.566	0.550
7.2	0.834	0.823	0.812	0.800	0.788	0.776	0.764	0.751	0.738	0.724	0.710	0.697	0.682	0.668	0.654	0.639	0.624	0.610	0.595	0.580
7.4	0.851	0.841	0.830	0.819	0.808	0.797	0.785	0.773	0.760	0.747	0.734	0.721	0.708	0.694	0.680	0.666	0.652	0.637	0.623	0.608
7.6	0.866	0.857	0.845	0.837	0.826	0.816	0.805	0.793	0.781	0.769	0.757	0.744	0.732	0.718	0.705	0.691	0.678	0.664	0.650	0.635
7.8	0.880	0.871	0.862	0.853	0.843	0.833	0.823	0.812	0.801	0.790	0.778	0.766	0.754	0.741	0.729	0.716	0.702	0.689	0.675	0.662
8.0	0.893	0.885	0.877	0.868	0.859	0.850	0.840	0.830	0.819	0.809	0.798	0.786	0.775	0.763	0.751	0.738	0.725	0.713	0.700	0.687
8.5	0.920	0.913	0.907	0.899	0.892	0.884	0.876	0.868	0.859	0.850	0.841	0.831	0.821	0.811	0.800	0.790	0.778	0.767	0.755	0.744
9.0	0.940	0.935	0.930	0.924	0.918	0.912	0.906	0.899	0.892	0.884	0.876	0.869	0.860	0.851	0.842	0.833	0.823	0.814	0.804	0.793
9.5	0.956	0.952	0.948	0.943	0.938	0.933	0.928	0.923	0.917	0.911	0.905	0.898	0.891	0.884	0.877	0.869	0.861	0.853	0.844	0.835
10.0	0.968	0.965	0.962	0.958	0.955	0.951	0.946	0.942	0.938	0.933	0.928	0.922	0.917	0.911	0.905	0.898	0.892	0.885	0.877	0.870
11.0	0.983	0.982	0.979	0.978	0.975	0.973	0.971	0.968	0.965	0.962	0.959	0.956	0.952	0.949	0.945	0.940	0.936	0.931	0.926	0.921
12.0	0.992	0.991	0.990	0.988	0.987	0.986	0.985	0.983	0.981	0.980	0.978	0.976	0.974	0.971	0.969	0.966	0.963	0.961	0.957	0.954
14.0	0.998	0.998	0.997	0.997	0.997	0.996	0.996	0.996	0.995	0.994	0.994	0.993	0.993	0.992	0.991	0.990	0.989	0.988	0.987	0.986
16.0	1.000	1.000	1.000	1.000	1.000	1.000	1.000	0.999	0.999	0.999	0.998	0.998	0.998	0.998	0.998	0.997	0.997	0.997	0.996	0.996
18.0								1.000	1.000	1.000	1.000	1.000	1.000	1.000	1.000	1.000	1.000	1.000	1.000	0.999
20.0																				1.000

附录Ⅲ 纳希瞬时单位线 $S(t)$ 曲线表

续表

t/K \ n	7.1	7.2	7.3	7.4	7.5	7.6	7.7	7.8	7.9	8.0	8.1	8.2	8.3	8.4	8.5	8.6	8.7	8.8	8.9	9.0
2.0	0.004	0.003	0.003	0.003	0.002	0.002	0.002	0.001	0.001	0.001	0.001	0.001	0.001	0.001	0.001	0.000	0.000	0.000	0.000	0.000
2.5	0.013	0.011	0.010	0.009	0.008	0.007	0.006	0.005	0.005	0.004	0.004	0.003	0.003	0.003	0.002	0.002	0.002	0.001	0.001	0.001
3.0	0.030	0.027	0.025	0.022	0.020	0.018	0.016	0.015	0.013	0.012	0.011	0.010	0.009	0.008	0.007	0.006	0.005	0.005	0.004	0.004
3.5	0.060	0.055	0.050	0.046	0.043	0.039	0.035	0.032	0.029	0.027	0.024	0.022	0.020	0.018	0.016	0.015	0.013	0.012	0.011	0.010
4.0	0.103	0.096	0.089	0.082	0.076	0.071	0.065	0.060	0.055	0.051	0.047	0.043	0.040	0.036	0.033	0.031	0.028	0.026	0.023	0.021
4.2	0.124	0.116	0.108	0.100	0.093	0.087	0.080	0.075	0.069	0.064	0.059	0.055	0.050	0.046	0.043	0.039	0.036	0.033	0.030	0.029
4.4	0.147	0.137	0.129	0.120	0.112	0.105	0.098	0.091	0.085	0.079	0.073	0.068	0.063	0.058	0.054	0.050	0.046	0.042	0.039	0.037
4.6	0.171	0.161	0.151	0.142	0.133	0.125	0.117	0.109	0.102	0.095	0.089	0.082	0.077	0.071	0.066	0.061	0.057	0.053	0.049	0.045
4.8	0.198	0.187	0.176	0.166	0.156	0.147	0.137	0.129	0.121	0.113	0.106	0.099	0.092	0.086	0.080	0.075	0.070	0.065	0.060	0.056
5.0	0.225	0.213	0.202	0.191	0.180	0.170	0.160	0.151	0.142	0.133	0.125	0.117	0.110	0.103	0.096	0.090	0.084	0.079	0.073	0.068
5.2	0.254	0.242	0.229	0.218	0.206	0.195	0.184	0.174	0.164	0.155	0.146	0.137	0.129	0.121	0.114	0.107	0.100	0.094	0.088	0.082
5.4	0.285	0.271	0.258	0.246	0.233	0.222	0.210	0.199	0.189	0.178	0.169	0.159	0.150	0.141	0.133	0.125	0.118	0.111	0.104	0.097
5.6	0.316	0.301	0.288	0.275	0.262	0.249	0.237	0.225	0.214	0.203	0.192	0.182	0.172	0.163	0.154	0.145	0.137	0.129	0.122	0.114
5.8	0.347	0.332	0.318	0.304	0.291	0.278	0.265	0.253	0.241	0.229	0.218	0.207	0.196	0.186	0.176	0.167	0.158	0.149	0.141	0.133
6.0	0.379	0.364	0.349	0.335	0.321	0.307	0.294	0.281	0.269	0.256	0.244	0.232	0.222	0.210	0.200	0.190	0.180	0.171	0.162	0.153
6.1	0.395	0.380	0.365	0.350	0.336	0.322	0.309	0.295	0.282	0.270	0.258	0.246	0.234	0.223	0.212	0.202	0.192	0.181	0.172	0.163
6.2	0.410	0.395	0.380	0.366	0.351	0.337	0.324	0.310	0.297	0.284	0.271	0.259	0.247	0.236	0.225	0.214	0.203	0.193	0.183	0.174
6.3	0.426	0.411	0.396	0.381	0.367	0.353	0.339	0.324	0.311	0.298	0.285	0.273	0.261	0.249	0.237	0.226	0.216	0.205	0.195	0.185
6.4	0.442	0.427	0.412	0.397	0.382	0.368	0.354	0.339	0.326	0.313	0.300	0.287	0.274	0.262	0.251	0.239	0.228	0.217	0.207	0.197
6.5	0.458	0.443	0.427	0.412	0.398	0.383	0.369	0.355	0.341	0.327	0.314	0.301	0.288	0.276	0.264	0.252	0.241	0.230	0.219	0.208
6.6	0.474	0.458	0.443	0.428	0.413	0.398	0.384	0.370	0.356	0.342	0.328	0.315	0.302	0.290	0.277	0.265	0.254	0.242	0.231	0.220
6.7	0.489	0.474	0.459	0.444	0.429	0.414	0.399	0.385	0.371	0.357	0.343	0.330	0.316	0.304	0.291	0.279	0.267	0.255	0.244	0.233
6.8	0.505	0.489	0.474	0.459	0.444	0.429	0.414	0.400	0.386	0.372	0.358	0.344	0.331	0.318	0.305	0.292	0.280	0.268	0.257	0.245
6.9	0.520	0.505	0.489	0.474	0.459	0.444	0.430	0.415	0.401	0.386	0.372	0.357	0.345	0.332	0.319	0.306	0.294	0.281	0.270	0.258
7.0	0.535	0.520	0.505	0.490	0.474	0.460	0.445	0.430	0.416	0.401	0.387	0.373	0.360	0.346	0.333	0.320	0.307	0.295	0.283	0.271

附录Ⅲ 纳希瞬时单位线 $S(t)$ 曲线表

续表

t/K \ n	7.1	7.2	7.3	7.4	7.5	7.6	7.7	7.8	7.9	8.0	8.1	8.2	8.3	8.4	8.5	8.6	8.7	8.8	8.9	9.0
7.1	0.550	0.535	0.520	0.505	0.490	0.475	0.460	0.445	0.431	0.416	0.402	0.388	0.374	0.360	0.347	0.334	0.321	0.308	0.296	0.284
7.2	0.565	0.550	0.535	0.520	0.505	0.490	0.475	0.460	0.446	0.431	0.417	0.403	0.389	0.375	0.361	0.348	0.335	0.322	0.310	0.297
7.3	0.579	0.564	0.549	0.534	0.519	0.505	0.490	0.475	0.460	0.446	0.432	0.417	0.403	0.389	0.376	0.362	0.349	0.336	0.323	0.311
7.4	0.593	0.579	0.564	0.549	0.534	0.519	0.505	0.490	0.475	0.461	0.446	0.432	0.418	0.404	0.390	0.377	0.363	0.350	0.337	0.324
7.5	0.607	0.593	0.578	0.563	0.549	0.534	0.519	0.504	0.490	0.475	0.461	0.447	0.432	0.418	0.405	0.391	0.377	0.364	0.351	0.338
7.6	0.621	0.607	0.592	0.578	0.563	0.548	0.534	0.519	0.504	0.490	0.476	0.461	0.447	0.433	0.419	0.405	0.392	0.378	0.365	0.352
7.7	0.634	0.620	0.606	0.591	0.577	0.562	0.548	0.533	0.519	0.504	0.490	0.476	0.461	0.447	0.433	0.419	0.406	0.392	0.379	0.366
7.8	0.648	0.634	0.619	0.605	0.591	0.576	0.562	0.548	0.533	0.519	0.504	0.490	0.476	0.462	0.448	0.434	0.420	0.406	0.393	0.380
7.9	0.661	0.647	0.633	0.619	0.605	0.590	0.576	0.562	0.547	0.533	0.519	0.504	0.490	0.476	0.462	0.448	0.434	0.420	0.407	0.393
8.0	0.673	0.660	0.646	0.632	0.618	0.604	0.590	0.576	0.561	0.547	0.533	0.519	0.504	0.490	0.476	0.462	0.448	0.435	0.421	0.407
8.2	0.697	0.684	0.671	0.658	0.644	0.630	0.616	0.603	0.589	0.575	0.561	0.546	0.532	0.518	0.504	0.490	0.476	0.463	0.449	0.435
8.4	0.721	0.708	0.695	0.682	0.670	0.656	0.642	0.629	0.615	0.601	0.588	0.574	0.560	0.546	0.532	0.518	0.504	0.490	0.477	0.463
8.6	0.742	0.730	0.718	0.706	0.693	0.680	0.667	0.654	0.641	0.627	0.614	0.600	0.587	0.573	0.559	0.545	0.532	0.518	0.504	0.491
8.8	0.763	0.752	0.740	0.728	0.716	0.703	0.691	0.678	0.665	0.652	0.639	0.626	0.612	0.599	0.586	0.572	0.558	0.545	0.531	0.518
9.0	0.783	0.772	0.760	0.749	0.737	0.725	0.713	0.701	0.689	0.676	0.663	0.650	0.637	0.624	0.611	0.598	0.585	0.571	0.558	0.544
9.5	0.825	0.816	0.806	0.796	0.786	0.776	0.765	0.754	0.743	0.731	0.719	0.708	0.696	0.683	0.671	0.659	0.646	0.633	0.621	0.608
10.0	0.862	0.854	0.846	0.837	0.828	0.819	0.809	0.800	0.790	0.780	0.769	0.759	0.748	0.737	0.726	0.714	0.703	0.691	0.679	0.667
11.0	0.916	0.910	0.905	0.899	0.892	0.886	0.879	0.872	0.864	0.857	0.849	0.841	0.833	0.824	0.815	0.806	0.797	0.788	0.778	0.768
12.0	0.951	0.947	0.943	0.939	0.935	0.930	0.926	0.921	0.916	0.910	0.905	0.899	0.893	0.887	0.882	0.874	0.867	0.860	0.853	0.845
13.0	0.972	0.970	0.967	0.965	0.962	0.959	0.956	0.953	0.950	0.946	0.942	0.938	0.934	0.930	0.926	0.921	0.916	0.911	0.906	0.900
14.0	0.984	0.983	0.982	0.980	0.978	0.977	0.975	0.973	0.971	0.968	0.966	0.963	0.961	0.958	0.955	0.952	0.949	0.945	0.942	0.938
16.0	0.996	0.995	0.995	0.994	0.994	0.993	0.992	0.992	0.991	0.990	0.989	0.988	0.987	0.986	0.985	0.984	0.982	0.981	0.980	0.978
18.0	0.999	0.999	0.999	0.998	0.998	0.998	0.998	0.998	0.997	0.997	0.997	0.997	0.996	0.996	0.995	0.995	0.995	0.994	0.994	0.993
20.0	1.000	1.000	1.000	1.000	1.000	1.000	1.000	1.000	1.000	1.000	1.000	1.000	0.999	0.999	0.999	0.999	0.999	0.999	0.999	0.999
22.0													1.000	1.000	1.000	1.000	1.000	1.000	1.000	1.000

附录Ⅲ 纳希瞬时单位线 $S(t)$ 曲线表

续表

t/K \ n	9.1	9.2	9.3	9.4	9.5	9.6	9.7	9.8	9.9	10.0	10.1	10.2	10.3	10.4	10.5	10.6	10.7	10.8	10.9	11.0
2.5	0.001	0.001	0.001	0.001	0.001	0.000	0.000	0.000	0.000	0.000	0.000	0.000	0.000	0.000	0.000	0.000	0.000	0.000	0.000	0.000
3.0	0.003	0.003	0.003	0.002	0.002	0.002	0.002	0.001	0.001	0.001	0.001	0.001	0.001	0.001	0.001	0.001	0.000	0.000	0.000	0.000
3.5	0.009	0.008	0.007	0.006	0.006	0.005	0.005	0.004	0.004	0.003	0.003	0.002	0.002	0.002	0.002	0.002	0.001	0.001	0.001	0.001
4.0	0.019	0.018	0.016	0.014	0.013	0.012	0.011	0.010	0.009	0.008	0.007	0.007	0.006	0.005	0.005	0.004	0.004	0.004	0.003	0.003
5.0	0.063	0.059	0.055	0.051	0.047	0.044	0.040	0.037	0.034	0.032	0.029	0.027	0.025	0.023	0.021	0.019	0.018	0.016	0.015	0.014
6.0	0.146	0.138	0.130	0.123	0.114	0.108	0.101	0.095	0.089	0.084	0.079	0.074	0.069	0.065	0.060	0.056	0.052	0.049	0.046	0.043
6.2	0.165	0.156	0.148	0.140	0.132	0.125	0.118	0.111	0.105	0.098	0.093	0.087	0.082	0.077	0.072	0.067	0.063	0.059	0.055	0.049
6.4	0.187	0.178	0.168	0.160	0.151	0.143	0.136	0.128	0.121	0.114	0.108	0.101	0.096	0.090	0.085	0.079	0.075	0.070	0.066	0.058
6.6	0.210	0.200	0.190	0.181	0.172	0.163	0.155	0.147	0.139	0.131	0.124	0.117	0.111	0.105	0.099	0.093	0.087	0.082	0.077	0.067
6.8	0.234	0.224	0.213	0.203	0.194	0.184	0.175	0.166	0.158	0.150	0.142	0.135	0.127	0.120	0.114	0.107	0.101	0.096	0.090	0.080
7.0	0.259	0.248	0.237	0.227	0.216	0.206	0.197	0.187	0.178	0.170	0.161	0.153	0.145	0.138	0.130	0.123	0.117	0.110	0.104	0.099
7.2	0.285	0.274	0.262	0.251	0.240	0.230	0.219	0.209	0.200	0.190	0.181	0.173	0.164	0.156	0.148	0.141	0.133	0.126	0.120	0.110
7.4	0.311	0.300	0.288	0.276	0.265	0.254	0.243	0.232	0.222	0.212	0.203	0.193	0.184	0.176	0.167	0.159	0.151	0.144	0.136	0.123
7.6	0.339	0.326	0.314	0.302	0.290	0.279	0.267	0.256	0.246	0.235	0.225	0.215	0.206	0.196	0.187	0.178	0.170	0.162	0.154	0.140
7.8	0.366	0.354	0.341	0.328	0.316	0.304	0.293	0.281	0.270	0.259	0.248	0.238	0.228	0.218	0.208	0.199	0.190	0.181	0.173	0.158
8.0	0.394	0.381	0.368	0.355	0.343	0.330	0.318	0.306	0.295	0.283	0.272	0.261	0.251	0.240	0.230	0.221	0.211	0.202	0.193	0.184
8.2	0.422	0.409	0.395	0.382	0.370	0.357	0.344	0.332	0.320	0.308	0.297	0.286	0.275	0.264	0.253	0.243	0.233	0.223	0.214	0.200
8.4	0.450	0.436	0.423	0.410	0.397	0.384	0.371	0.359	0.346	0.334	0.332	0.310	0.299	0.288	0.277	0.266	0.256	0.245	0.235	0.220
8.6	0.477	0.454	0.450	0.437	0.424	0.411	0.398	0.385	0.372	0.360	0.348	0.336	0.324	0.312	0.301	0.290	0.279	0.268	0.258	0.245
8.8	0.504	0.491	0.477	0.464	0.451	0.438	0.425	0.411	0.399	0.386	0.374	0.361	0.349	0.337	0.326	0.314	0.303	0.292	0.281	0.267
9.0	0.531	0.518	0.504	0.491	0.478	0.464	0.451	0.438	0.425	0.413	0.400	0.387	0.375	0.363	0.351	0.339	0.328	0.316	0.305	0.294
9.2	0.557	0.544	0.530	0.517	0.504	0.491	0.478	0.465	0.452	0.439	0.426	0.413	0.401	0.389	0.376	0.364	0.352	0.341	0.329	0.315
9.4	0.583	0.570	0.557	0.543	0.530	0.517	0.504	0.491	0.478	0.465	0.452	0.440	0.427	0.414	0.402	0.390	0.378	0.366	0.354	0.340

附录Ⅲ 纳希瞬时单位线 S(t) 曲线表

续表

t/K \ n	9.1	9.2	9.3	9.4	9.5	9.6	9.7	9.8	9.9	10.0	10.1	10.2	10.3	10.4	10.5	10.6	10.7	10.8	10.9	11.0
9.6	0.608	0.595	0.582	0.569	0.556	0.543	0.530	0.517	0.504	0.491	0.478	0.466	0.453	0.440	0.428	0.415	0.403	0.391	0.379	0.365
9.8	0.632	0.619	0.606	0.594	0.581	0.568	0.555	0.542	0.530	0.517	0.504	0.491	0.479	0.466	0.453	0.441	0.428	0.416	0.404	0.390
10.0	0.655	0.643	0.630	0.618	0.605	0.593	0.580	0.567	0.555	0.542	0.529	0.517	0.504	0.491	0.479	0.466	0.454	0.441	0.429	0.417
10.2	0.677	0.666	0.654	0.641	0.629	0.617	0.604	0.592	0.579	0.567	0.554	0.542	0.529	0.516	0.504	0.491	0.479	0.467	0.454	0.440
10.4	0.699	0.687	0.676	0.664	0.652	0.640	0.628	0.616	0.603	0.591	0.579	0.566	0.554	0.541	0.529	0.516	0.504	0.492	0.479	0.470
10.6	0.720	0.708	0.697	0.686	0.674	0.662	0.651	0.639	0.627	0.615	0.602	0.590	0.578	0.566	0.553	0.541	0.529	0.516	0.504	0.495
10.8	0.739	0.729	0.718	0.707	0.695	0.684	0.673	0.661	0.649	0.637	0.625	0.613	0.601	0.589	0.577	0.565	0.553	0.540	0.528	0.520
11.0	0.758	0.748	0.737	0.727	0.715	0.705	0.694	0.682	0.671	0.659	0.648	0.636	0.624	0.612	0.600	0.588	0.576	0.564	0.552	0.540
11.5	0.800	0.791	0.782	0.772	0.763	0.753	0.743	0.732	0.722	0.711	0.700	0.690	0.678	0.667	0.656	0.645	0.633	0.621	0.610	0.598
12.0	0.837	0.829	0.821	0.812	0.804	0.795	0.786	0.777	0.767	0.758	0.748	0.738	0.728	0.717	0.707	0.696	0.686	0.674	0.664	0.653
12.5	0.868	0.861	0.854	0.847	0.839	0.832	0.824	0.816	0.807	0.799	0.790	0.781	0.772	0.762	0.753	0.743	0.733	0.723	0.713	0.703
13.0	0.895	0.889	0.883	0.876	0.870	0.863	0.856	0.849	0.842	0.834	0.826	0.819	0.810	0.802	0.794	0.785	0.776	0.767	0.758	0.748
14.0	0.934	0.930	0.926	0.921	0.917	0.912	0.907	0.902	0.896	0.891	0.885	0.879	0.872	0.866	0.860	0.853	0.846	0.839	0.832	0.824
15.0	0.960	0.957	0.954	0.951	0.948	0.945	0.941	0.938	0.934	0.930	0.926	0.922	0.917	0.913	0.908	0.903	0.898	0.893	0.887	0.882
16.0	0.976	0.975	0.973	0.971	0.969	0.967	0.964	0.962	0.959	0.957	0.954	0.951	0.948	0.945	0.941	0.938	0.934	0.931	0.927	0.923
17.0	0.986	0.985	0.984	0.983	0.982	0.980	0.979	0.977	0.976	0.974	0.972	0.970	0.968	0.966	0.964	0.961	0.959	0.956	0.954	0.951
18.0	0.992	0.992	0.991	0.990	0.989	0.989	0.988	0.987	0.986	0.985	0.983	0.982	0.981	0.980	0.978	0.977	0.975	0.973	0.972	0.970
19.0	0.996	0.995	0.995	0.995	0.994	0.994	0.993	0.992	0.992	0.991	0.990	0.990	0.989	0.988	0.987	0.986	0.985	0.984	0.983	0.982
20.0	0.998	0.997	0.997	0.997	0.997	0.996	0.996	0.996	0.995	0.995	0.995	0.994	0.994	0.993	0.993	0.992	0.991	0.991	0.990	0.989
22.0	1.000	1.000	1.000	1.000	0.999	0.999	0.999	0.999	0.999	0.998	0.998	0.998	0.998	0.998	0.998	0.997	0.997	0.997	0.997	0.996
24.0					1.000	1.000	1.000	1.000	1.000	1.000	1.000	1.000	1.000	1.000	1.000	1.000	0.999	0.999	0.999	0.999
26.0																	1.000	1.000	1.000	1.000

参 考 文 献

[1] 中华人民共和国住房和城乡建设部,中华人民共和国国家质量监督检验检疫总局. GB/T 50095—2014,水文基本术语与符号标准 [S]. 北京:中国计划出版社,2015.

[2] 中华人民共和国水利部. SL 364—2015,墒情监测规范 [S]. 北京:中国水利水电出版社,2015.

[3] 中华人民共和国水利部. SL 34—2013,水文站网规划技术导则 [S]. 北京:中国水利水电出版社,2013.

[4] 中华人民共和国水利部. SL 651—2014,水文监测数据通信规约 [S]. 北京:中国水利水电出版社,2014.

[5] 中华人民共和国水利部. SL 330—2011,水情信息编码标准 [S]. 北京:中国水利水电出版社,2011.

[6] 中华人民共和国水利部. SL/Z 388—2007,实时水情交换协议 [S]. 北京:中国水利水电出版社,2007.

[7] 中华人民共和国水利部. SL 61—2015,水文自动测报系统技术规范 [S]. 北京:中国水利水电出版社,2015.

[8] 中华人民共和国水利部. SL 323—2011,实时雨水情数据库表结构与标识符标准 [S]. 北京:中国水利水电出版社,2011.

[9] 王振龙,高建峰. 实用土壤墒情监测预报技术 [M]. 北京:中国水利水电出版社,2006.

[10] 孙增义,吴跃. 水文自动测报技术基础及其应用 [M]. 北京:中国水利水电出版社,1999.

[11] 水利部水文局,长江水利委员会水文局. 水文情报预报技术手册 [M]. 北京:中国水利水电出版社,2010.

[12] 包为民. 水文预报(4版)[M]. 北京:中国水利水电出版社,2009.

[13] 李慧珑. 水文预报 [M]. 北京:水利电力出版社,1987.

[14] 蒋金珠. 工程水文及水利计算 [M]. 北京:水利电力出版社,1992.

[15] 李磊,孙春鹏,尹志杰等. 全国水情预警公共服务系统设计与实现 [J]. 水文,2015,35(3):26-30.

[16] 章四龙. 中国洪水预报系统设计建设研究 [J]. 水文,2002,22(1):32-36.

[17] 中华人民共和国国家质量监督检验检疫总局,中国国家标准化管理委员会. GB/T 22482—2008,水文情报预报规范 [S]. 北京:中国标准出版社,2009.

[18] 中华人民共和国水利部. SL 502—2010,水文测站代码编制导则 [S]. 北京:中国水利水电出版社,2010.

[19] 谢悦波,水信息技术 [M]. 北京:中国水利水电出版社,2009.

[20] 葛守西,现代水文预报技术 [M]. 北京:中国水利水电出版社,1999.

[21] 长江水利委员会. 水文预报方法(2版)[M]. 北京:水利电力出版社,1993.

[22] 梁家志,刘志雨. 中国水文情报预报的现状及展望 [J]. 水文,2006,26(3).

[23] 王俊,熊明. 长江水文测报自动化技术研究 [M]. 北京:中国水利水电出版社,2009.